“十三五”高等教育机电类专业规划教材

变频器应用技术项目教程

蒋　伟　吕洪善◎主　编
仝海燕　谢　军◎副主编

中国铁道出版社有限公司
CHINA RAILWAY PUBLISHING HOUSE CO., LTD.

内容简介

本书根据高等职业教育的特点，突出了应用能力和实践能力培养的特色，结合高职高专教学改革和课程改革要求及作者多年的教学经验，采用项目式的“教、学、训、评”一体化教学方法来编写。全书以行业广泛使用的三菱 FR-D740 变频器为主线，结合大量典型实例，以变频器基本认识，FR-D740 变频器的面板认知及操作，变频器的基本功能，基于变频器的自动控制系统设计，变频器的选用、安装及维护和变频器的工程应用共6个项目、22个任务和14个实训组织实施，将变频器的基础知识、结构原理、选型、参数设置方法、故障原因及分析以及变频器的工程综合应用等分解在各个任务中。

本书编写内容贴近工厂实际需求，实用性、可操作性强，强调理论联系实际，重在应用技能训练，可作为应用型本科、高职高专的机电一体化技术、电气自动化技术和工业机器人技术等专业的教学用书，也可作为中、高级维修电工考证培训教材或相关专业工程技术人员的岗位培训教材和参考用书。

图书在版编目（CIP）数据

变频器应用技术项目教程/蒋伟，吕洪善主编. —2版. —北京：中国铁道出版社有限公司，2020.8

“十三五”高等教育机电类专业规划教材

ISBN 978-7-113-27137-4

Ⅰ.①变… Ⅱ.①蒋…②吕… Ⅲ.①变频器-高等职业教育-教材 Ⅳ.①TN773

中国版本图书馆 CIP 数据核字（2020）第142490号

书　　名： 变频器应用技术项目教程

作　　者： 蒋　伟　吕洪善

策　　划： 王春霞　　**编辑部电话：**（010）63551006

责任编辑： 王春霞　包　宁

封面设计： 刘　颖

责任校对： 张玉华

责任印制： 樊启鹏

出版发行： 中国铁道出版社有限公司（100054，北京市西城区右安门西街8号）

网　　址： http://www.tdpress.com/51eds/

印　　刷： 北京铭成印刷有限公司

版　　次： 2013年1月第1版　2020年8月第2版　2020年8月第1次印刷

开　　本： 787 mm×1 092 mm 1/16　**印张：** 13.5　**字数：** 319千

书　　号： ISBN 978-7-113-27137-4

定　　价： 39.00元

前言

在现代工业和经济生活中，随着电子技术的应用，自动化、节能化和系统化得到了迅速的发展。变频的概念在我们日常生活中已不再陌生，变频技术已广泛应用于各个领域，在当前的工业控制领域变频器更是有不可替代的作用。

本书根据培养高职高专高素质技术技能型人才的目标要求，结合高职高专教育教学的特点和实际，采用项目式的“教、学、训、评”一体化教学方法来设计，在内容选取方面力求做到以基础知识为引领，以专业目标培养为主线，注重针对性、实用性、先进性、浅显性、适用性，重视职业技能训练和职业能力培养，理论与实践相结合，通过选择典型任务案例，将知识学习和技能训练紧密结合，并融入课程教学过程之中，充分体现了“做中学，学中做”的高等职业教育课程改革思想。

全书共6个项目、22个学习任务和14个实训，分别是变频器基本认识，FR-D740变频器的面板认知及操作，变频器的基本功能，基于变频器的自动控制系统设计，变频器的选用、安装及维护，变频器的工程应用。每个项目包括“项目描述、项目目标、项目任务、项目实训”等环节。项目以培养学生能力为目的，按照从易到难、从简单到复杂的原则进行编排。将项目分解为若干任务，实现基本操作与企业案例的融合，以及抽象理论与实践的紧密结合。

《变频器应用技术项目教程》自2013年由中国铁道出版社出版以来，被全国诸多院校选为教材，得到了众多从事电气设备和电气自动化的工程技术人员的高度评价，同时他们也提出了许多很好的建议。根据建议，本书在保留第一版教材的基本特色的基础上，经过总结提高，删增修改部分项目和任务，使内容更加贴近工厂实际需求，更加注重理论联系实际和应用技能训练。

本书由亳州职业技术学院蒋伟、吕洪善任主编，亳州学院仝海燕、安徽职业技术学院谢军任副主编。编写分工如下：蒋伟编写项目1、项目4、项目6（部分），仝海燕编写项目2，吕洪善编写项目3和项目6（部分），谢军编写项目5。全书由蒋伟负责统稿。

由于编者水平有限，时间仓促，书中疏漏和不妥之处在所难免，敬请广大读者批评指正，编者不胜感激。

编　者

2020年4月

目　录

项目1

变频器基本认识

项目描述

变频器技术是一门综合性的技术，它建立在控制技术、电力电子技术、微电子技术和计算机技术的基础之上，并随着这些基础技术的发展而不断得到发展。

变频器即电压频率变换器，是一种将固定频率的交流电变换成频率、电压连续可调的交流电，以供给电动机运转的电源装置。变频器的问世，使电气传动领域发生了一场技术革命，即交流调速取代直流调速。交流电动机变频调速主要应用在节能、自动化系统及提高工艺水平和产品质量等方面，已被公认为最理想、最有发展前途的调速方式之一。本项目中，以三菱 FR-D700 系列变频器为例，通过对变频器的认识、面板的拆装、调试以及维护等任务的训练，以及对变频器中常用开关器件的特点的了解，使学生对变频器有一定的认识。

项目目标

1. 知识目标

（1）了解变频器在各种行业上的应用。

（2）掌握通用变频器的基本结构及其各部分的作用。

（3）理解通用变频器的基本工作原理。

（4）了解功率晶体管、绝缘栅双极晶体管的结构及其驱动。

（5）熟悉 SPWM 控制原理及逆变电路的控制方式。

2. 能力目标

（1）认识变频器。

（2）变频器面板的拆装。

（3）变频器的基本操作。

（4）能对交-直-交变频器主电路进行工作分析。

（5）能对 SPWM 逆变电路原理及控制方式进行分析。

任务 1　认识变频器

任务描述

在实际的生产过程中离不开电力传动。生产机械通过电动机的拖动来进行预定的生产方式。20 世纪 50 年代前，电动机运行的基本方式是转速不变的定速拖动。对于控制精度要求不高以及无调速要求的许多场合，定速拖动基本能够满足生产要求。随着工业化进程的发展，对传动方式提出了可调速拖动的更高要求。

用直流电动机可方便地进行调速，但直流电动机体积大、造价高，并且无节能效果。而交流电动机体积小、价格低廉、运行性能优良、质量小，因此对交流电动机的调速具有重大的实用性。使用调速技术后，生产机械的控制精度可大为提高，并能够较大幅度地提高劳动生产率和产品质量，且对诸多生产过程实施自动控制。通过大量的理论研究和实验，人们认识到对交流电动机进行调速控制，不仅能使电力拖动系统具有非常优秀的控制性能，而且在许多生产场合中，还具有非常显著的节能效果。鉴于此，交流变频调速技术获得了迅速发展和广泛的应用。

目前国内外变频器的种类很多，图 1.1 为常见的几种变频器的外形。对于不同种类的变频器它们是怎么分类的呢？它们的优势又主要体现在哪里呢？

（a）三菱变频器

（b）西门子变频器

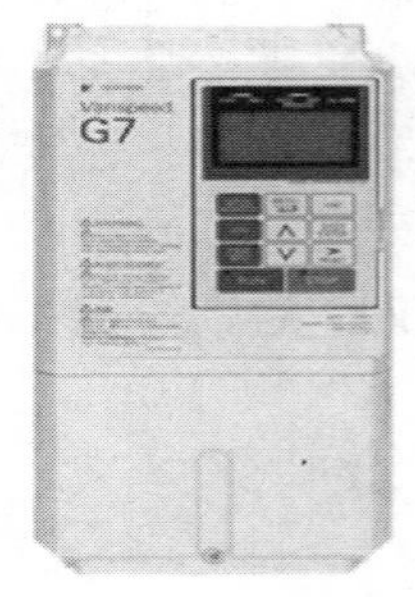

（c）安川变频器

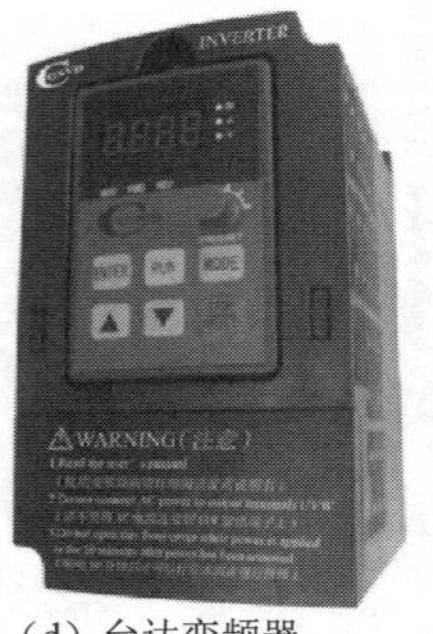

（d）台达变频器

（e）富士变频器

（f）伦茨变频器

图 1.1　常见的几种变频器的外形

任务分析

目前国内外变频器的种类很多，分类方法也很多，常见的分类方法有：按变频的原理分类、按变频器的控制方式分类、按用途分类、按直流电源性质分类和按输出电压调节方式分类。变频调速已被公认为最理想、最有发展前途的调速方式之一，它的优势主要体现在节能方面的应用、在自动化系统中的应用和在提高工艺水平和产品质量方面的应用。

知识导航

一、变频器技术的发展历史

直流电动机拖动和交流电动机拖动先后诞生于19世纪，距今已有100多年的历史，并已成为动力机械的主要驱动装置。但是，由于技术上的原因，在很长一段时期内，占整个电力拖动系统80%左右的不变速拖动系统中采用的是交流电动机（包括异步电动机和同步电动机），而在需要进行调速控制的拖动系统中则基本上采用的是直流电动机。

由于结构上的原因，直流电动机存在以下缺点：

（1）需要定期更换电刷和换向器，维护保养困难，寿命较短；

（2）由于直流电动机存在换向火花，难以应用于存在易燃易爆气体的恶劣环境；

（3）结构复杂，难以制造大容量、高转速和高电压的直流电动机。

而与直流电动机相比，交流电动机则具有以下优点：

（1）结构坚固，工作可靠，易于维护保养；

（2）不存在换向火花，可以应用于存在易燃易爆气体的恶劣环境；

（3）容易制造出大容量、高转速和高电压的交流电动机。

因此，很久以来，人们希望在许多场合下能够用可调速的交流电动机来代替直流电动机，并在交流电动机的调速控制方面进行了大量的研究开发工作。改变定子侧的电流频率就可以调节转速，是由异步电动机的基本原理所决定的，是异步电动机“与生俱来”的。然而，异步电动机诞生于19世纪80年代，而变频调速技术发展到迅速普及的实用阶段，却是在20世纪80年代，整整经历了一个世纪。是什么原因使变频调速技术从愿望到实现经历了长达百年之久呢？

首先，从目前迅速普及的交-直-交变频器的基本结构来看，交-直（由交流变直流）的整流技术是很早就解决了的。而直-交（由直流变交流）的逆变过程实际是不同组合的开关交替地接通和关断的过程，它必须依赖于满足一定条件的开关器件。这些条件是：

（1）能承受足够大的电压和电流；

（2）允许长时间频繁地接通和关断；

（3）接通和关断的控制必须十分方便。

直至20世纪70年代，电力晶体管（GTR）的开发成功，才比较满意地满足了上述条件，从而为变频调速技术的开发、发展和普及奠定了基础。

20世纪80年代，又进一步开发成功了绝缘栅双极型晶体管（IGBT），其工作频率比GTR提高了一个数量级，从而使变频调速技术又向前迈进了一步。目前，中小容量的新系列变频器中的逆变部分，已基本上被IGBT垄断了。

其次，由于电动机绕组中反电动势的大小是和频率成正比的，因此在改变频率的同时还必须改变电压，故变频器常简写成 VVVF。VVVF 的实现，虽然不如逆变电路那样对于开关器件具有强烈的依赖性，但简化到足以推广普及的阶段，却是在 20 世纪 70 年代提出了正弦波脉宽调制技术（SPWM）并不断完善之后。

二、变频器的分类

目前国内外变频器的种类很多，可按以下几种方式分类。

1. 按变频的原理分类

（1）交-直-交变频器。交-直-交变频器首先将频率固定的交流电整流成直流电，经过滤波，再将平滑的直流电逆变成频率连续可调的交流电。由于把直流电逆变成交流电的环节比较容易控制，因此在频率的调节范围内，以及改善频率后电动机的特性等方面都有明显的优势，目前，此种变频器已得到普及。

（2）交-交变频器。交-交变频器是将频率固定的交流电源直接变换成频率连续可调的交流电源，其主要优点是没有中间环节，变换效率高。但其连续可调的频率范围较窄，一般在额定频率的 1/2 以下（$0<f<f_N/2$），故主要用于容量较大的低速拖动系统中。

2. 按变频器的控制方式分类

1）u/f 控制变频器

u/f 控制变频器的特点是对变频器输出的电压和频率同时进行控制，通过使 u/f 的值保持一定而得到所需的转矩特性，多用于对精度要求不高的通用变频器。

2）转差频率控制变频器

转差频率控制变频器是对 u/f 控制的一种改进，这种控制需要由安装在电动机上的速度传感器检测出电动机的转速，构成速度闭环，速度调节器的输出为转差频率，而变频器的输出频率则是由电动机的实际转速与所需转差频率之和决定的。由于通过控制转差频率来控制转矩和电流，其加减速特性和限制过电流的能力得到提高。

3）矢量控制变频器

矢量控制变频器将电动机的定子电流分为产生磁场的励磁电流和与其垂直的产生转矩的转矩电流，并分别加以控制。由于这种控制方式中必须同时控制电动机定子电流的幅值和相位，即定子电流的矢量。

4）直接转矩控制

直接转矩控制（Direct Torque Control，DTC），它是把转矩直接作为控制量来控制。直接转矩控制的优越性在于控制转矩是控制定子磁链，在本质上并不需要转速信息；控制上对除定子以外的所有电动机参数变化，有良好的鲁棒性；所引入的定子磁链观测器能很容易估算出同步速度信息，因而能方便地实现无速度传感器化。

3. 按用途分类

1）通用变频器

通用变频器是指能与普通的笼形电动机配套使用，能适应各种不同性质的负载，并具有多种可供选择功能的变频器。

2）高性能专用变频器

主要应用于对电动机控制要求较高的系统，大多数采用矢量控制方式，驱动对象通常是变频器厂家指定的专用电动机。

3）高频变频器

超精密加工和高性能机械中，常常要用到高速电动机，为了满足这些高速电动机的驱动要求，从而出现了采用PAM（脉冲幅值调制）控制方式的高频变频器，其输出频率可达到3 kHz。

4. 按直流电源性质分类

1）电压型变频器

电压型变频器的特点是中间直流环节的储能元件采用大电容，负载的无功功率将由它来缓冲，直流电压比较平稳，直流电源内阻较小，相当于电压源，故称为电压型变频器，常用于负载电压变化较大的场合。

2）电流型变频器

电流型变频器的特点是中间直流环节的储能元件采用大电感，缓冲无功功率，即扼制电流的变化，使电压接近正弦波，由于该直流内阻较大，故称为电流源型变频器（电流型）。电流型变频器的特点（优点）是能扼制负载电流频繁而急剧的变化。常用于负载电流变化较大的场合。

5. 按输出电压调节方式分类

变频调速时，需要同时调节逆变器的输出电压和频率，以保证电动机主磁通的恒定。对输出电压的调节主要有PAM方式、PWM方式和高载波变频率PWM方式。

1）PAM方式

脉冲幅值调节方式简称PAM方式，是通过改变直流电压的幅值进行调压的方式。在变频器中，逆变器只负责调节输出频率，而输出电压的调节则由相控整流器或直流斩波器通过调节直流电压来实现。采用此种方式，当系统在低速运行时，谐波与噪声都比较大，只有在与高速电动机配套的高速变频器中才被采用。

2）PWM方式

脉冲宽度调制方式简称PWM方式。变频器中的整流电路采用不可控的二极管整流电路，变频器的输出频率和输出电压的调节均由逆变器按PWM方式来完成。利用参考电压波与载频三角波互相比较，来决定主开关器件的导通时间，从而实现调压。利用脉冲宽度的改变来得到幅值不同的正弦基波电压。这种参考信号为正弦波、输出电压平均值近似为正弦波的PWM方式，称为正弦PWM调制，简称SPWM方式。通用变频器中常采用SPWM方式调压。

3）高载波变频率PWM方式

此种方式与上述PWM方式的区别仅在于调制频率有了很大的提高。主开关器件的工作频率较高，常采用IGBT或MOSFET为主开关器件，开关频率可达10～20 kHz，可以大幅度地降低电动机的噪声，达到静音水平。

三、变频器的应用

变频调速已被公认为最理想、最有发展前途的调速方式之一，它的优势主要体现在以下几个方面。

1. 变频器在节能方面的应用

变频器节能主要表现在风机、水泵的应用上。风机、泵类负载采用变频调速后，节电率可达到20%～

60%，这是因为风机、泵类负载的实际消耗功率基本与转速的三次方成比例。当用户需要的平均流量较小时，风机、泵类采用变频调速使其转速降低，节能效果非常可观。而传统的风机、泵类采用挡板和阀门进行流量调节，电动机转速基本不变，耗电功率变化不大。据统计，风机、泵类电动机用电量占全国用电量的31%，占工业用电量的50%。在此类负载上使用变频调速装置具有非常重要的意义。目前，应用较成功的有恒压供水、各类风机、中央空调和液压泵的变频调速，如图1.2、图1.3、图1.4所示。

图1.2　变频器在风机上的应用

图1.3　变频器在中央空调系统中的应用

图1.4　变频器在恒压、恒液位供水系统的应用

2. 在自动化系统中的应用

由于变频器内置有32位或16位的微处理器，具有多种算术逻辑运算和智能控制功能，输出频率精度高达0.1%～0.01%，还设置有完善的检测、保护环节，因此，在自动化系统中获得广泛的应用。例如，化纤工业中的卷绕、拉伸、计量、导丝；玻璃工业中的平板玻璃退火炉、玻璃窑搅拌、拉边机、制瓶机；电弧炉自动加料、配料系统以及电梯的智能控制等。变频器在汽车生产线和电梯上的应用如图1.5所示。

3. 在提高工艺水平和产品质量方面的应用

变频器还可以广泛应用于传送、起重、挤压和机床等各种机械设备控制领域，它可以提高工艺水平和产品质量，减少设备的冲击和噪声，延长设备的使用寿命。采用变频调速控制后，使机械系统简化，操作和控制更加方便，有的甚至可以改变原有的工艺规范，从而提高了整个设备的功能。

例如，纺织和许多行业用的定型机，机内温度是靠改变送入热风的多少来调节的。输送热风通常用的是循环风机，由于风机速度不变，送入热风的多少只有用风门来调节。如果风门调节失灵或调节不当就会造成定型机失控，从而影响成品质量。循环风机高速起动，传送带与轴承之间磨损非常厉害，使传送带变成了一种易耗品。在采用变频调速后，温度调节可以通过变频器自动调节风机的速度来实现，从而解决了产品质量的问题；此外，变频器能够很方便地实现风机在低频低速下起动并减少了传送带与轴承之间的磨损，还可以延长设备的使用寿命，同时可以节能40%。变频器在保温棉生产线上的应用如图1.6所示。

（a）汽车生产线　　（b）电梯

图1.5　变频器在自动化系统中的应用

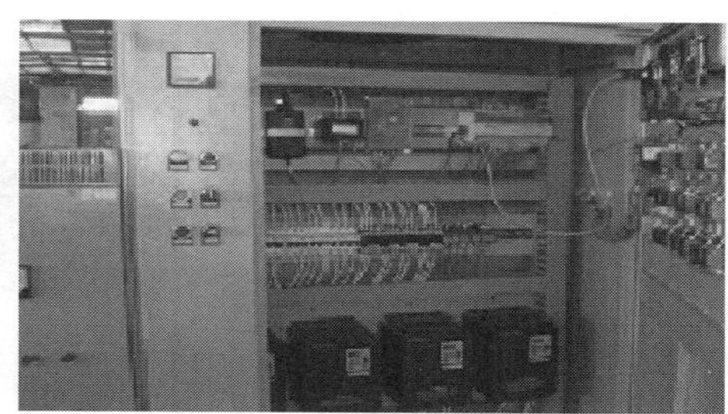

图1.6　变频器在保温棉生产线上的应用

四、变频器技术的发展方向

现在，电力电子器件的基片已从Si（硅）变换为SiC（碳化硅），使电力电子新元件耐高压、低功耗、耐高温，并制造出体积小、容量大的驱动装置，永久磁铁电动机也正在开发研制之中，IT技术的迅速普及，以及人类思维理念的改变，这些变频器相关技术的发展趋势，势必会影响变频技术在以下几个方面得到发展。

1. 网络智能化

智能化的变频器买来就可以用，不必进行那么多的设定，而且可以进行故障自诊断、遥控诊断以及部件自动置换，从而保证变频器的使用寿命。利用互联网可以实现多台变频器联动，甚至是以工厂为单位的变频器综合管理控制系统。

2. 专门化和一体化

变频器的制造专门化，可以使变频器在某一领域的性能更强，如风机、水泵用变频器、电梯专用变频器、起重机械专用变频器、张力控制专用变频器等。除此以外，变频器有与电动机一体化的趋势，使变频器成为电动机的一部分，可以使体积更小，控制更方便。

3. 环保无公害

保护环境，制造“绿色”产品是人类的新理念。21 世纪的电力拖动装置应着重考虑：节能，变频器能量转换过程的低公害，使变频器在使用过程中的噪声、电源谐波对电网的污染等问题减少到最小程度。

4. 适应新能源

现在以太阳能和风力为能源的燃料电化以其低廉的价格崭露头角，有后来居上之势。这些发电设备的最大特点是容量小而分散，将来的变频器就要适应这样的新能源，既要高效，又要低耗。

综合评价

完成任务后，对照下表，看看这些能力点是不是都掌握了，在相应的方框中打勾。

序号	能力点	掌握情况
1	变频器类型的分析	□是　　□否
2	变频器的应用	□是　　□否
3	变频器技术的发展方向	□是　　□否

思考与练习

1. 什么是变频器？变频器的作用是什么？
2. 变频器的发展趋势是什么？
3. 按照用途，变频器有哪些种类？其中电压型变频器和电流型变频器的主要区别在哪里？
4. 简述变频器的主要应用场合。

任务 2　变频器的组成、结构框图、基本原理

任务描述

随着工农业生产对调速性能要求的不断提高和电力电子、微电子及计算机控制等技术的迅速发展，变频调速技术日趋成熟，传统的直流调速系统将逐渐被变频调速系统所取代。变频调速是通过变频器来实现的，那么变频器是由哪些部分组成的？各部分的作用是什么？它是如何实现变频调速的？

任务分析

变频器的内部结构相当复杂，除了电力电子器件组成的主电路外，还有以微处理器为核心的运

算、检测、保护、驱动、隔离等控制电路，对大多数用户来说，变频器作为整体设备来使用，因此，可以不必探究其内部电路的原理，但对变频器的基本结构有相应的了解还是很有必要的。图1.7为三菱 FR-D740 变频器的外观和结构图。

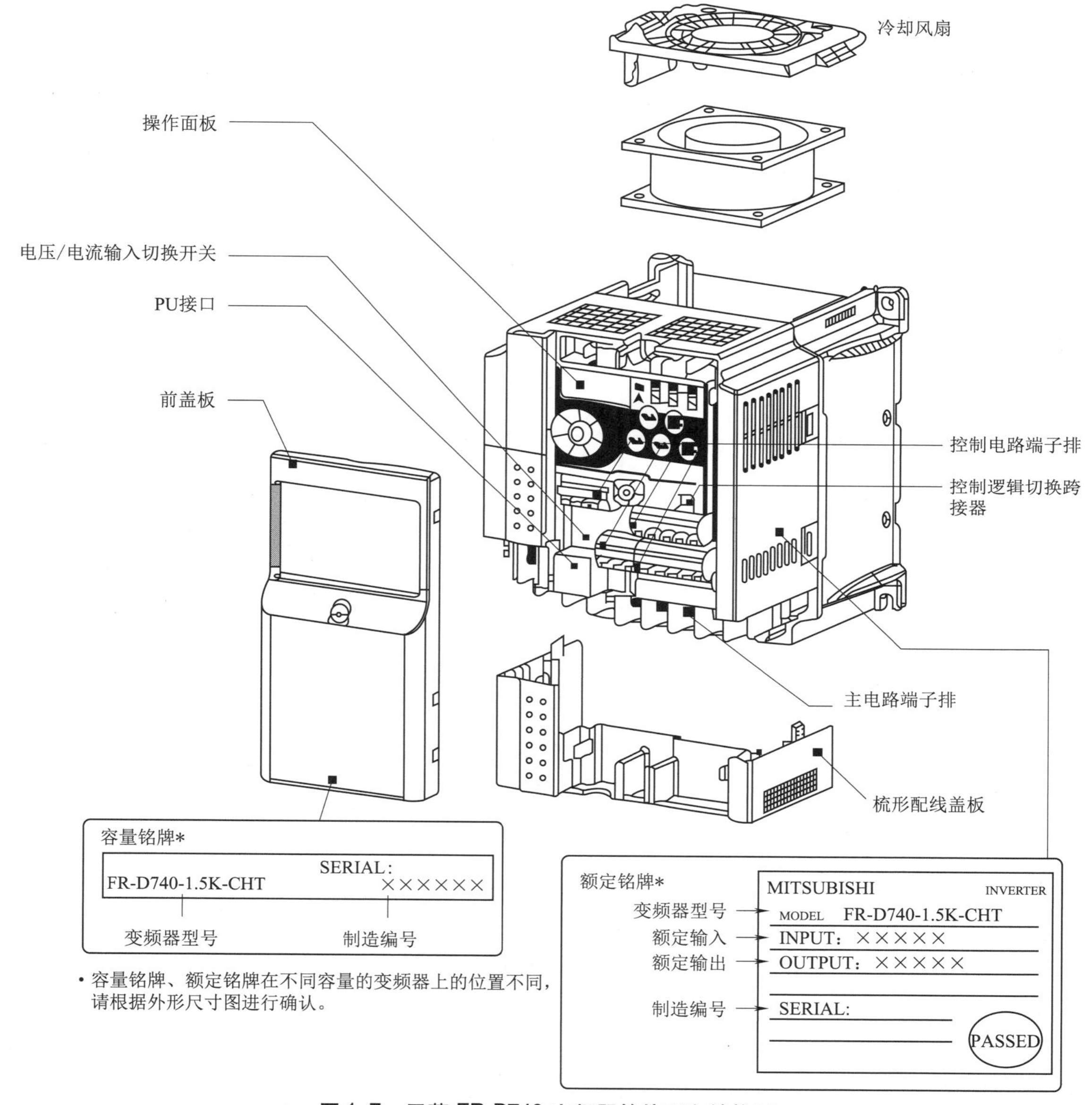

图1.7　三菱 FR-D740 变频器的外观和结构图

知识导航

一、认识变频器

从外部结构上看，变频器有开启式和封闭式两种。开启式的散热性能好，但接线端子外露，适用于在电气柜内进行安装；封闭式的接线端子全部在内部，不打开盖子是看不见的。这里所讲的变频器是封闭式的。

1. 三菱变频器的外型

三菱 FR-D740 变频器拆卸前盖板和配线盖板后的结构如图 1.7 所示。中间有按键和显示窗的部件是参数单元，也叫操作单元，电源进线和接电动机的出线孔在变频器的下部，图中看不见。

2. 功能单元简介

通用变频器的功能单元根据变频器生产厂家的不同而千差万别，但是它们的基本功能相同。主要功能有以下几个方面：

（1）显示频率、电流、电压等参数。

（2）设定操作模式、操作命令、功能码等。

（3）读取变频器运行信息和故障报警信息。

（4）监视变频器运行状况。

（5）故障报警状态的复位。

二、变频器的工作原理

1. 变频器的基本构成

通用变频器由主电路［整流器、逆变器、中间直流环节（中间直流储能环节）］和控制电路组成，如图 1.8 所示。

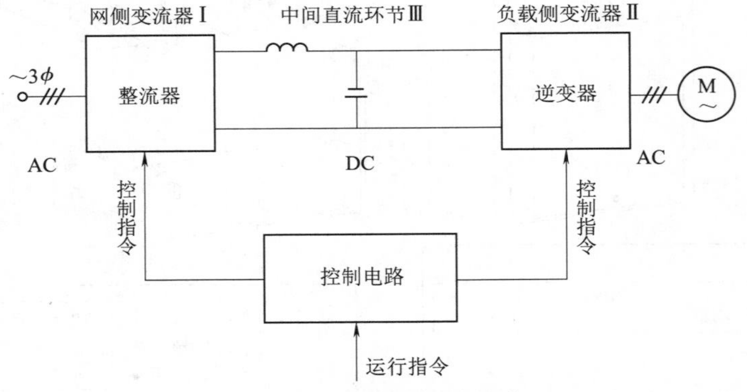

图 1.8　变频器的基本构成

1）主电路

（1）整流器。它又称电网侧变流器，是把三相（或单相）交流电整流成直流电。常见的整流器有用二极管构成的不可控三相桥式电路和用晶闸管构成的可控三相桥式电路。

（2）逆变器。它又称负载侧变流器，最常见的结构形式是利用半导体主开关器件组成三相桥式逆变电路。有规律地控制逆变器中主开关器件的通与断，可以得到任意频率的三相交流电输出。

（3）中间直流环节。由于逆变器的负载为异步电动机，属于感性负载，因此在中间直流环节和电动机之间总会有无功功率的交换。这种无功能量要靠中间直流环节的储能元件（电容或电抗）来缓冲，所以又常称中间直流环节或中间直流储能环节。

2）控制电路

控制电路由运算电路、检测电路、控制信号的输入/输出电路和驱动电路等构成，其主要任务是完成对逆变器的开关控制、对整流器的电压控制以及各种保护功能等，可采用模拟控制或数字控制。高性能的变频器目前已采用嵌入式微型计算机进行全数字控制，采用尽可能简单的硬件电路，主要靠软件来完成各种功能。由于软件的灵活性，数字控制方式可以完成模拟控制方式难以完成的功能。

2. 交-直-交变频器的主电路

交-直-交变频器的主电路，如图1.9所示，可以分为以下几部分：

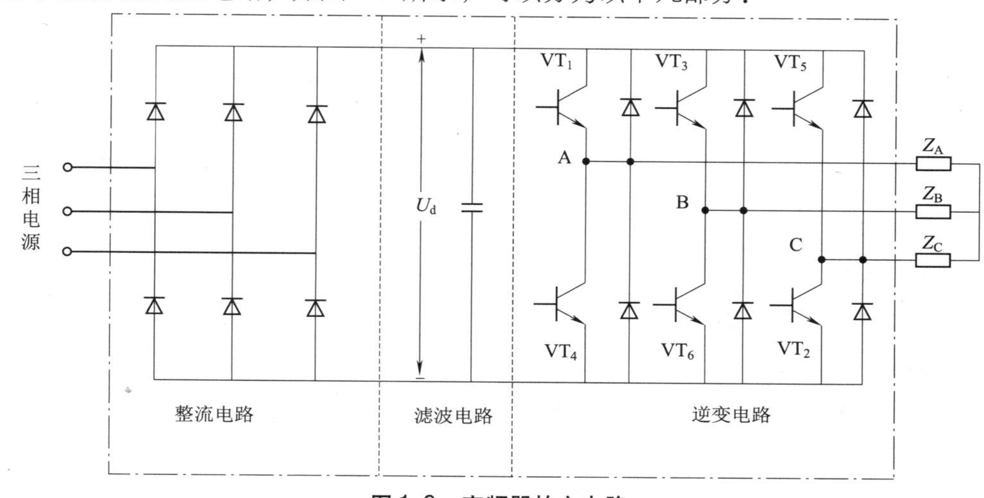

图1.9 变频器的主电路

1）整流电路

交-直部分整流电路通常由二极管或晶闸管构成的桥式电路组成。根据输入电源的不同，分为单相桥式整流电路和三相桥式整流电路。我国常用的小功率的变频器多数为单相220 V输入，较大功率的变频器多数为三相380 V（线电压）输入。

（1）不可控整流电路及工作原理。不可控整流电路使用的元件为功率二极管，不可控整流电路按输入交流电源的相数不同分为单相整流电路、三相整流电路和多相整流电路。图1.10所示为三相桥式整流电路。

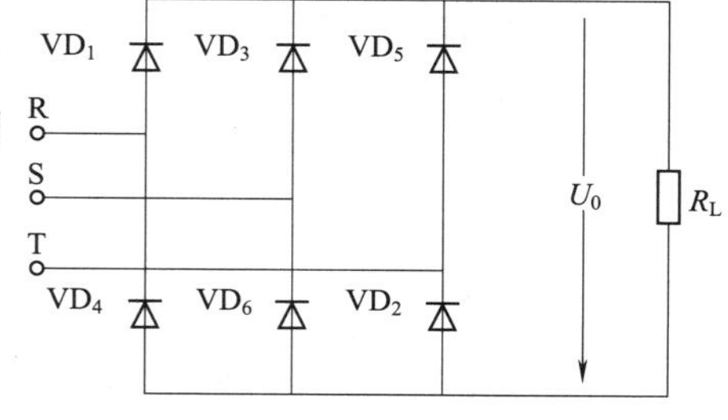

图1.10 三相桥式整流电路

三相桥式整流电路共有六只整流二极管，其中VD_1、VD_3、VD_5三只二极管的阴极连接在一起，称为共阴极组；VD_4、VD_6、VD_2三只二极管的阳极连接在一起，称为共阳极组。共阴极组三只二极管VD_1、VD_3、VD_5在t_1、t_3、t_5换流导通；共阳极组三只二极管VD_4、VD_6、VD_2在t_2、t_4、t_6换流导通。一个周期内，每只二极管导通1/3周期，即导通角为120°。通过计算可得到负载电阻R_L上的平均电压为

$$U_O = 2.34U_2$$

（2）可控整流电路及工作原理。三相桥式可控整流电路，如图1.11所示。

三相交流电源电压u_R、u_S、u_T正半波的自然换相点为1、3、5，负半波的自然换相点为2、4、6，

如图 1.12 所示。

当 $\alpha=0°$时，让触发电路先后向各自所控制的 6 只晶闸管的门极（对应自然换相点）送出触发脉冲，即在三相电源电压正半波的 1、3、5 点向共阴极组晶闸管 VT_1、VT_3、VT_5输出触发脉冲；在三相电源电压负半波的 2、4、6 点向阳极组晶闸管 VT_2、VT_4、VT_6输出触发脉冲，负载上所得到的整流输出电压 u_d波形如图 1.12 所示的由三相电源线电压 u_{RS}、u_{RT}、u_{ST}、u_{SR}、u_{TR}和 u_{TS}的正半波所组成的包络线。

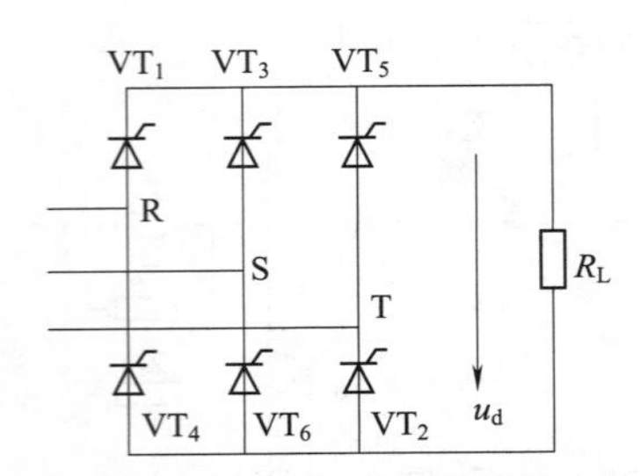

图 1.11　三相桥式可控整流电路

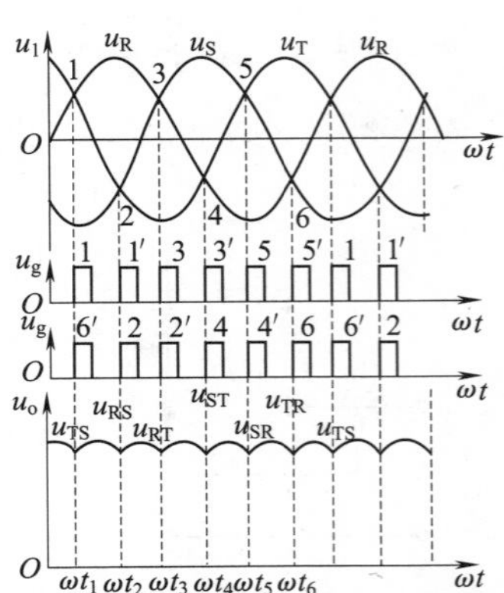

图 1.12　三相桥式可控电路电压波形

2）中间环节——滤波电路

虽然利用整流电路可以从电网的交流电源得到直流电压或直流电流，但是这种电压或电流含有频率为电源频率 6 倍的纹波，则逆变后的交流电压、电流也产生纹波。因此，必须对整流电路的输出进行滤波，以减少电压或电流的波动，这种电路称为滤波电路。

根据储能元件不同，可分为电容滤波和电感滤波两种。由于电容两端的电压不能突变，流过电感的电流不能突变，所以用电容滤波就构成电压源型变频器，用电感滤波就构成电流源型变频器。

（1）电容滤波。通常用大容量电容对整流电路输出电压进行滤波。由于电容量比较大，一般采用电解电容。

二极管整流器在电源接通时，电容中将流过较大的充电电流（亦称浪涌电流），有可能烧坏二极管，必须采取相应措施。图 1.13 为几种抑制浪涌电流的方式。

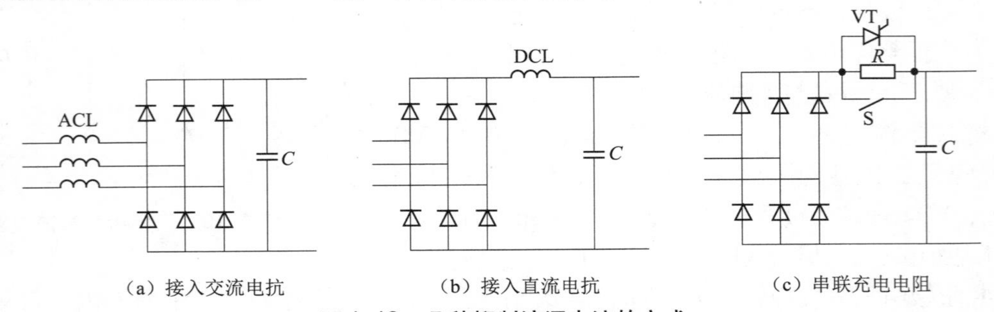

图 1.13　几种抑制浪涌电流的方式

采用大电容滤波后再送给逆变器，这样可使加于负载上的电压值不受负载变动的影响，基本保持恒定。该变频电源类似于电压源，因而称为电压型变频器。图 1.14 所示为电压型变频器的电路框图。电压型变频器逆变电压波形为方波，而电流的波形经电动机负载的滤波后接近于正弦波，如

图1.15所示。

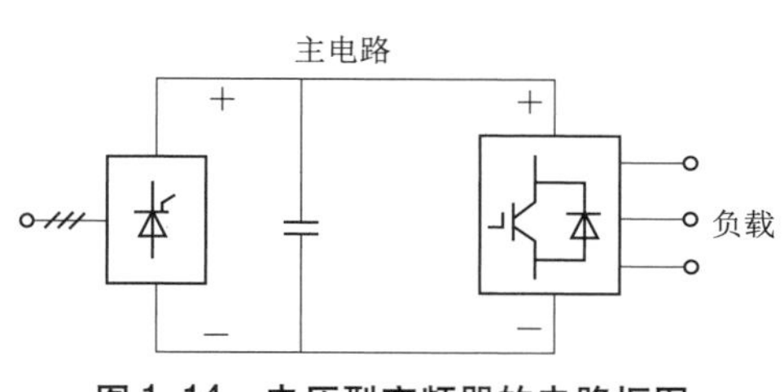

图1.14　电压型变频器的电路框图

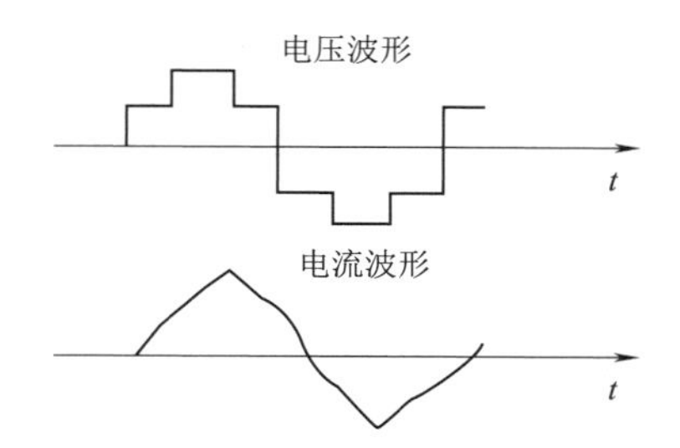

图1.15　电压型变频器的电压和电流波形

（2）电感滤波。

采用大容量电感对整流电路输出电流进行滤波，称为电感滤波。由于经电感滤波后加于逆变器的电流值稳定不变，所以输出电流基本不受负载的影响，电源外特性类似于电流源，因而称为电流型变频器。图1.16所示为电流型变频器的电路框图。图1.17所示为电流型变频器输出电压及电流波形。

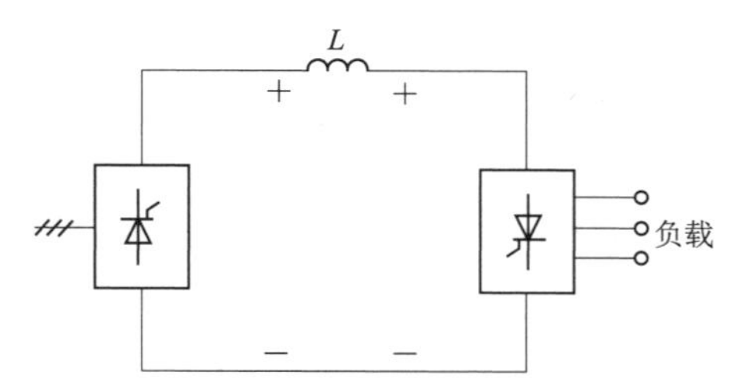

图1.16　电流型变频器的电路框图

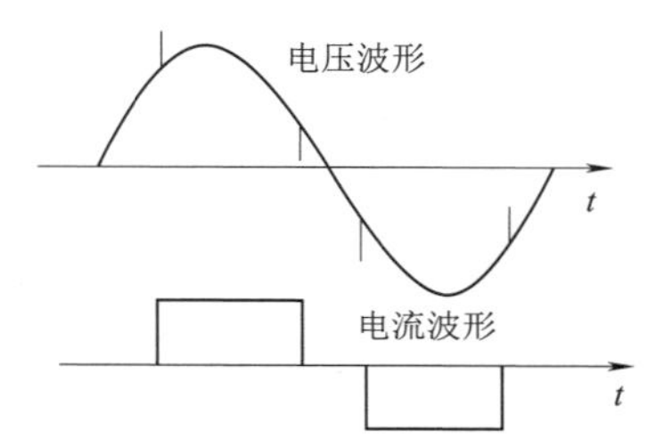

图1.17　电流型变频器输出电压及电流波形

3）逆变电路——直-交部分

逆变电路也简称为逆变器，图1.18（a）所示为单相桥式逆变器，四个桥臂由开关构成，输入直流电压E，逆变器负载是电阻R。当将开关S_1、S_4闭合，S_2、S_3断开时，电阻上得到左正右负的电压；间隔一段时间后将开关S_1、S_4打开，S_2、S_3闭合，电阻上得到右正左负的电压。以频率f交替切换S_1、S_4和S_2、S_3，在电阻上就可以得到图1.18（b）所示的电压波形。

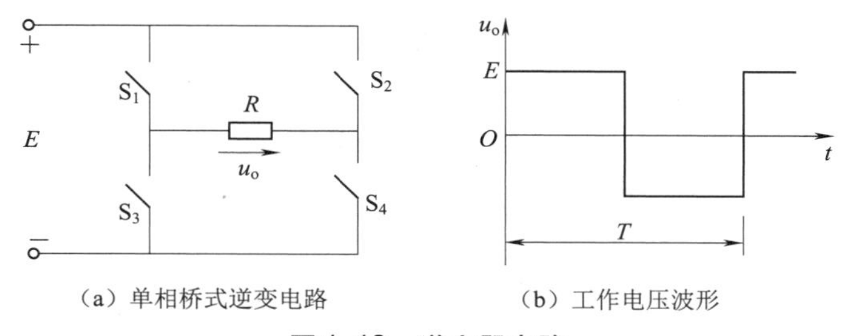

（a）单相桥式逆变电路　　（b）工作电压波形

图1.18　逆变器电路

（1）半桥逆变电路。

图1.19（a）为半桥逆变电路原理图，直流电压U_d加在两个串联的足够大的电容两端，并使得两个电容的连接点为直流电源的中点，即每个电容上的电压为$U_d/2$。由两个导电臂交替工作使负载得到交变电压和电流，每个导电臂由一个功率晶体管与一个反并联二极管所组成。

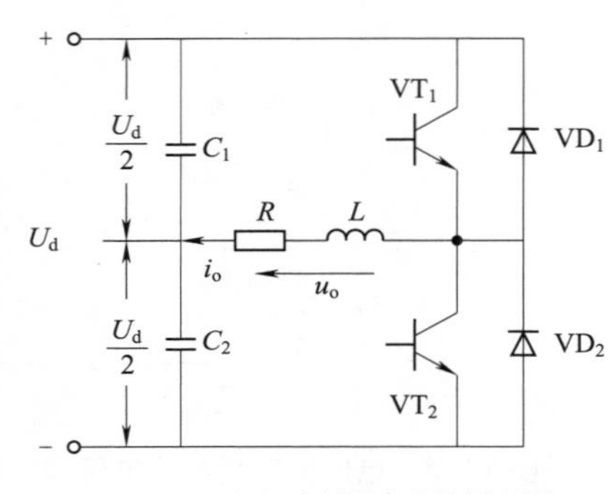

(a) 半桥逆变电路原理图

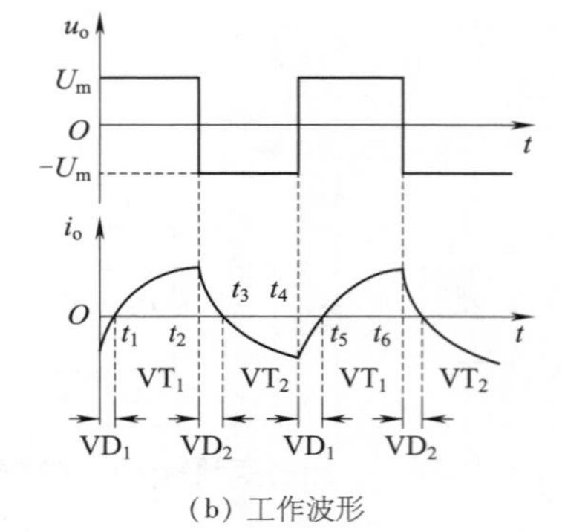

(b) 工作波形

图 1.19 半桥逆变电路及工作波形

(2) 全桥逆变电路。

电路原理图如图 1.20（a）所示。直流电压 U_d接有大电容 C，电路中的四个桥臂，桥臂 1、4（VT_1 和 VT_4）和桥臂 2、3（VT_2 和 VT_4）组成两对，工作时，设 t_2时刻之前 VT_1、VT_4导通，负载上的电压极性为左正右负，负载电流 i_o由左向右。t_2时刻给 VT_1、VT_4关断信号，给 VT_2、VT_3导通信号，则 VT_1、VT_4关断，但感性负载中的电流 i_o方向不能突变，于是 VD_2、VD_3导通续流，负载两端电压的极性为右正左负。当 t_3时刻 i_o降至零时，VD_2、VD_3截止，VT_2、VT_3导通，i_o开始反向。同样在 t_4时刻给 VT_2、VT_3关断信号，给 VT_1、VT_4导通信号后，VT_2、VT_3关断，i_o方向不能突变，由 VD_1、VD_4导通续流。t_5时刻 i_o降至零时，VD_1、VD_4截止，VT_1、VT_4导通，i_o反向，如此反复循环，两对交替各导通 180°。其输出电压 u_o和负载电流 i_o波形如图 1.20（b）所示。

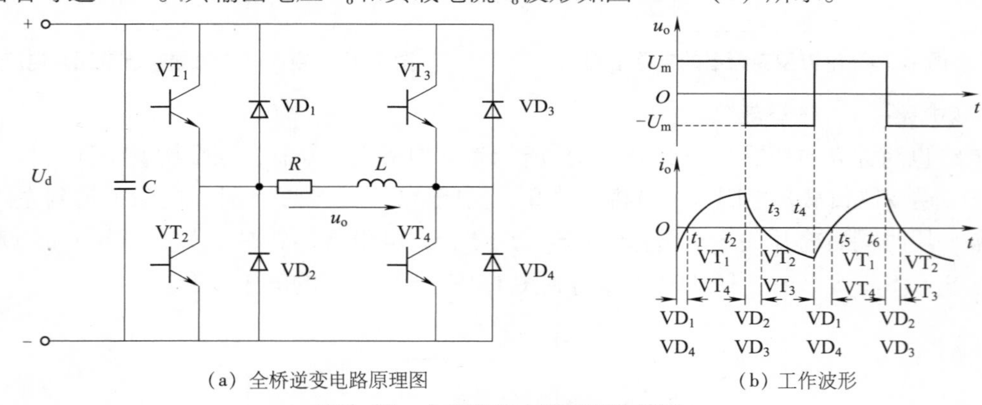

(a) 全桥逆变电路原理图　　(b) 工作波形

图 1.20 全桥逆变电路及工作波形

逆变电路的输出电压为阶梯波，虽然不是正弦波，却是彼此相差 180°的交流电压，即实现了从直流电到交流电的逆变。输出电压的频率取决于逆变器开关器件的切换频率，从而达到了变频的目的。

实际逆变电路除了基本元件三极管和续流二极管外，还有保护半导体元件的缓冲电路，三极管也可以用门极可关断晶闸管代替。

3. SPWM 控制技术

1）SPWM 控制技术原理

我们期望通用变频器的输出电压波形是纯粹的正弦波形，但就目前技术而言，还不能制造功率大、体积小、输出波形如同正弦波发生器那样标准的可变频变压的逆变器。目前技术很容易实现的一种方法是，逆变器的输出波形是一系列等幅不等宽的矩形脉冲波形，这些波形与正弦波等效，如图1.21所示。

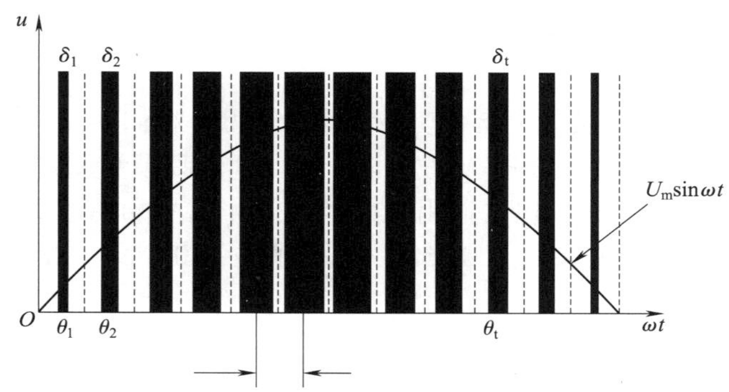

图1.21 单极式SPWM电压波形

等效的原则是每一区间的面积相等。如果把一个正弦半波分作 n 等份（图中 n 等于12，实际 n 要大得多），然后把每一等份的正弦曲线与横轴所包围的面积都用一个与此面积相等的矩形脉冲来代替，脉冲幅值不变，宽度为 δ_t，各脉冲的中点与正弦波每一等份的中点重合。这样，有 n 个等幅不等宽的矩形脉冲组成的波形就与正弦波的正半周等效，称为SPWM（Sinusoidal Pulse Width Modulation，正弦波脉冲宽度调制）波形。同样，正弦波的负半周也可以用同样的方法与一系列负脉冲等效。这种正、负半周分别用正、负半周等效的SPWM波形称为单极式SPWM波形。

虽然SPWM电压波形与正弦波相差甚远，但由于变频器的负载是电感性负载电动机，而流过电感的电流是不能突变的，当把调制频率为几千赫的SPWM电压波形加到电动机时，其电流波形就是比较好的正弦波了。

2）SPWM波形成的方法

（1）自然采样法。

自然采样法即计算正弦信号波和三角波载波的交点，从而求出相应的脉宽和间歇时间，生成SPWM波形。图1.22表示截取一段正弦与三角波载波相交的实时状况。检测出交点 A 是发出脉冲的初始时刻，B 点是脉冲结束时刻。T_C 为三角波的周期；t_2 为 AB 之间的脉宽时间，t_1 和 t_3 为间歇时间。显然，$T_C = t_1 + t_2 + t_3$。

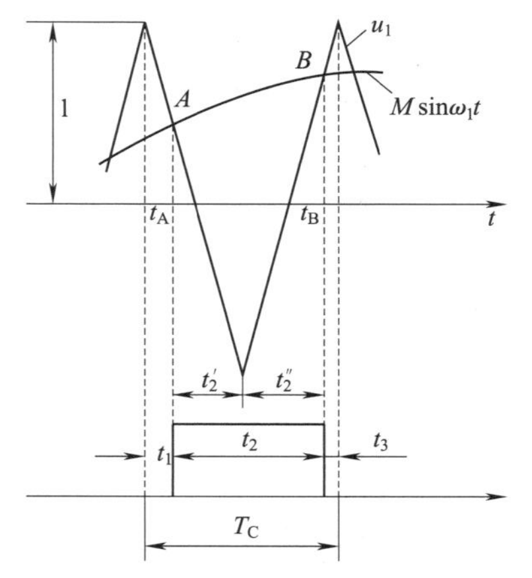

图1.22 自然采样法

（2）数字控制法。

数字控制法，是由微机存储预先计算好的 SPWM 数据表格，控制时根据指令调出，由微机的输出接口输出。

（3）采用 SPWM 专用集成芯片。

用微机产生 SPWM 波，其效果受到指令功能、运算速度、存储容量等限制，有时难以有很好的实时性，因此，完全依靠软件生成 SPWM 波实际上很难适应高频变频器的要求。

随着微电子技术的发展，已开发出一批用于发生 SPWM 信号的集成电路芯片。目前已投入市场的 SPWM 芯片，进口的有 HEF4725、SLE4520，国产的有 THP4725、ZPS-101 等。有些单片机本身就带有 SPWM 端口。

三、变频调速的基本原理

1. 三相异步电动机构造

三相异步电动机结构如图 1.23 所示，由定子和转子构成，定子和转子之间有气隙。

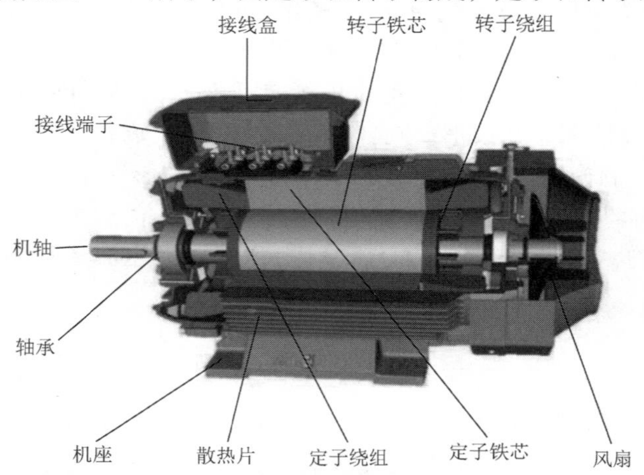

图 1.23　三相异步电动机结构

1）定子

定子由铁芯、绕组、机座三部分组成。铁芯由 0.5 mm 的硅钢片叠压而成；三相绕组连接成星形或三角形；机座一般用铸铁作成，主要用于固定和支撑定子铁芯。

2）转子

转子由铁芯和绕组组成。转子同样由硅钢片叠压而成，压装在转轴上；转子绕组分为鼠笼式和线绕式两种。

线绕式异步电动机还有滑环、电刷机构。

2. 三相异步电动机的工作原理

（1）三相异步电动机定子绕组接入三相交流电源，便有三相对称电流流入绕组，在电动机的气隙中产生旋转磁场，旋转磁场的转速称为同步转速。

（2）旋转磁场切割转子导体，产生感应电势。

（3）当转子绕组形成闭合回路时，在转子绕组中有感应电流流过。

（4）转子电流在旋转磁场中产生力，形成电磁转矩，转子便沿着转矩的方向旋转，进而电动机便可正常运转起来。

3. 三相异步电动机的旋转磁场

1）旋转磁场的产生

设电动机为2极，每相绕组只有一个线圈，通电如图1.24所示。在0～$T/2$这个区间，分析有一相电流为零的几个点。规定：当电流为正时，从首端进尾端出；电流为负时，从尾端进首端出。

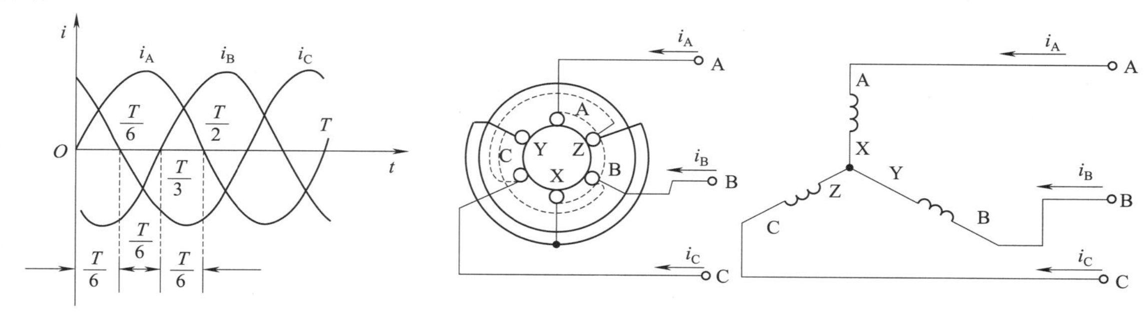

图1.24 三相异步电动机定子绕组接线、波形图

（1）$t=0$时，$i_A=0$，i_B为负，电流实际方向与正方向相反，即电流从Y端流到B端；i_C为正，电流实际方向与正方向一致，即电流从C端流到Z端。按右手螺旋定则确定三相电流产生的合成磁场，如图1.25（a）中箭头所示。

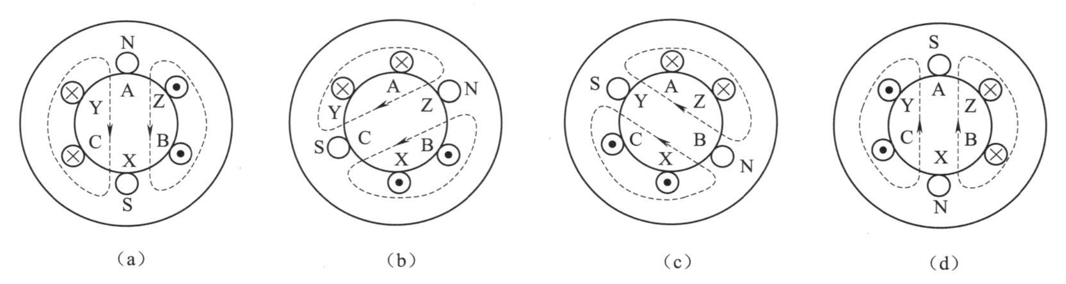

图1.25 三相异步电动机旋转磁场的产生

（2）$t=T/6$时，$\omega t=\omega T/6=\pi/3$，$i_A$为正（电流从A端流到X端），$i_B$为负（电流从Y端流到B端），$i_C=0$。此时的合成磁场如图1.25（b）所示，合成磁场已从$t=0$瞬间所在位置顺时针方向旋转了$\pi/3$。

（3）$t=T/3$时，$\omega t=\omega T/3=2\pi/3$，$i_A$为正，$i_B=0$，$i_C$为负。此时的合成磁场如图1.25（c）所示，合成磁场已从$t=0$瞬间所在位置顺时针方向旋转了$2\pi/3$。

（4）$t=T/2$时，$\omega t=\omega T/2=\pi$，$i_A=0$；i_B为正；i_C为负。此时的合成磁场如图1.25（d）所示。合成磁场从$t=0$瞬间所在位置顺时针方向旋转了π。

按以上分析可以证明：当三相电流随时间不断变化时，合成磁场的方向在空间也不断旋转，这样就产生了旋转磁场。

旋转磁场的旋转方向与三相交流电的相序一致，改变三相交流电的相序，即A—B—C变为C—B—A，旋转磁场反向。要改变电动机的转向，只要任意对调三相电源的两根接线即可。

2）旋转磁场的旋转速度——同步转速 n_0

$$n_0 = \frac{60f_1}{p}$$

式中：n_0——异步电动机的同步转速，单位为 r/min；

f_1——电源的频率，单位为 Hz；

p——电动机磁极对数。

电动机的磁极对数为 1 时，同步转速为 3 000 r/min；电动机的磁极对数为 2 时，同步转速为 1 500 r/min；电动机的磁极对数为 3 时，同步转速为 1 000 r/min。

改变频率和电压是最优的电动机控制方法，如果仅改变频率而不改变电压，频率降低时会使电动机处于过电压（过励磁），导致电动机可能被烧坏，因此变频器在改变频率的同时必须要同时改变电压。

输出频率在额定频率以上时，电压却不可以继续增加，最高只能是等于电动机的额定电压。例如，为了使电动机的旋转速度减半，把变频器的输出频率从 50 Hz 改变到 25 Hz，这时变频器的输出电压就需要从 400 V 改变到 200 V 左右。

3）定子绕组线端连接方式

三相异步电动机定子绕组连接方式如图 1.26 所示。

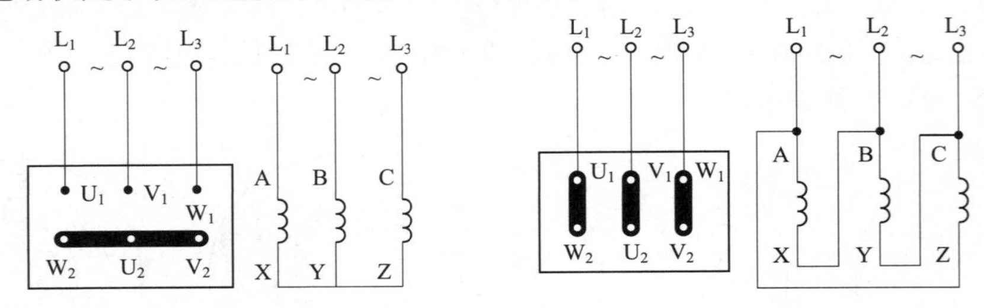

图 1.26　三相异步电动机定子绕组连接方式

注意：三相绕组连接成星形，每相绕组承受相电压 220 V；三相绕组连接成三角形，每相绕组承受线电压 380 V。

4. 三相异步电动机的转速

交流异步电动机的转速表达式：

$$n = \frac{60f_1}{p}(1 - s)$$

式中：n——异步电动机的转速，单位为 r/min；

f_1——电源的频率，单位为 Hz；

s——电动机转差率；

p——电动机磁极对数。

由上式可见转速 n 与频率 f_1 成正比，如果不改变电动机的磁极对数，只要改变频率 f_1 即可改变电动机的转速。当频率 f_1 在 0 ~ 50 Hz 的范围内变化时，电动机转速调节范围非常宽。变频器就是通过改变电动机电源频率实现速度调节的。

四、变频器的铭牌

通用变频器的铭牌主要包含型号、输入电源规格、最大输出电流等内容，使用变频器必须遵守铭牌上的有关说明，变频器的铭牌如图 1.27 所示。

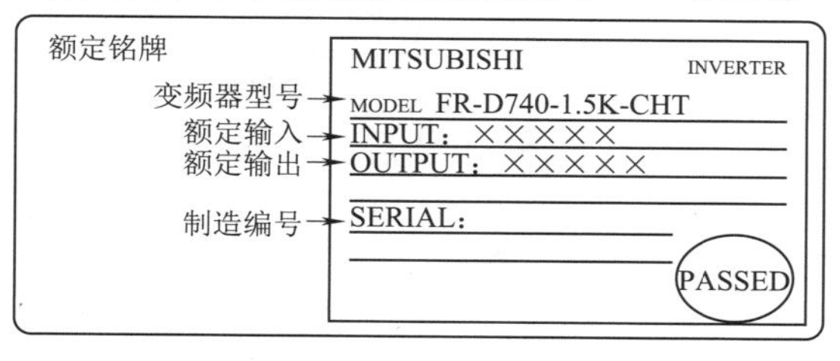

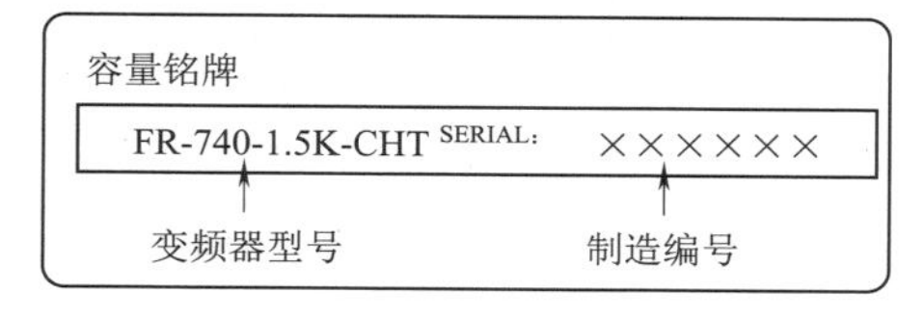

图 1.27 变频器的铭牌

变频器的型号说明：D740 代表变频器电源供电电压等级为三相 380 V，1.5K 代表变频器容量为 1.5 kW。

任务实施

一、三菱 FR-D740 变频器盖板的拆卸和安装方法

1. 前盖板

1）3.7 kW 或以下型号的情况

拆卸 FR-D740-1.5K-CHT 的步骤如图 1.28 所示。

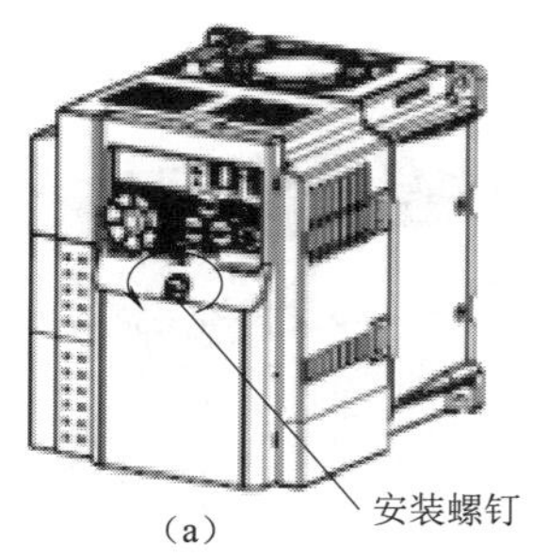

（a）

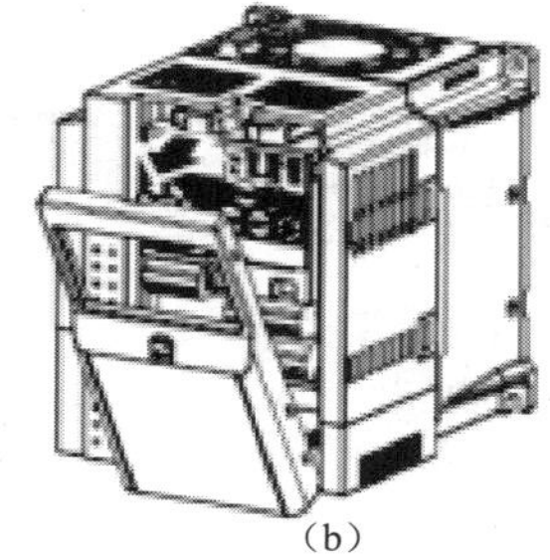

（b）

图 1.28 FR-D740-1.5K-CHT 的拆卸步骤

（1）旋松前盖板用的安装螺钉。（螺钉不能卸下）

（2）将前盖板沿箭头所示方向向前面拉，将其卸下。

安装 FR-D740-1.5K-CHT 的步骤如图 1.29 所示。

（1）请将盖板对准本体正面笔直装入。

（2）拧紧前盖板用的安装螺钉。

2）5.5 kW 以上型号的情况

拆卸 FR-D740-7.5K-CHT 的步骤如图 1.30 所示。

（1）旋松前盖板用的安装螺钉。（螺钉不能卸下）

（2）按住前盖板上的安装卡爪，将前盖板沿箭头所示方向向前面拉，将其卸下。

安装 FR-D740-7.5K-CHT 的步骤如图 1.31 所示。

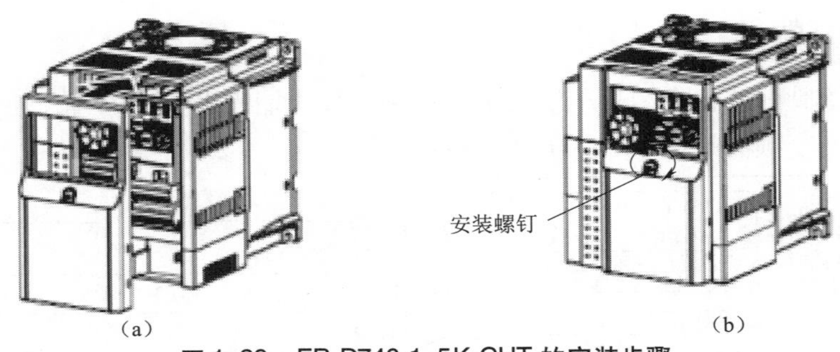

图 1.29　FR-D740-1.5K-CHT 的安装步骤

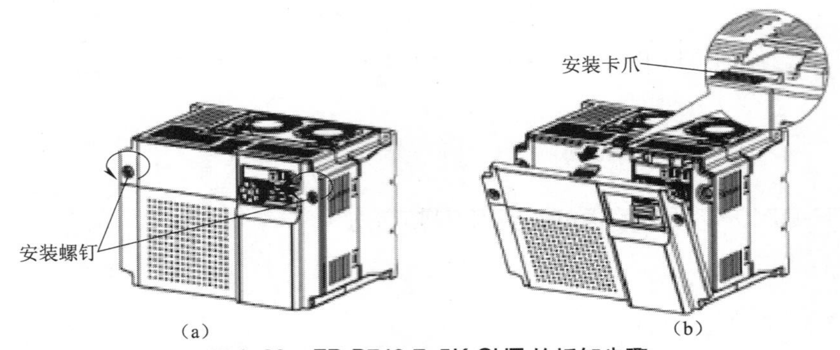

图 1.30　FR-D740-7.5K-CHT 的拆卸步骤

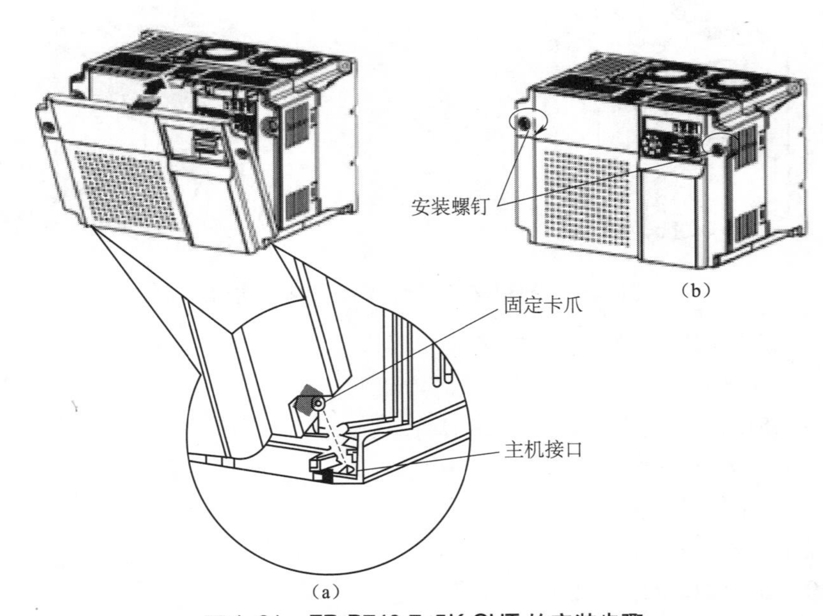

图 1.31　FR-D740-7.5K-CHT 的安装步骤

(1) 请将前盖板下部 2 处固定卡爪插入本体的接口进行安装。

(2) 拧紧前盖板用的安装螺钉。

2. 配线盖板

（1）3.7 kW 或以下型号的情况。

FR-D740-1.5K-CHT 的配线盖板向下拉即可简单卸下，安装时请对准导槽，如图 1.32 所示。

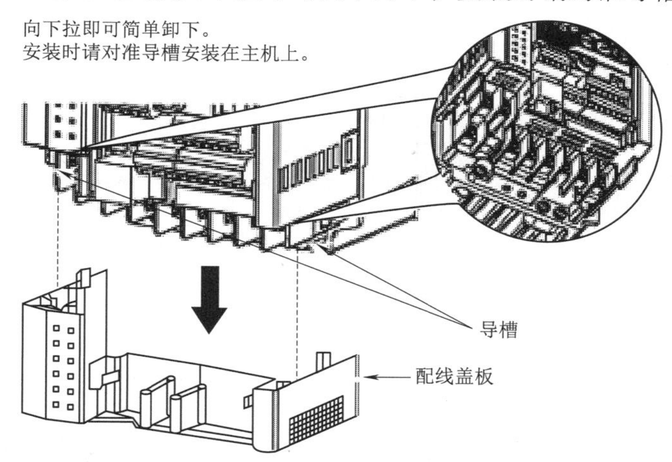

图 1.32　FR-D740-1.5K-CHT 的配线盖板拆装步骤

（2）5.5 kW 以上型号的情况。

FR-D740-7.5K-CHT 的配线盖板向前拉即可简单卸下，安装时请对准导槽，如图 1.33 所示。

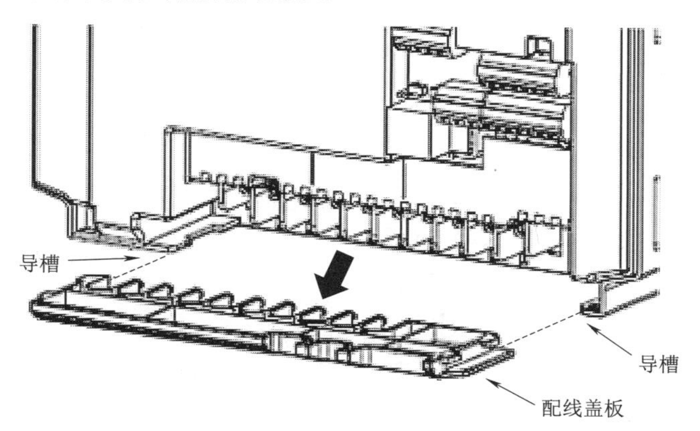

图 1.33　FR-D740-7.5K-CHT 的配线盖板拆装步骤

二、三菱 FR-D740 变频器接线端子的了解

1. 三菱 FR-D740 变频器端子接线图

三菱 FR-D740 变频器端子接线图如图 1.34 所示，在对变频器进行接线之前，首先确认变频器的安装环境，比如工作温度、环境温度、有无腐蚀性气体、振动冲击和电磁波干扰等因素。变频器和电动机的距离应该尽量短，电动机电缆应独立于其他电缆走线，控制电缆一定要选用屏蔽电缆。变频器正确接地是提高系统稳定性，抑制噪声的重要手段。

● 三相400 V电源输入

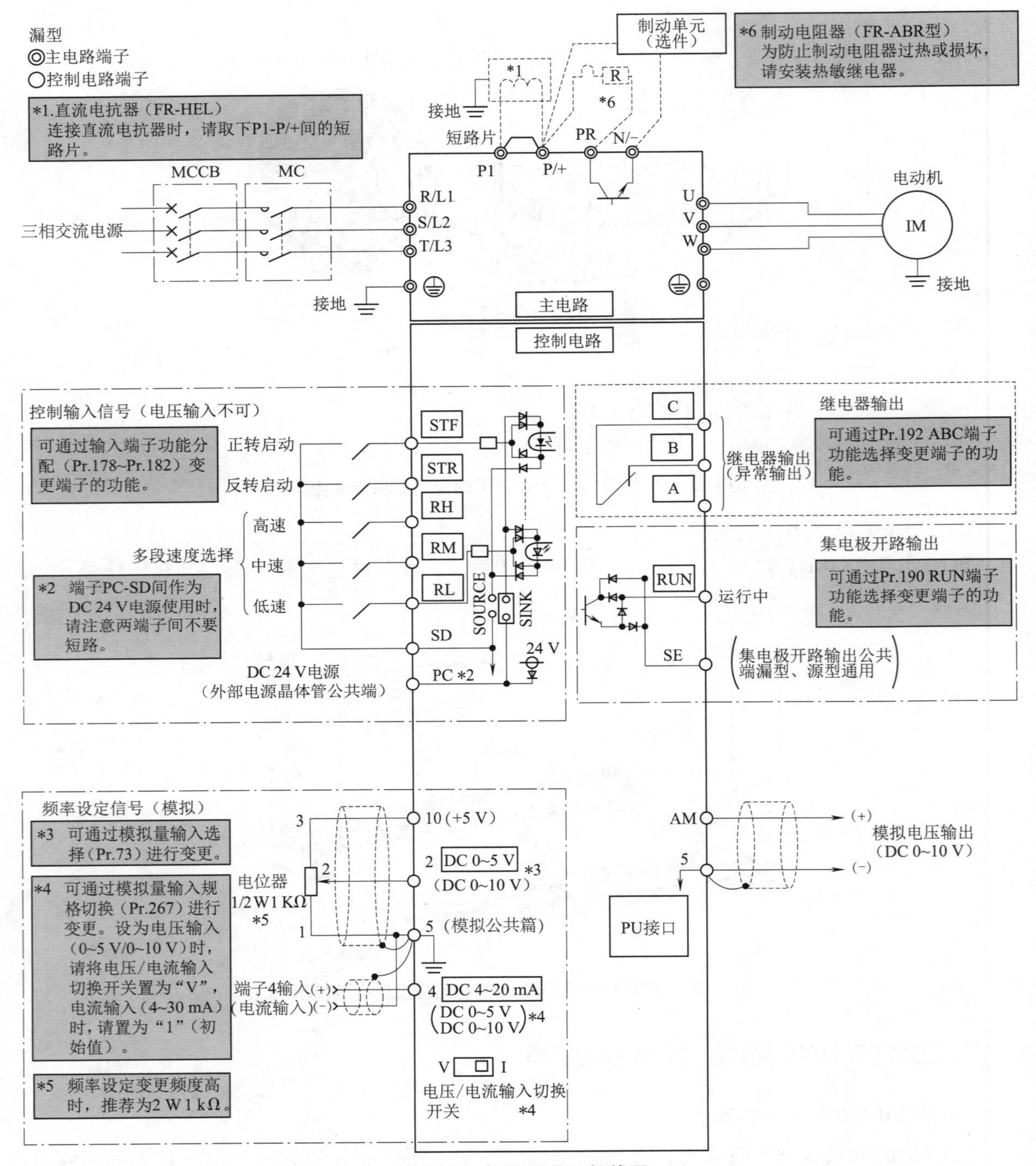

图 1.34 变频器端子接线图

1）主电路规格

主电路端子功能说明见表 1.1。

表1.1　主电路端子功能说明

端子记号	端子名称	端子功能说明
R/L1、S/L2、T/L3	交流电源输入	连接工频电源。 当使用高功率因数变流器（FR-HC）及共直流母线变流器（FR-CV）时不要连接任何东西
U、V、W	变频器输出	连接三相笼形电动机
P/+、PR	制动电阻器连接	在端子P/+－PR间连接选购的制动电阻器（FR-ABR）
P/+、N/－	制动单元连接	连接制动单元（FR-BU2）、共直流母线变流器（FR-CV）以及高功率因数变流器（FRHC）
P/+、P1	直流电抗器连接	拆下端子P/+－P1间的短路片，连接直流电抗器
⏚	接地	变频器机架接地用。必须接大地

2）控制电路规格

（1）输入端子。输入信号控制电路端子功能说明见表1.2。

表1.2　输入信号控制电路端子功能说明

<table>
<tr><th>种类</th><th>端子记号</th><th>端子名称</th><th colspan="2">端子功能说明</th><th>额定规格</th></tr>
<tr><td rowspan="9">接点输入</td><td>STF</td><td>正转启动</td><td>STF信号ON时为正转，OFF时为停止指令</td><td rowspan="2">STF、STR信号同时ON时变成停止指令</td><td rowspan="3">输入电阻4.7 kΩ，开路时电压DC 21～26 V，短路时DC 4～6 mA</td></tr>
<tr><td>STR</td><td>反转启动</td><td>STR信号ON时为反转，OFF时为停止指令</td></tr>
<tr><td>RH、RM、RL</td><td>多段速度选择</td><td colspan="2">用RH、RM和RL信号的组合可以选择多段速度</td></tr>
<tr><td rowspan="3">SD</td><td>接点输入公共端（漏型）（初始设定）</td><td colspan="2">接点输入端子（漏型逻辑）的公共端子</td><td rowspan="3">—</td></tr>
<tr><td>外部晶体管公共端（漏型）</td><td colspan="2">漏型逻辑时当连接晶体管输出（即集电极开路输出），例如可编程控制器（PLC）时，将集体管输出用的外部电源公共端接到该端子时，可以防止因漏电引起的误动作</td></tr>
<tr><td>DC 24 V电源公共端</td><td colspan="2">DC 24 V，0.1A电源（端子PC）的公共输出端子。与端子5及端子SE绝缘</td></tr>
<tr><td rowspan="3">PC</td><td>外部晶体管公共端（漏型）（初始设定）</td><td colspan="2">漏型逻辑时当连接晶体管输出（即集电极开路输出），例如可编程控制器（PLC）时，将集体管输出用的外部电源公共端接到该端子时，可以防止因漏电引起的误动作</td><td rowspan="3">电源电压范围DC 22～26.5 V，容许负载电流100 mA</td></tr>
<tr><td>接点输入公共端（源型）</td><td colspan="2">接点输入端子（源型逻辑）的公共端子</td></tr>
<tr><td>DC 24 V电源</td><td colspan="2">可作为DC 24V，0.1 A的电源使用</td></tr>
</table>

续表

种类	端子记号	端子名称	端子功能说明	额定规格
频率设定	10	频率设定用电源	作为外接频率设定（速度设定）用电位器时的电源使用。（参照 Pr. 73 模拟量输入选择）	DC 5. 0 V ± 0. 2 V，容许负载电流 100 mA
	2	频率设定（电压）	如果输入 DC 0 ~ 5 V（或 0 ~ 10 V），在 5 V（10 V）时为最大输出频率，输入输出成正比。通过 Pr. 73 进行 DC 0 ~ 5 V（初始设定）和 DC 0 ~ 10 V 输入的切换操作	输入电阻 10 kΩ ± 1 kΩ，最大容许电压 DC 20 V
	4	频率设定（电流）	如果输入 DC 4 ~ 20 mA（或 0 ~ 5 V，0 ~ 10 V），在 20 mA 时为最大输出频率，输入输出成正比。只有 AU 信号为 ON 时端子 4 的输入信号才会有效（端子 2 的输入将无效）。通过 Pr. 267 进行 DC 4 ~ 20 mA（初始设定）和 DC 0 ~ 5 V、DC 0 ~ 10 V 输入的切换操作。电压输入（0 ~ 5 V/0 ~ 10 V）时，请将电压/电流输入切换开关切换至“V”	电流输入的情况如下：输入电阻 233 Ω ± 5 Ω，最大容许电流 30 mA； 电压输入的情况如下：输入电阻 10 kΩ ± 1 kΩ，最大容许电压 DC 20 V
	5	频率设定公共端	频率设定信号（端子 2 或 4）及端子 AU 的公共端子，请勿接大地	—
PTC 热敏电阻	10 2	PTC 热敏电阻输入	连接 PTC 热敏电阻输出。 将 PTC 热敏电阻设定为有效（Pr. 561 ≠ “9999”）后，端子 2 的频率设定无效	使用 PTC 热敏电阻电阻值为 100 Ω ~ 30 kΩ

（2）输出端子。

输出信号控制电路端子功能说明如表 1. 3 所示。

表 1. 3 输出信号控制电路端子功能说明

种类	端子记号	端子名称	端子功能说明	额定规格
继电器	A、B、C	继电器输出（异常输出）	指示变频器因保护功能动作时输出停止的 1c 接点输出。异常时：B – C 间不导通（A – C 间导通）；正常时：B – C 间导通（A – C 间不导通）	接点容量 AC 230 V 0. 3 A（功率因数 = 0. 4）DC 30 V 0. 3 A
集电极开路	RUN	变频器正在运行	变频器输出频率大于或等于启动频率（初始值 0. 5 Hz）时为低电平，已停止或正在直流制动时为高电平。低电平表示集电极开路输出用的晶体管处于 ON（导通状态）。高电平表示处于 OFF（不导通状态）	容许负载 DC 24 V（最大 DC 27 V）0. 1 A（ON 时最大电压降 3. 4 V）
	SE	集电极开路输出公共端	端子 RUN 的公共端子	—
模拟	AM	模拟电压输出	可以从多种监示项目中选一种作为输出。变频器复位中不被输出。输出信号与监示项目的大小成比例 输出项目：输出频率（初始设定）	输出信号 DC 0 ~ 10 V 许可负载电流 1 mA（负载阻抗 10 kΩ 以上）分辨率为 8 位

3）通信端子

通信信号控制电路端子功能说明见表1.4。

表1.4 通信信号控制电路端子功能说明

种类	端子记号	端子名称	端子功能说明
RS-485	—	PU接口	通过PU接口，可进行RS－485通信。 标准规格：EIA－485（RS－485）。 传输方式：多站点通信。 通信速率：4 800～38 400 bit/s 总长距离：500 m

2. 主电路端子的端子排列与电源、电动机的接线

主电路接线端子排列，如图1.35所示。

3. 控制电路的接线

控制电路接线端子排列，如图1.36所示。

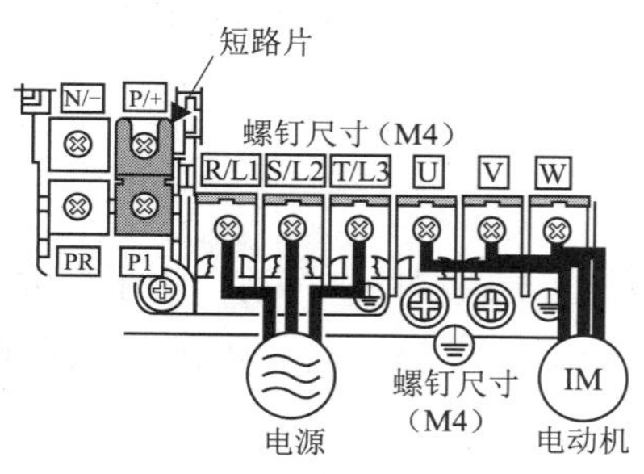

图1.35 主电路接线端子排列

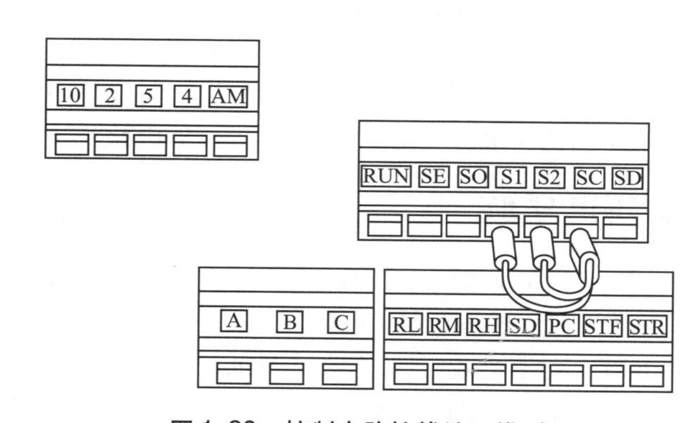

图1.36 控制电路接线端子排列

综合评价

完成任务后，对照下表，看看这些能力点是不是都掌握了，在相应的方框中打勾。

序号	能力点	掌握情况
1	铭牌的识读	□是 □否
2	前端盖板的拆卸与安装	□是 □否
3	变频器接线端子的作用	□是 □否

思考与练习

1. 变频器的基本组成有哪些？

2. 变频器的控制端子大致分为哪几类?
3. 变频器的主电路端子有哪些? 分别与什么相连接?

任务3 变频器中的开关器件

任务描述

逆变电路输出频率较高时，电路中开关元件应采用什么元件？怎么判断其好坏？

任务分析

逆变电路的基本作用是在驱动信号的控制下，将直流电源转换成频率和电压可以任意调节的交流电源，即变频器的输出电源。它有六个开关器件（如GTR、IGBT）组成三相桥式逆变电路。这些开关器件都是做成模块形式，通常同一桥臂由上下两个开关器件组成，六个开关器件组成一个模块。

逆变电路输出频率较高时，电路中开关元件应采用电力场效应管，现在基本上采用绝缘栅双极型晶体管。绝缘栅双极型晶体管（Insulate - Gate Bipolar Transistor，IGBT）综合了电力晶体管（Giant Transistor，GTR）和电力场效应晶体管（Power MOSFET）的优点，具有良好的特性，应用领域很广泛。IGBT也是三端器件：栅极、集电极和发射极。

知识导航

在变频器主电路的整流电路和逆变电路中都要用到半导体开关器件。目前，用于变频器的半导体开关器件主要有晶闸管、门极可关断晶闸管（GTO）、双极型功率晶体管、隔离门极双极型晶体管(IGBT)、功率场效应管（功率MOSFET），以及最近几年发展起来的集成模块和智能功率模块IPM等。下面对近几年在通用变频器中最常用的主开关器件：IGBT、IEGT和IPM进行简单的介绍。

一、绝缘栅双极型晶体管（IGBT）

绝缘栅双极型晶体管（IGBT）是由P - MOSFET与GTR组成达林顿结构，见图1.37，因此综合了功率MOSFET与GTR的优点，具有驱动简单、保护容易、不用缓冲电路、开关频率高等特点。其工作频率为1 ~ 20 kHz，主要应用在变频器的主电路逆变器及其他逆变电路，即DC/AC变换中，如电动汽车、伺服控制器、UPS（Uninterruptible Power Supply）、开关电源、斩波电源、无轨电车等。如今功率可高达1 MW的低频应用中，单个器件电压可达4.0 kV（PT结构）至6.5 kV（NPT结构），电流可达1.5 kA，是较为理想的功率模块。

IGBT应用在变频器中，使变频器具有以下优点：输出电流波形大为改善，电动机的转矩增大；电磁噪声极小，因为采用了IGBT和PWM变频器的载频可以达到10 ~ 15 kHz，从而达到降低电动机运行噪声的目的，有“静音式”的美称；增强了对常见故障（过电流、过电压瞬间断电等）的自处理能力，故障率大为减少；变频器自身的损耗也大为减少。IGBT的导通压降为1.5 ~ 2.0 V，关断时间为0.2 ~ 0.3 μs。

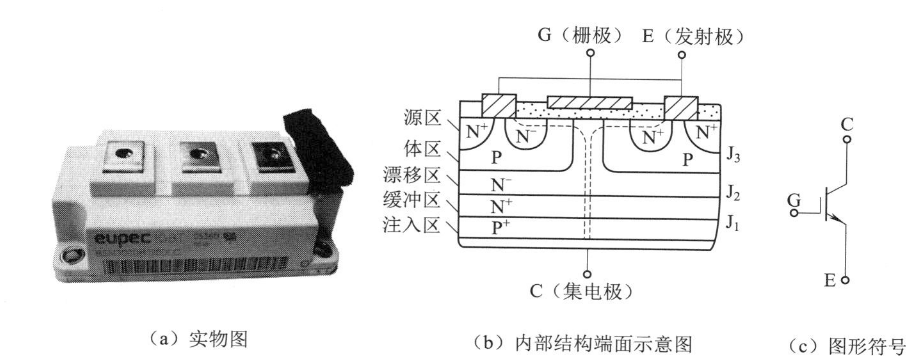

（a）实物图 （b）内部结构端面示意图 （c）图形符号

图 1.37 IGBT 实物图、内部结构端面示意图、电气图形符号

二、加强注入型绝缘栅极晶体管（IEGT）

在交通、钢铁、电力等领域中，其高压大容量变频器对可靠性的要求特别高。目前，这类高压变频器仍在 GTO 和光控晶闸管等大容量电流驱动型电力电子器件的应用中占主导地位。特别是 GTO 发展比较快，6 kV 级的器件已经普遍化了。但其最大的缺点是需要配以大容量的浪涌电路和电抗器，故其外围电路体积非常大，使用起来十分不便。

IGBT 在中小型低压变频器中应用广泛，其外围电路简单、体积小、损耗低，且控制方便。但若把这种低压器件用于高压变频器中，则须多个串并联才能耐高压。使得变频器的结构复杂，元件数多容易产生故障。因此，迫切需要开发一种耐高压、大容量的 IGBT 的新器件。从元件设计的角度看，单纯地将 IGBT 的电压提高到数千伏，若原有制造技术和构造不加变更，则会使稳态损耗增大，由于通态电压降升高，使变频器的功耗大大增加。

新型 IEGT 器件（见图 1.38）是一种"电子加强注入型绝缘栅双极晶体管"。它融合了 IGBT 和 GTO 器件的优点，维持了 IGBT 的开关特性，又有 GTO 的低通态电压值。这种新型器件既能保持 IGBT 的优良关断特性，又使高压情况下通态电压降低。

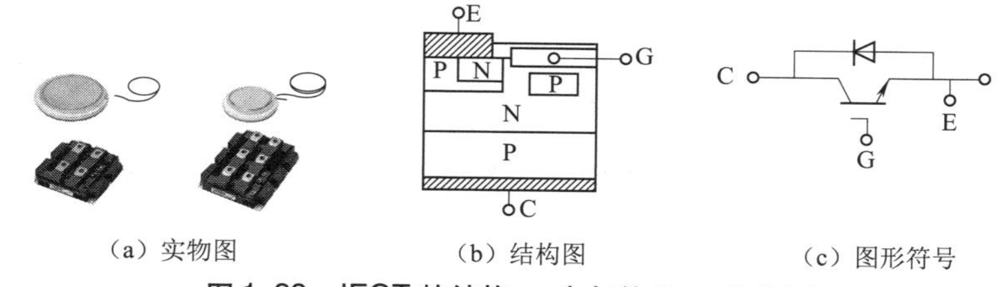

（a）实物图 （b）结构图 （c）图形符号

图 1.38 IEGT 的结构、电气符号、实物图

三、智能功率模块（IPM）

IPM 不仅把功率开关器件和驱动电路集成在一起，而且还内藏有过电压、过电流和过热等故障检测电路，并可将检测信号送到 CPU。它由高速低功耗的管芯和优化的门级驱动电路以及快速保护电路构成。即使发生负载事故或使用不当，也可以使 IPM 自身不受损坏。IPM 一般使用 IGBT 作为功率开关元件，并内置电流传感器及驱动电路的集成结构，IPM 以其高可靠性，使用方便等优点赢得越来越大的市场，尤其适合于驱动电动机的变频器和各种逆变电源，是变频调速、冶金机械、电力牵引、伺服进给、变频家电的一种非常理想的电力电子器件。图 1.39 为智能功率模块 IPM 单元电路框图，图 1.40 为智能功率模块（IPM）的等效电路。

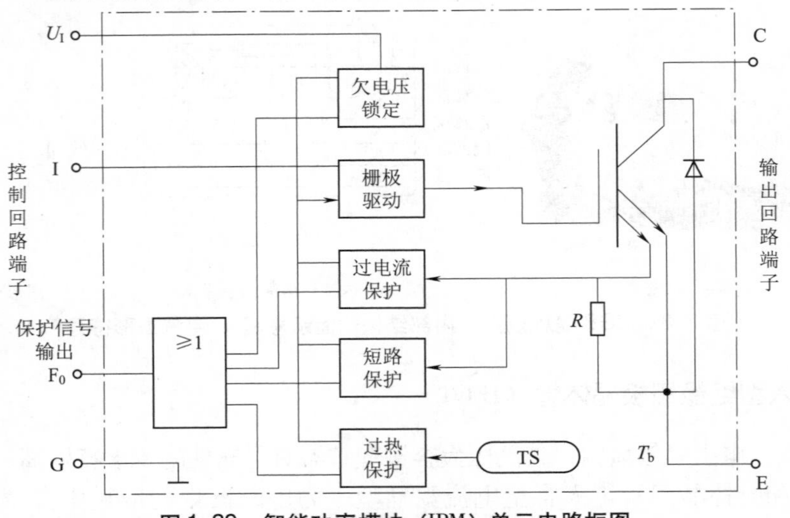

图 1.39　智能功率模块（IPM）单元电路框图

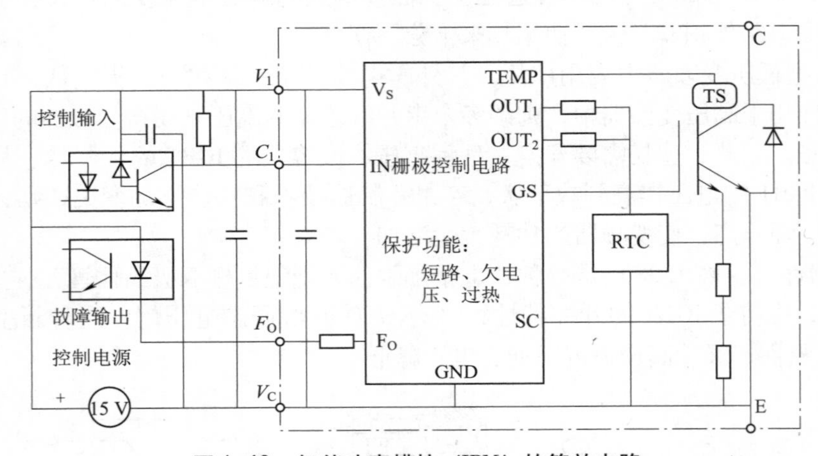

图 1.40　智能功率模块（IPM）的等效电路

IPM 内含驱动电路，可以按最佳的 IGBT 驱动条件进行设定；IPM 内含过电流（OC）保护、短路（SC）保护，使检测功耗小、灵敏、准确；IPM 内含欠电压（UV）保护，当控制电源电压小于规定值时进行保护；IPM 内含过热（OH）保护，可以防止 IGBT 和续流二极管过热，在 IGBT 内部的绝缘基板上设有温度检测元件，结温过高时即输出报警（ALM）信号，该信号送给变频器的单片机，使系统显示故障信息并停止工作。IPM 还内含制动电路，用户如有制动要求可另购选件，在外电路规定端子上接制动电阻，即可实现制动。

任务实施

1. 静态测试变频器整流电路

找到变频器内部直流电源的 P 端和 N 端，将万用表调到电阻 ×10 挡，红表笔接到 P 端，黑表笔分别接到 R、S、T，应该有大约几十欧的阻值，且基本平衡；相反，将黑表笔接到 P 端，红表笔依次接到R、S、T，有一个接近于无穷大的阻值。将红表笔接到N端，重复以上步骤，都应得到相同结果。如果有以下结果，可以判定电路已出现异常：阻值三相不平衡，可以说明整流桥故障；红表笔接P端时，电阻无穷大，可以断定整流桥故障或起动电阻出现故障。

2. 静态测试变频器逆变电路

将红表笔接到P端，黑表笔分别接U、V、W上，应该有几十欧的阻值，且各相阻值基本相同，反相应该为无穷大。将黑表笔接到N端，重复以上步骤应得到相同结果，否则可确定逆变模块故障。

3. IGBT模块测试

最简单的测量方法（专业不是这样测量）用指针式万用表电阻×10k挡表笔去触发Gw Ew（黑表笔碰Gw，红表笔碰Ew）则P到W可导通。当Gw Ew短路，P到W则关闭，其他各引脚同理。

4. 动态测试

在静态测试结果正常以后，才可进行动态测试，即上电试机。在上电前后必须注意以下几点：

上电之前，须确认输入电压是否有误，将380 V电源接入220 V级变频器之中会出现炸机（炸电容、压敏电阻、模块等）情况。

检查变频器各接口是否已正确连接，连接是否有松动，连接异常有时可能导致变频器出现故障，严重时会出现炸机等情况。

上电后检测故障显示内容，并初步断定故障及原因。

如果未显示故障，首先检查参数是否有异常，并将参数复归后，进行空载（不接电动机）情况下启动变频器，并测试U、V、W三相输出电压值。如果出现缺相、三相不平衡等情况，则模块或驱动板等有故障。

在输出电压正常（无缺相、三相平衡）的情况下，带载测试。测试时，最好是满负载测试。

综合评价

完成任务后，对照下表，看看这些能力点是不是都掌握了，在相应的方框中打勾。

序号	能力点	掌握情况
1	IGBT的结构组成和图形符号	□是　□否
2	IEGT的结构组成和图形符号	□是　□否
3	IPM的应用特点	□是　□否
4	IPM的驱动电路	□是　□否
5	开关器件的测量	□是　□否

思考与练习

1. GTR的应用特点和选择方法是什么？
2. 说明IGBT的结构组成特点。
3. 智能功率模块（IPM）的应用特点有哪些？

项目实训

实训1 变频器的基本认识

一、实训目的

（1）认识变频器的外形结构。
（2）掌握变频器面板和盖板的拆装方法。
（3）认识变频器的主控电路端子。
（4）了解变频器操作面板各按键的意义。

二、实训设备

（1）三菱交流变频调速器（FR-D740）。 1台
（2）变频调速系统实验电气控制箱/试验台。 1台
（3）三相笼形异步电动机。 1台
（4）电工工具。 1套
（5）连接导线。 若干

三、实训步骤

（1）观察变频器铭牌。

认真观察并记录铭牌上的有关信息，包括品牌型号、出厂编号、变频器容量、输入/输出电压、输入/输出电流、频率调节范围。

实训要求：整理变频器铭牌记录，填写变频器铭牌记录表。

（2）观察变频器外部组成及特征。

变频器的整体外形采用了全封闭式结构，接线端子不外露，安全性好。

实训要求：画出变频器外部结构图，对重点部位名称进行标注。

（3）变频器操作面板和盖板的拆装。

学生在教师指导下按变频器使用手册要求操作，也可查找相关网站获取技术支持。

实训要求：记录变频器拆装顺序及各部分名称。

（4）变频器外部端子的认识。

拆开变频器盖板，对照变频器使用手册，区分R、S、T，U、V、W端子以及控制电路端子及其符号标记。

实训要求：根据外部端子分布，画出主电路、控制电路端子排列图。

四、能力评价

完成任务后，对照下表，对每位学生进行项目考核。

序号	考核项目	掌握情况
1	说明变频器面板的外部特征	□是　　□否
2	说明变频器面板的功能	□是　　□否
3	读取变频器的铭牌信息	□是　　□否

项目 2

FR-D740 变频器的面板认知及操作

项目描述

变频调速被认为是一种理想的交流调速方法。20 世纪 90 年代，随着半导体开关器件 IGBT、矢量控制技术的成熟，微机控制的变频调速成为主流，调速后异步电动机的静、动态特性已经可以和直流调速相媲美。随着变频器的专用大规模集成电路、半导体开关器件、传感器的性能越来越高，进一步提高变频器的性能和功能已成为可能。变频器相关技术向着网络智能化、专门化和一体化、环保无公害和适应新能源的趋势发展，了解和掌握变频器的一些基础知识，对正确使用变频器至关重要，这样才能保证变频器的正常工作，发挥变频器的最大作用。

本项目中，以三菱 FR-D740 变频器为例进行介绍，学生通过对变频器面板的操作以及基本参数的设定等任务的训练，可熟练地操控变频器。

学习目标

1. 知识目标

（1）掌握变频器基本的频率参数及设定。

（2）掌握变频器的主要功能及其他常见功能。

2. 能力目标

（1）能熟练地进行变频器面板操作。

（2）能熟练地进行变频器功能参数码的设定。

（3）能熟练地操控变频器的运行。

任务 1 变频器的基本操作

任务描述

视 频

变频器的基本操作

功能参数码是变频器基本功能的指令形式，它存储在变频器中。若要求变频器完成一种或几种控制功能，可通过键盘操作键将对应的功能参数码预置进去，变频器即可按照预置的功能运行。预置这些功能参数码没有先后顺序，只要预置进去后，即被记忆。三菱 FR-D740 操作面板如图 2.1 所示。

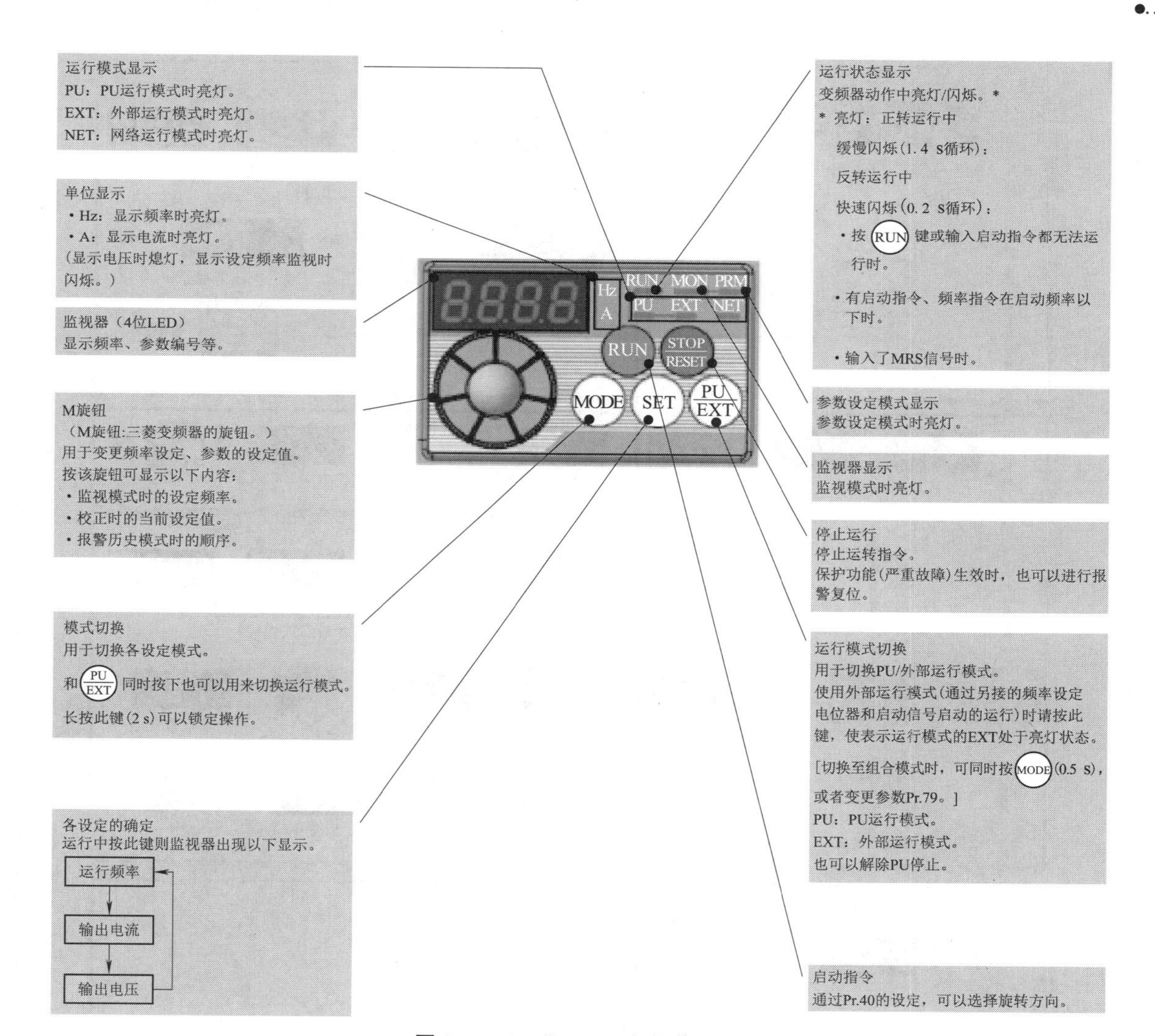

图 2.1 三菱 FR-D740 操作面板

任务分析

使用变频调速器之前，首先要熟悉它的面板显示和键盘操作单元，并且按照使用现场的要求合理设置参数。FR-D740 变频器的操作面板基本操作演示如图 2.2 所示，可进行运行模式切换、电动机频率设定、变频器功能参数设定和报警历史查看等。

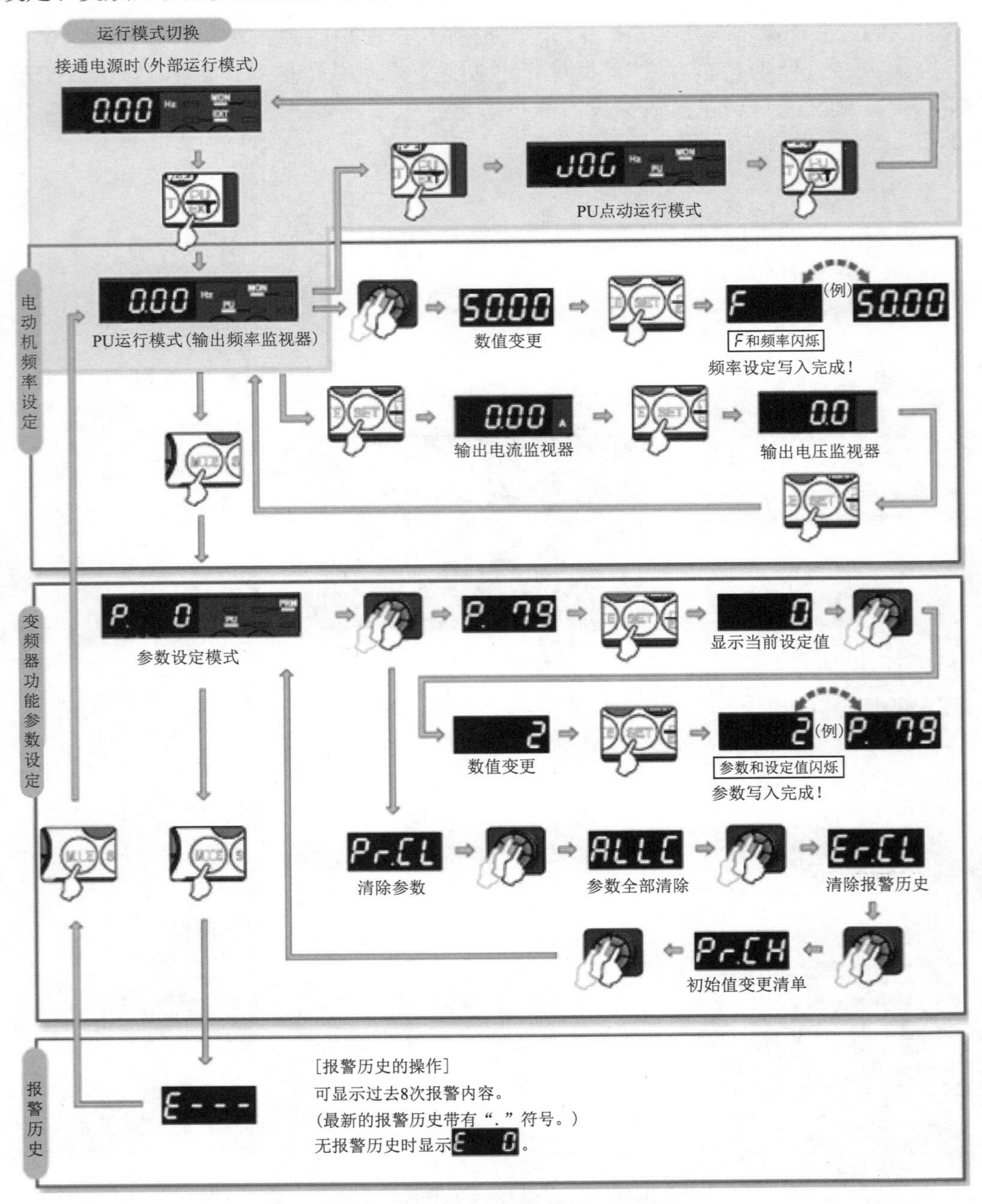

图 2.2　FR-D740 操作面板基本操作演示

知识导航

变频器的功能就是将频率、电压都固定的交流电源变成频率、电压都连续可调的交流电源。按照变换环节有无直流环节可以分为交-交变频器和交-直-交变频器两种，如图2.3所示。

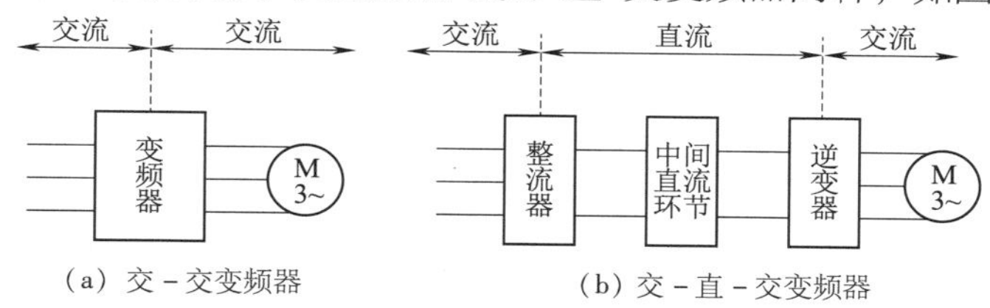

（a）交－交变频器　（b）交－直－交变频器

图2.3　变频器的结构图

一、变频器的额定值

1. 输入侧的额定值

输入侧的额定值主要是电压和相数。在我国的中小容量变频器中，输入电压的额定值有以下几种情况（均为线电压）：

（1）380 V/50 Hz，三相，用于绝大多数电器中。

（2）220 ~230 V/50 Hz或60 Hz，三相，主要用于某些进口设备中。

（3）200 ~230 V/50 Hz，单相，主要用于精细加工和家用电器。

2. 输出侧的额定值

1）输出电压额定值 U_N

由于变频器在变频的同时也要变压，所以输出电压的额定值是指输出电压中的最大值。在大多数情况下，它就是输出频率等于电动机额定频率时的输出电压值。通常，输出电压的额定值总是和输入电压相等的。

2）输出电流额定值 I_N

输出电流的额定值是指允许长时间输出的最大电流，是用户在选择变频器时的主要依据。

3）输出容量 S_N（kV · A）

S_N 与 U_N 和 I_N 的关系为

$$S_N = \sqrt{3} U_N I_N$$

4）配用电动机容量 P_N（kW）

变频器说明书中规定的配用电动机容量，是根据下式估算出来的。

$$P_N = S_N \eta_M \cos\varphi_M$$

式中：η_M——电动机的效率；

$\cos\varphi_M$——电动机的功率因数。

由于电动机容量的标称值是比较统一的，而 η_M 和 $\cos\varphi_M$ 值却很不一致，所以容量相同的电动机配用的变频器容量往往是不相同的。

变频器铭牌上的“适用电动机容量”是针对四极电动机而言的，若拖动的电动机是六极或其他，那么相应的变频器容量加大。

5）过载能力

变频器的过载能力是指其输出电流超过额定电流的允许范围和时间。大多数变频器都规定为150% I_N，60 s或180% I_N，0.5 s。

二、变频器的频率指标

1. 频率的名词术语

1）基准频率

基准频率也称基本频率，用f_b表示。在大多数情况下，一般以电动机的额定频率f_N作为基准频率，即$f_b=f_N$。

2）最高频率f_{max}

当变频器的频率给定信号为最大值时，变频器的给定频率。这是变频器的最高工作频率的设定值。

3）上限频率f_H和下限频率f_L

根据拖动系统的工作需要，变频器可设定上限频率和下限频率，如图2.4所示。与f_H和f_L对应的给定信号分别是X_H和X_L，则上限频率的定义是：当$X \geqslant X_H$时，$f_X=f_H$；下限频率的定义是：当$X \leqslant X_L$时，$f_X=f_L$。

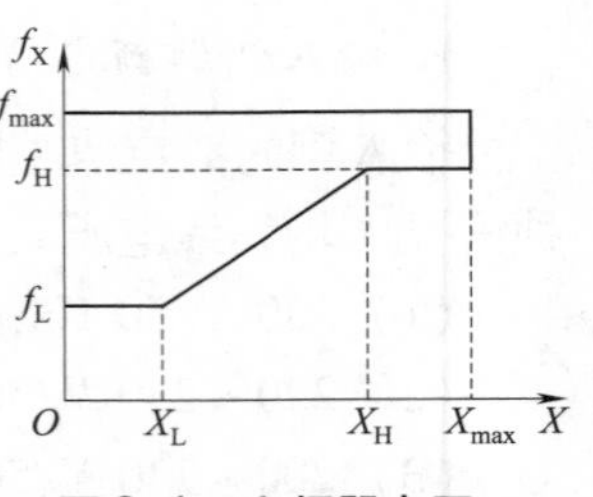

图2.4 变频器上限与下限频率

4）跳变频率f_J

生产机械在运转时总是有振动的，其振动频率和转速有关。有可能在某一转速下，机械的振动频率与它的固有振荡频率相一致而发生谐振的情形。这时，振动将变得十分强烈，使机械不能正常工作，甚至损坏。

为了避免机械谐振的发生，机械系统必须回避可能引起谐振的转速。与回避转速对应的工作频率就是跳变频率，用f_J表示。

5）点动频率f_{JOG}

生产机械在调试过程中，以及每次新的加工过程开始前，常常需要“点一点、动一动”，以便观察各部位的运转情况。

如果每次在点动前后，都要进行频率调整的话，既麻烦，又浪费时间。因此，变频器可以根据生产机械的特点和要求，预先一次性地设定一个“点动频率”f_{JOG}，每次点动时都在该频率下运行，而不必变动已经设定好的给定频率。

2. 变频器的频率指标

1）频率范围

频率范围即变频器能够输出的最高频率f_{max}和最低频率f_{min}。各种变频器规定的频率范围不尽一致。通常，最低工作频率为0.1～1 Hz，最高工作频率为120～650 Hz。

2）频率精度

指变频器输出频率的准确程度。用变频器的实际输出频率与设定频率之间的最大误差与最高工作频率之比的百分数表示。

例如，用户给定的最高工作频率为$f_{max}=120$ Hz，频率精度为0.01%，则最大误差为

$$\Delta f_{max}=0.000\ 1\times 120\ \text{Hz}=0.012\ \text{Hz}$$

3）频率分辨率

指输出频率的最小改变量，即每相邻两挡频率之间的最小差值。一般分模拟设定分辨率和数字设定分辨率两种。

例如，当工作频率为$f_X = 25$ Hz 时，如变频器的频率分辨率为 0.01 Hz，则上一挡的最小频率（f_X'）和下一挡的最大频率（f_X''）分别为$f_X' =$（25 + 0.01）Hz = 25.01 Hz、$f_X'' =$（25 − 0.01）Hz = 24.99 Hz。

任务实施

1. 简单设定运行模式

可通过简单的操作来完成利用启动指令和速度指令的组合进行的 Pr. 79 运行模式选择设定。

例：启动指令——外部（STF/STR）；频率指令——通过旋钮运行。

操作流程如图 2.5 所示。

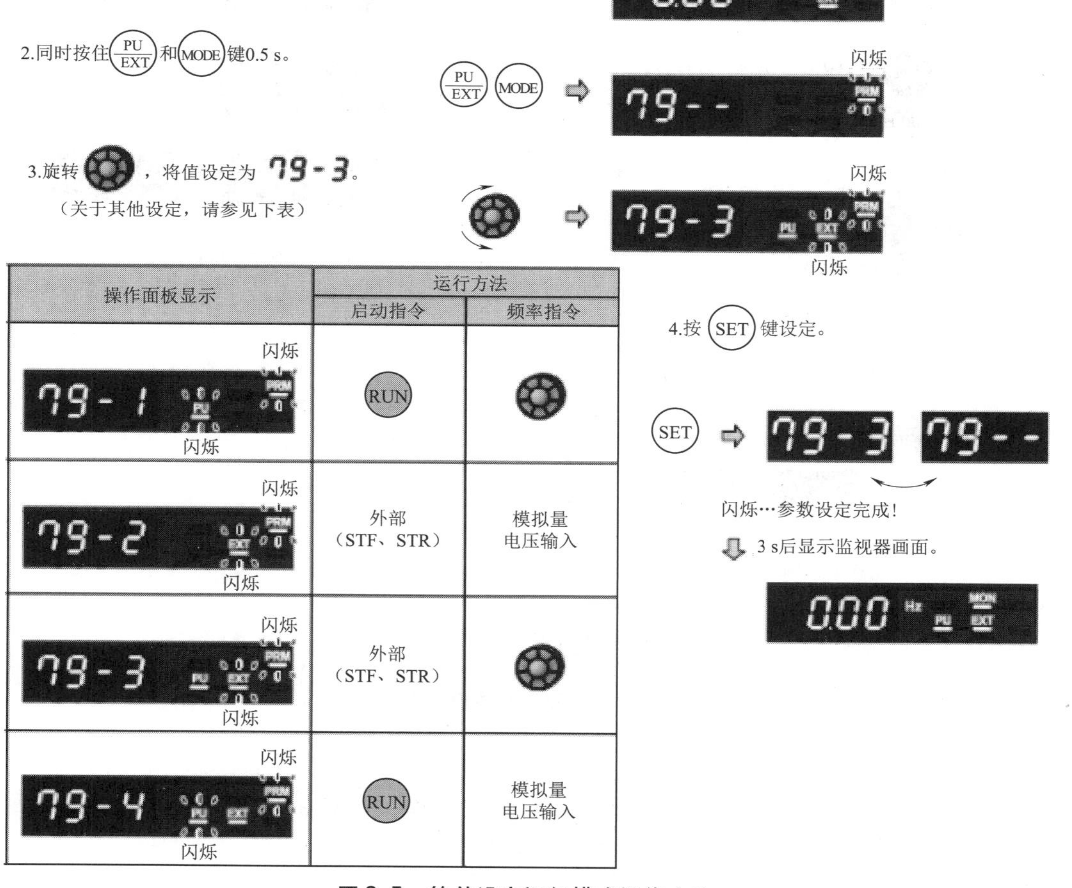

操作面板显示	运行方法	
	启动指令	频率指令
79-1（PU 闪烁，PRM 闪烁）	RUN	旋钮
79-2（EXT 闪烁，PRM 闪烁）	外部（STF、STR）	模拟量电压输入
79-3（PU EXT 闪烁，PRM 闪烁）	外部（STF、STR）	旋钮
79-4（PU EXT 闪烁，PRM 闪烁）	RUN	模拟量电压输入

图 2.5 简单设定运行模式操作方法

2. 变更参数的设定值

例：变更 Pr. 1 上限频率，由默认值 120 Hz，变更为 50 Hz。操作流程如图 2. 6 所示。

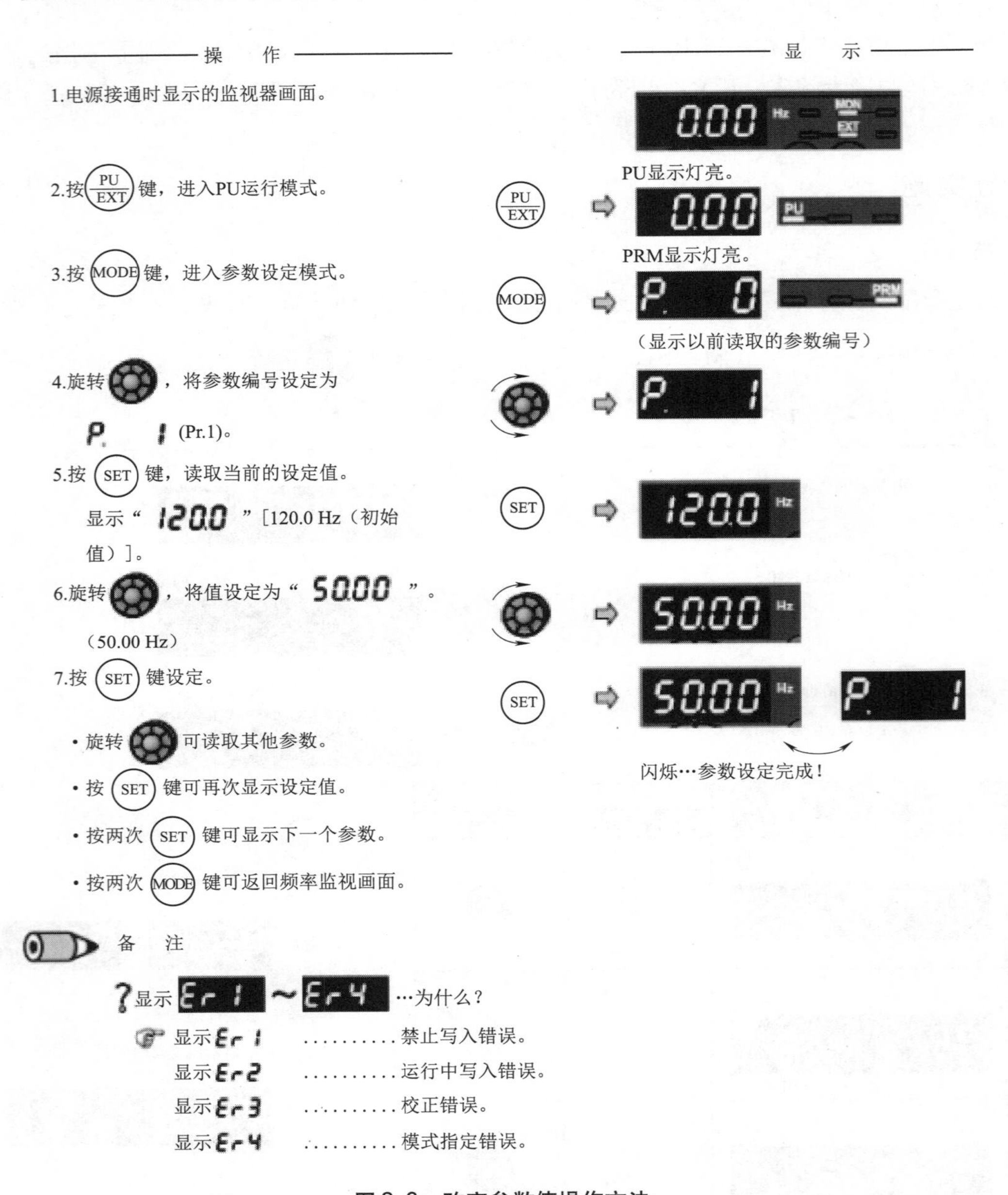

图 2. 6　改变参数值操作方法

3. 参数清除、全部清除

设定 Pr. CL 参数清除、ALLC 参数全部清除 = “1”，可使参数恢复为初始值。如果设定 Pr. 77 参数写入选择 = “1”，则无法清除。操作流程如图 2. 7 所示。

操　作	显　示
1.电源接通时显示的监视器画面。	0.00 Hz MON EXT
2.按(PU/EXT)键，进入PU运行模式。	PU显示灯亮。 (PU/EXT) ⇨ 0.00 PU
3.按(MODE)键，进入参数设定模式。	PRM显示灯亮。 (MODE) ⇨ P. 0 PRM （显示以前读取的参数编号）
4.旋转旋钮，将参数编号设定为Pr.CL（ALLC）。	参数清除 ⇨ Pr.CL 参数全部清除 ALLC
5.按(SET)键，读取当前的设定值。显示“0”（初始值）。	(SET) ⇨ 0
6.旋转旋钮，将数值设定为“1”。	⇨ 1
7.按(SET)键设定。 • 旋转旋钮可读取其他参数。 • 按(SET)键可再次显示设定值。 • 按两次(SET)键可显示下一个参数。	(SET) ⇨ 1 参数清除 Pr.CL 参数全部清除 ALLC 闪烁…参数设定完成！

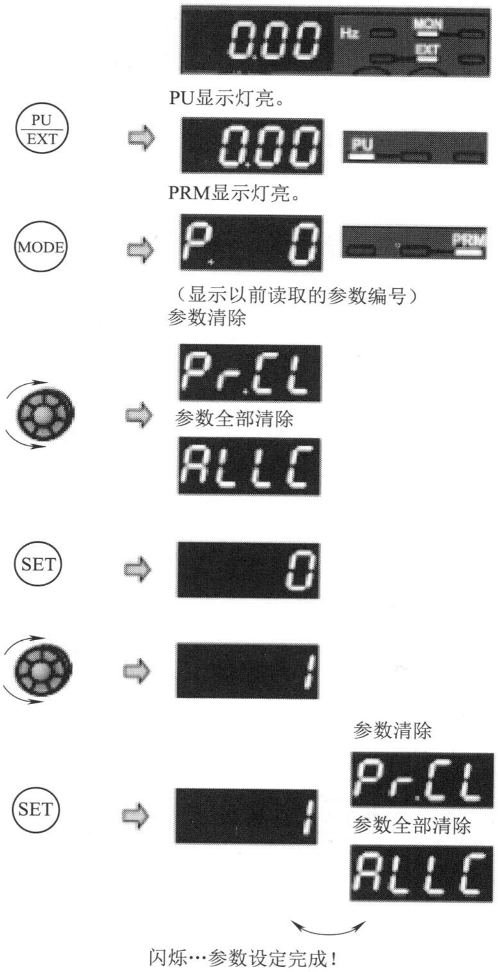

设定值	内　容
0	不执行清除
1	参数返回初始值[参数清除是将除了校正参数C1（Pr. 901）~C7（Pr. 905）之外的参数全部恢复为初始值]

备　注

? 1 ⇄ Er4 循环闪烁…为什么？

运行模式没有切换到PU运行模式。

是否正在使用PU接口？

1.最后请按(PU/EXT)键，[PU]键灯亮，监视器（4位LED）显示“1”。　[Pr.79 = “0”（初始值）时]

2.从步骤6开始重新操作。

图2.7　参数清除操作方法

4. 初始值变更清单

可显示并设定初始值变更后的参数。操作流程如图 2. 8 所示。

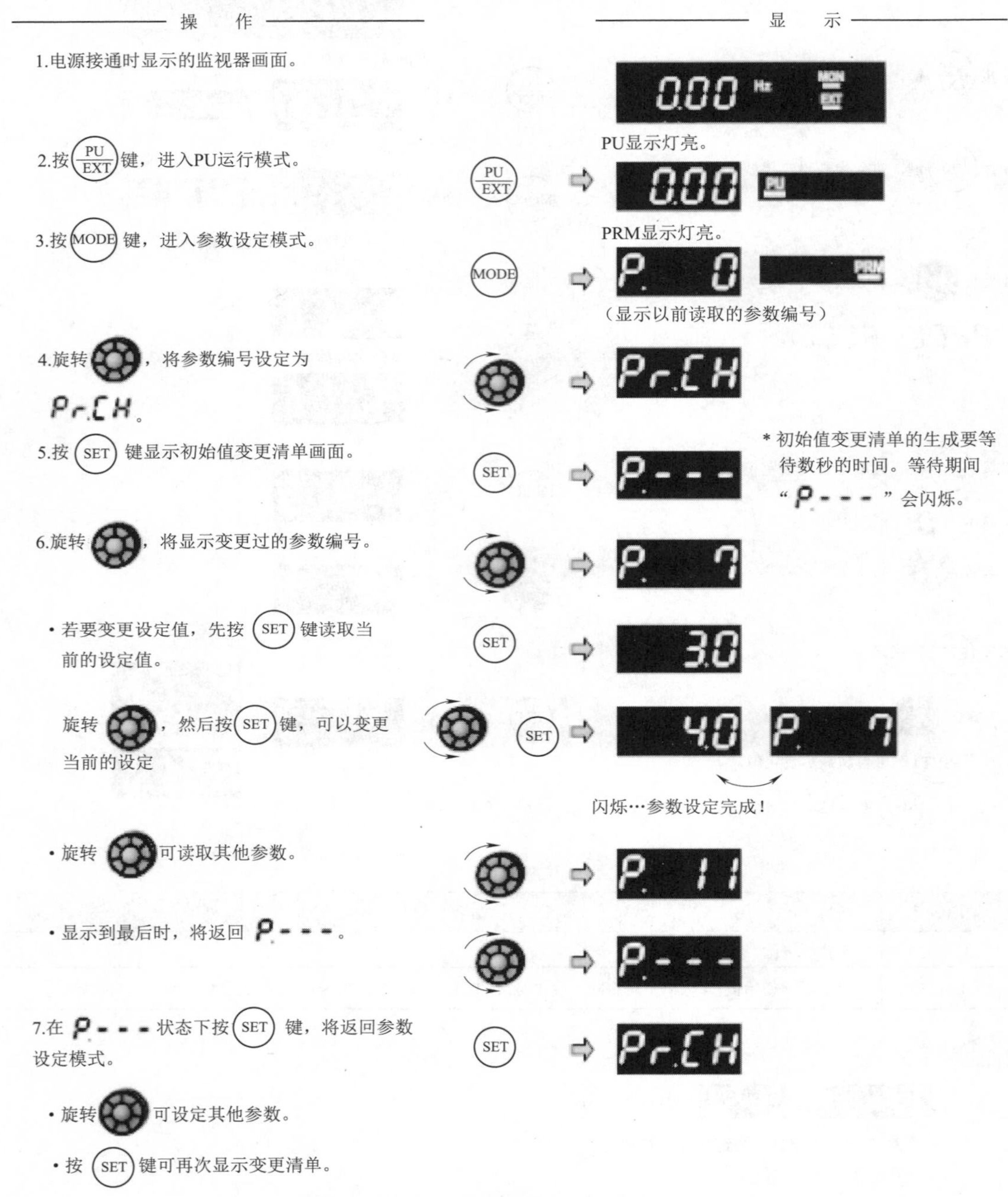

图 2. 8　查看初始值变更清单操作方法

5. 报警历史的确认和清除

报警（重故障）历史的确认操作流程，如图 2. 9 所示。

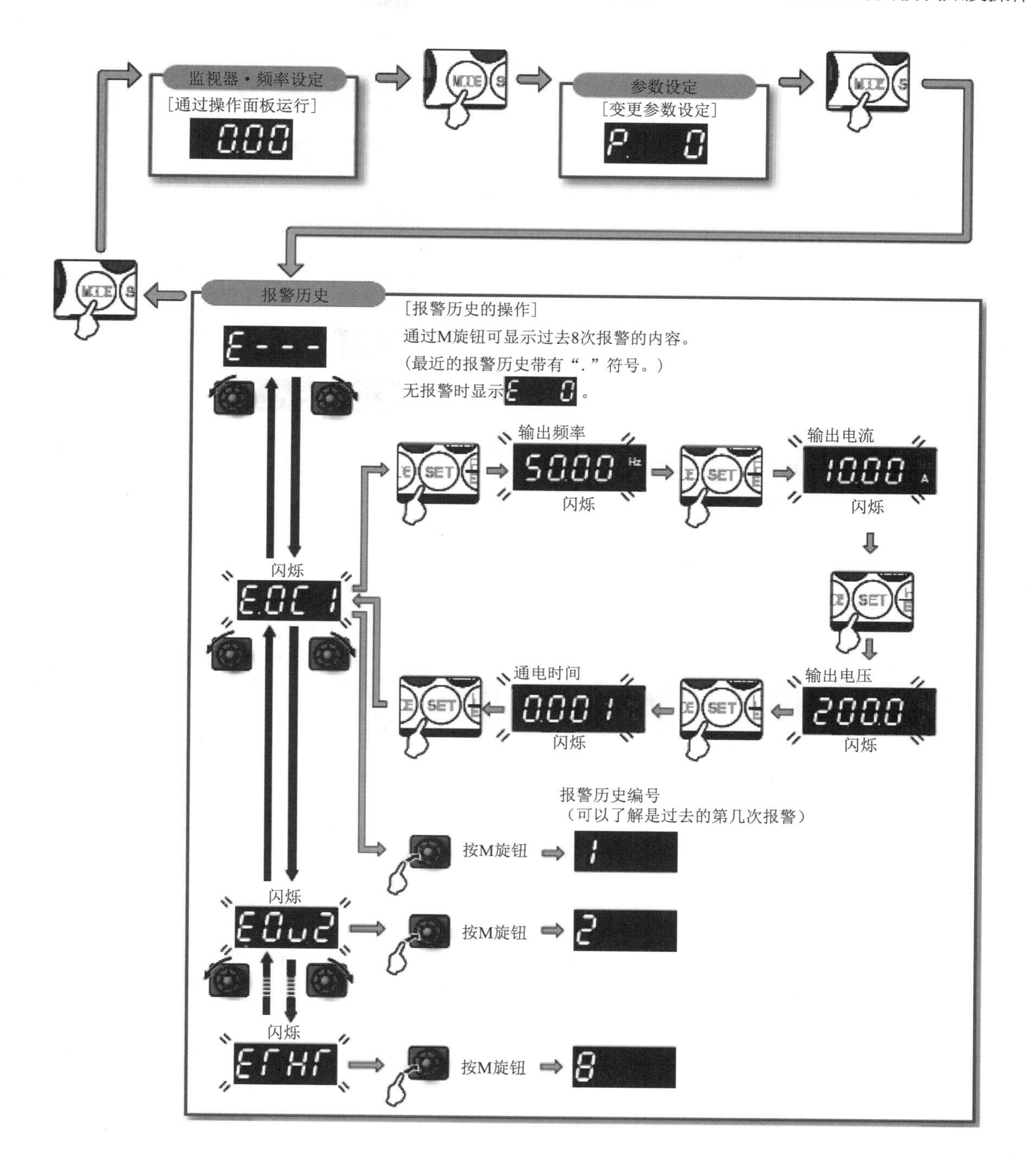

图 2.9　报警（重故障）历史的确认操作流程

通过设定 Er. CL 报警历史清除 = “1”，可以清除报警历史。操作流程如图 2.10 所示。如果设定 Pr. 77 参数写入选择 = “1”，则无法清除。

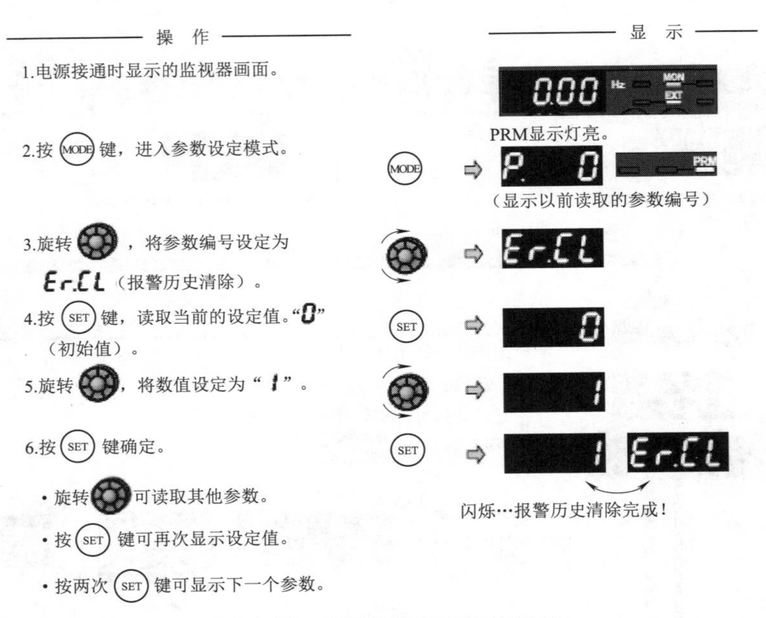

图 2.10　清除报警历史操作流程

综合评价

完成任务后，对照下表，看看这些能力点是不是都掌握了，在相应的方框中打勾。

序号	能力点	掌握情况
1	说明变频器面板的外部特征	□是　　□否
2	说明变频器面板的功能	□是　　□否
3	实时监视变频器的运行状态	□是　　□否
4	查看实时运行参数	□是　　□否

拓展内容（变频器的调试）

对于变频器调速系统的调试工作，没有严格规定的步骤，只是大体上应遵循“先空载，再轻载，后重载”的一般规律。

1. 通电前检查

（1）查看变频器安装空间、通风情况是否安全足够，铭牌是否同电动机匹配，控制线是否布局合理，以避免干扰，进线与出线绝对不能接反，变频器的内部主回路负极端子 N 不得接到电网中性线上（不少电工误认为 N 应接电网中性线），各控制线接线应正确无误。

（2）确认变频器工作状态与工频工作状态的互相切换要有接触器的互锁，不能造成短路，并且两种使用状态时电动机转向相同。

（3）根据变频器容量等因素确认输入侧交流电抗器和滤波直流电抗器是否接入。一般对22 kW以上要接直流电抗器，对45 kW以上还要接交流电抗器。

（4）电网供电不应有缺相，测定电网交流电压和电流值、控制电压值等是否在规定值，测量绝缘电阻应符合要求。

2. 通电和设定

（1）通电。通电后首先观察显示器，并按产品使用手册变更显示内容，检查是否异常。听看风机是否正常运转，有的变频器使用温控风机，一开机不一定运转，等机内温度升高后风机才运转。检查进线和出线电压，听电动机运转声音是否正常，检查电动机转向是否符合指向要求。

（2）设定。设定前先读懂产品使用手册，电动机能脱离负载的先脱离负载。变频器在出厂时设定的功能不一定刚好符合实际使用要求，因此需进行符合现场所需功能的设定，一般设定内容有：频率、操作方法、最高频率、额定电压、加/减速时间、电子热过载继电器、转矩限制、电动机极数等。对矢量控制的变频器，要按手册设定或自动检测。并在检查设定完毕后进行验证和储存。

3. 空载试运行

将电动机所带的负载脱离或减轻，做空载试运行操作步骤如下：

（1）先将频率设置为0，合上电源，微微提升工作频率，观察电动机的运转情况及旋转方向是否正确。如方向相反，则予以纠正。

（2）将频率上升到额定频率，让电动机运行一段时间。如果一切正常，再选若干个常用的工作频率，也使电动机运行一段时间。

（3）将给定频率信号突降至0（或按停止按钮），观察电动机的制动情况。

4. 负载试运行

（1）接正常负载运行，用钳形电流表测各相输出电流是否在预定值之内。

（2）有转速反馈的闭环系统要测量转速反馈是否有效。

（3）检查电动机旋转平稳性，加负载运行到稳定温升（一般3 h以上）时，电动机和变频器的温度是否太高，如有太高，应调整，调整时可从改变以下参数着手：负载、频率、u/f曲线、外部通风冷却、变频器调制频率等。

（4）试验电动机的升降速时间有否过长或过短，不适合时应重新设置。

（5）试验各类保护显示的有效性，在允许范围内尽量多做一些非破坏性的各种保护的确认工作。

（6）按现场工艺要求试运行一周，随时监控，并做好记录。

思考与练习

1. 三菱FR-D740变频器输入侧额定电压是多少？
2. 为什么变频器的输出频率要与电动机的额定频率一致？
3. 设置变频器运行最高频率为100 Hz的操作步骤是什么。
4. 变频器调试时应遵循的一般规律是什么？

任务2 运行模式和操作权选择

任务描述

按照表2.1中的设定值来设置参数Pr.79，从而选择变频器的运行模式。可以任意变更通过外部指令信号执行的运行（外部运行）、通过操作面板以及PU（FR-PU07/FR-PU04－CH）执行的运行（PU运行）、PU运行与外部运行组合的运行（外部/PU组合运行）、网络运行（使用RS－485通信时）。

视 频

运行模式和操作权选择

表2.1 运行模式选择

<table>
<tr><th>参数编号</th><th>名 称</th><th>初始值</th><th>设定范围</th><th colspan="2">内 容</th><th>LED显示
: 灭灯
: 亮灯</th></tr>
<tr><td rowspan="11">79</td><td rowspan="11">运行模式选择</td><td rowspan="11">0</td><td>0</td><td colspan="2">外部/PU切换模式，通过PU/EXT键可以切换PU与外部运行模式。
接通电源时为外部运行模式</td><td>外部运行模式
EXT
PU运行模式
PU</td></tr>
<tr><td>1</td><td colspan="2">固定为PU运行模式</td><td>PU</td></tr>
<tr><td>2</td><td colspan="2">固定为外部运行模式。
可以在外部、网络运行模式间切换运行</td><td>外部运行模式
EXT
网络运行模式
NET</td></tr>
<tr><td rowspan="3">3</td><td colspan="2">外部/PU组合运行模式1</td><td rowspan="6">PU EXT</td></tr>
<tr><td>频率指令</td><td>启动指令</td></tr>
<tr><td>用操作面板、PU（FR-PU04-CH/FR-PU07）设定或外部信号输入（多段速设定，端子4-5间（AU信号ON时有效））</td><td>外部信号输入（端子STF、STR）</td></tr>
<tr><td rowspan="3">4</td><td colspan="2">外部/PU组合运行模式2</td></tr>
<tr><td>频率指令</td><td>启动指令</td></tr>
<tr><td>外部信号输入（端子2、4、JOG多段速选择等）</td><td>通过操作面板的RUN键、PU（FR-PU04-CH/FR-PU07）的FWD、REV键来输入</td></tr>
<tr><td>6</td><td colspan="2">切换模式
可以在保持运行状态的同时，进行PU运行、外部运行、网络运行的切换</td><td>PU运行模式
PU
外部运行模式
EXT
网络运行模式
NET</td></tr>
<tr><td>7</td><td colspan="2">外部运行模式(PU运行互锁)
X12信号ON
可切换到PU运行模式
（外部运行中输出停止）
X12信号OFF
禁止切换到PU运行模式</td><td>PU运行模式
PU
外部运行模式
EXT</td></tr>
</table>

任务分析

可以通过操作面板或通信的命令代码来进行运行模式的切换，如图 2.11 所示。

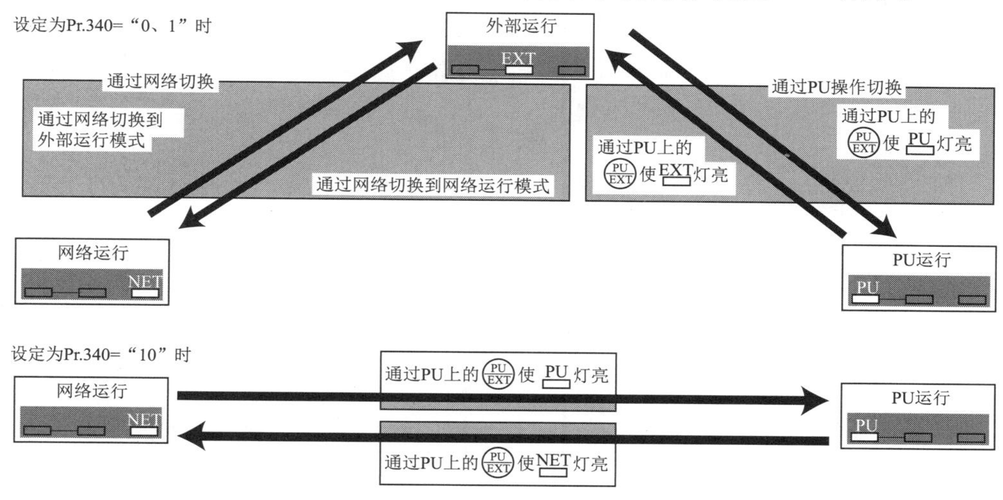

图 2.11　运行模式切换方法

知识导航

一、运行模式概述

所谓运行模式，是指对输入到变频器的启动指令和频率指令的输入场所的制定。一般来说，使用控制电路端子、在外部设置电位器和开关来进行操作的是"外部运行模式"，使用操作面板以及参数单元（FR-PU04－CH/FR-PU07）输入启动指令、频率指令的是"PU 运行模式"，通过 PU 接口进行 RS－485 通信使用的是"网络运行模式（NET 运行模式）"。各运行模式对应实物如图 2.12 所示。

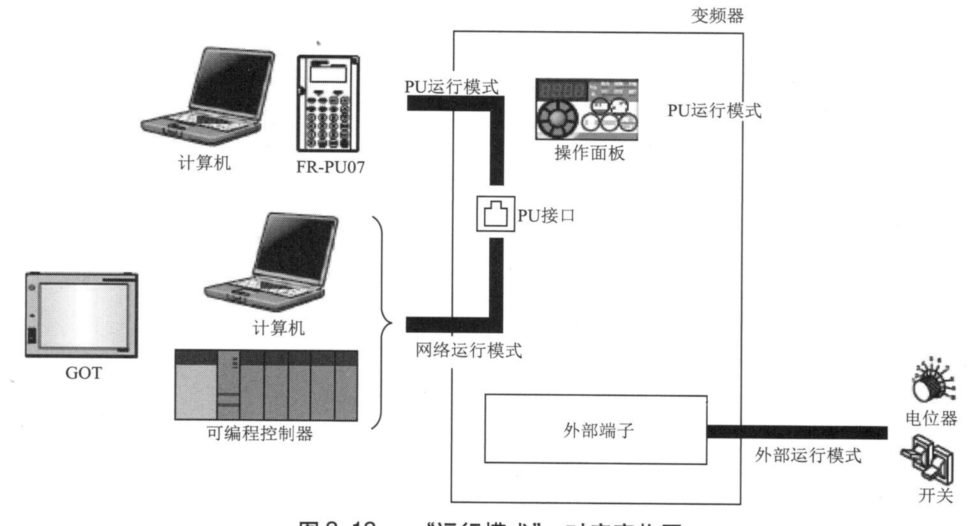

图 2.12　"运行模式"对应实物图

二、运行模式选择流程

各种变频器的频率参数称呼各异，但功能基本相同。变频器需要对相关参数进行预置，才能使变频后电动机的特性满足生产机械的要求。在设置其他参数前，参数 Pr. 79（运行模式）是否正确设置很重要，请按图 2. 13 所示流程来选择与运行模式相关的基本参数设定以及端子接线。

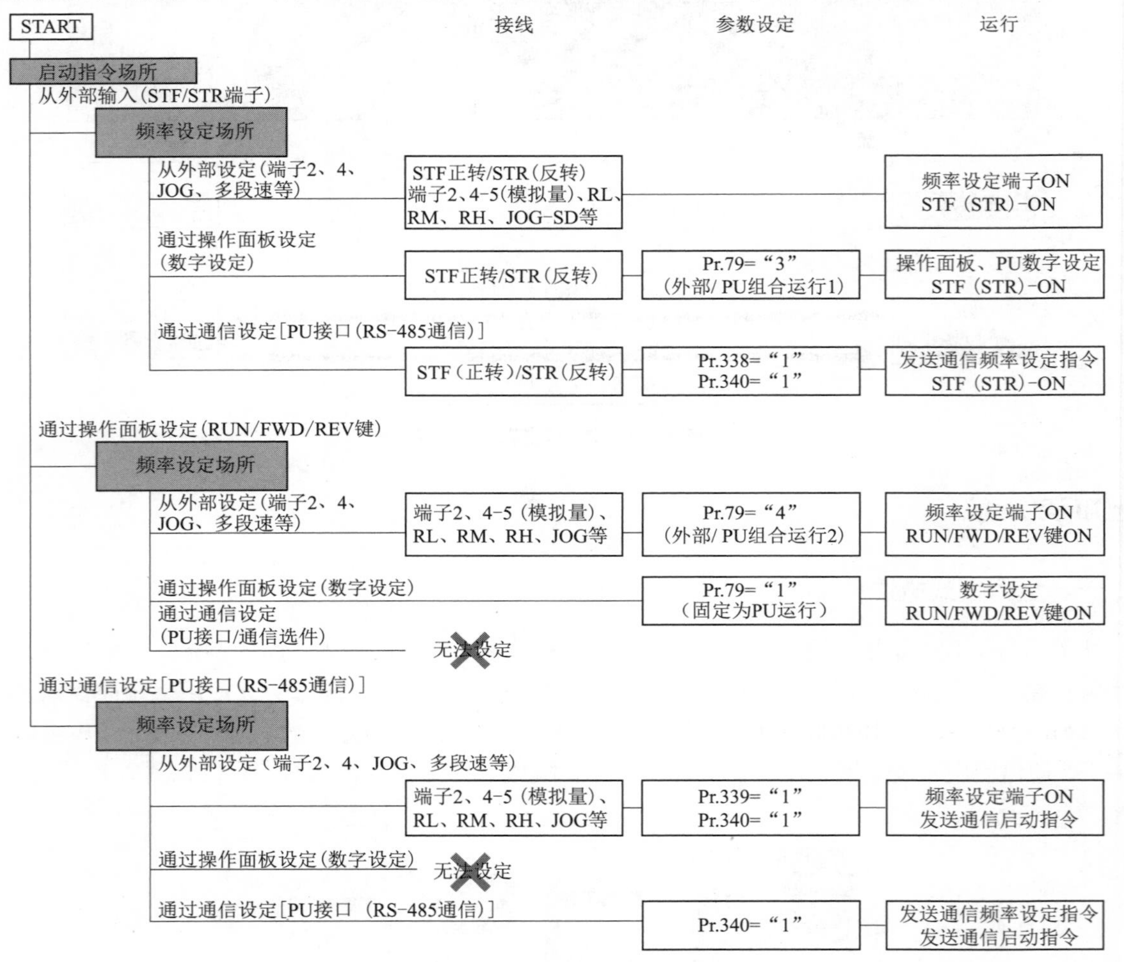

图 2. 13　运行模式选择流程

三、三菱变频器常用参数

变频器需要进行参数设定以保证正确工作，如工作模式的切换，上下限频率的设置、设定要求见表 2. 2。一些常规参数的设定如下：

（1）要设置其他参数，必须使变频器处于 PU 操作模式，Pr. 79 应先设定为“1”这样才能对其他参数进行正确的设定。其余表内参数可以使用默认值，也可另行设定。参数设定后，再根据运行模式，设置变频装置的操作模式。

（2）在空载情况下，设定参数 Pr. 15“点动频率”和 Pr. 16“点动频率加/减速时间”的值，设定 PU 点动运行。

（3）在空载的情况下，设定 Pr. 4、Pr. 5、Pr. 6 的值通过外部操作来观察电动机的运行情况。其中 Pr. 79 应先设定为“1”（PU 操作），然后设定其他参数，最后再把 Pr. 79 设定为“2”（外部操作）。其余表内参数可以使用默认值，也可另行设定。

表 2.2 参数设定要求

参数号 Pr	名称	默认值	设定范围	备注
0	转矩提升	6	0% ~30%	在 u/f 系统中，由于连线及电动机绕组的电压降引起的有效电压衰减，使电动机转矩不足，在低速时，非常明显。所以，预先估计电压降并增加电压以补偿低速时转矩的不足，这就是转矩提升。0 Hz 时的输出电压按百分比设定
1	上限频率	120 Hz	0 ~ 120 Hz	如果频率设定值高于此上限频率值，则输出频率被钳位在上限频率
2	下限频率	0 Hz	0 ~ 120 Hz	如果频率设定值低于此下限频率值，则输出频率被钳位在下限频率
3	基底频率	50 Hz	0 ~ 400 Hz	用于调整变频器输出频率到电动机额定值，当用恒转矩电动机时，通常额定频率设定为 50 Hz
4	多段速度设定（高速）	60 Hz	0 ~ 400 Hz	高速频率最好不要超过它的上限频率（默认 120 Hz），低速频率也不要小于启动频率（否则无法启动）
5	多段速度设定（中速）	30 Hz	0 ~ 400 Hz	
6	多段速度设定（低速）	10 Hz	0 ~ 400 Hz	
7	加速时间	5 s	0 ~ 3 600 s	当 Pr. 21 = 0
			0 ~ 360 s	当 Pr. 21 = 1
8	减速时间	5 s	0 ~ 3 600 s	当 Pr. 21 = 0
			0 ~ 360 s	当 Pr. 21 = 1
13	启动频率	0.5 Hz	0 ~ 60 Hz	设定在启动信号 ON 时的开始频率，启动频率必须小于设定频率，否则变频器将不能工作。注意：当 Pr. 13 设定值小于 Pr. 2 的设定值时，即使没有指令频率输出，只要启动信号为 ON，电动机也可在设定频率下旋转
15	点动频率	5 Hz	0 ~ 400 Hz	请把 Pr. 15“点动频率”的设定值设定在 Pr. 13“启动频率”的设定值之上
16	点动加/减速时间	0.5 s	0 ~ 3 600	当 Pr. 21 = 0
			0 ~ 360 s	当 Pr. 21 = 1
19	基底频率电压	9999	0 ~ 1 000 V 8888，9999	8888：电源电压的 95% 9999：与电源电压相同
20	加/减速基准频率	50 Hz	1 ~ 400 Hz	Pr. 7 中设定值是从 0 Hz 到达 Pr. 20 所设定频率的加速时间；Pr. 8 中设定值是从 Pr. 20 到达 0 Hz 所设定频率的减速时间
21	加/减时间单元	0	0，1	0：0 ~ 3 600 s 1：0 ~ 360 s

续表

参数号 Pr	名称	默认值	设定范围	备注
71	适用电动机	0	0～8，13～18，20，23，24	0：适合标准电动机的热特性。(默认为0)； 2：适合通用电动机的特性，u/f 5 点可调整控制
77	参数写入/禁止选择	0	0，1，2	0：仅限于停止可以写入在 PU 模式下，仅限于停止时可以写入。 1：不可写入参数。Pr. 75，Pr. 77 和 Pr. 79 可写入。 2：即使运行时也可以写入
79	操作模式选择	0	0～7	0：PU 或外部操作可切换。 1：PU 操作模式。 2：外部操作模式
160	扩张功能显示选择	9999	0、9999	扩张功能显示选择

注：1. 由于在变频器内有漏电流，为了防止触电，在使用以前，请确保变频器和电动机接地正确。

2. 由于本实验使用的电源是380 V，因此在使用时，一定要当心。

3. 对于点动运行，加速时间和减速时间不能分别设定。

4. 请把 Pr. 15“点动频率”的设定值设定在 Pr. 13“启动频率”的设定值之上。

四、接通电源时的运行模式（Pr. 79、Pr. 340）

接通电源时，以及瞬时停电后恢复供电时，可以以网络运行模式启动。以网络运行模式启动后，可以使用程序来写入或运行参数。在使用 PU 接口进行通信运行时进行设定。根据 Pr. 79 和 Pr. 340 的设定，电源接通（复位）时的运行模式如表 2.3 所示。

表 2.3　电源接通（复位）时的运行模式

Pr. 340 设定值	Pr. 79 设定值	接通电源时、恢复供电时、复位时的运行模式	运行模式的切换方法
0（初始值）	0（初始值）	外部运行模式	可以在外部、PU、网络运行模式间切换*1
	1	PU 运行模式	固定为 PU 运行模式
	2	外部运行模式	可以在外部、网络运行模式间切换。 不可切换至 PU 运行模式
	3、4	外部/PU 组合模式	不可切换运行模式
	6	外部运行模式	可以在持续运行的同时，进行外部、PU、网络运行模式的切换
	7	X12（MRS）信号 ON……外部运行模式	可以在外部、PU、网络运行模式间切换*1
		X12（MRS）信号 OFF……外部运行模式	固定为外部运行模式（强制切换到外部运行模式）
1	0	网络运行模式	与 Pr. 340 =“0”时相同
	1	PU 运行模式	
	2	网络运行模式	
	3、4	外部/PU 组合模式	
	6	网络运行模式	

续表

Pr. 340 设定值	Pr. 79 设定值	接通电源时、恢复供电时、复位时的运行模式	运行模式的切换方法
1	7	X12（MRS）信号 ON……网络运行模式 X12（MRS）信号 OFF……外部运行模式	与 Pr. 340 = “0” 时相同
10	0	网络运行模式	可以在 PU、网络运行模式间切换 *2
	1	PU 运行模式	与 Pr. 340 = “0” 时相同
	2	网络运行模式	固定为网络运行模式
	3、4	外部/PU 组合模式	与 Pr. 340 = “0” 时相同
	6	网络运行模式	可以在持续运行的同时，进行 PU、网络运行模式的切换 *2
	7	外部运行模式	与 Pr. 340 = “0” 时相同

注：*1：不可直接切换 PU 运行模式与网络运行模式。

*2：可以通过操作面板的 (PU/EXT) 键以及 X65 信号进行 PU 运行模式和网络运行模式的切换。

任务实施

1. 外部运行模式［设定值“0”（初始值）、“2”］

在外部设置电位器及启动开关等，并与变频器的控制电路端子连接来发出启动指令或频率指令时，选择外部运行模式，如图 2. 14 所示。在外部运行模式下通常无法变更参数（也有部分参数可以变更）。选择 Pr. 79 = “0、2” 后，接通电源时为外部运行模式。不需要经常变更参数时，设定为“2”，固定为外部运行模式。需要频繁变更参数时，设定为“0”（初始值），可以方便地通过操作面板的键变更为 PU 运行模式。变更为 PU 运行模式后，请务必恢复到外部运行模式。STF、STR 信号作为启动指令使用，发往端子 2、4 的电压、电流信号以及多段速信号、JOG 信号等作为频率指令使用。

2. PU 运行模式（设定值“1”）

只通过操作面板、参数单元（FR-PU04 – CH/FR-PU07）的按键操作来发出启动指令以及频率指令时，选择 PU 运行模式，如图 2. 15 所示。另外，使用 PU 接口进行通信时也选择 PU 运行模式。选择 Pr. 79 = “1” 后，接通电源时为 PU 运行模式。无法变更为其他运行模式。通过操作面板的 M 旋钮，可以像使用电位器一样进行设定。

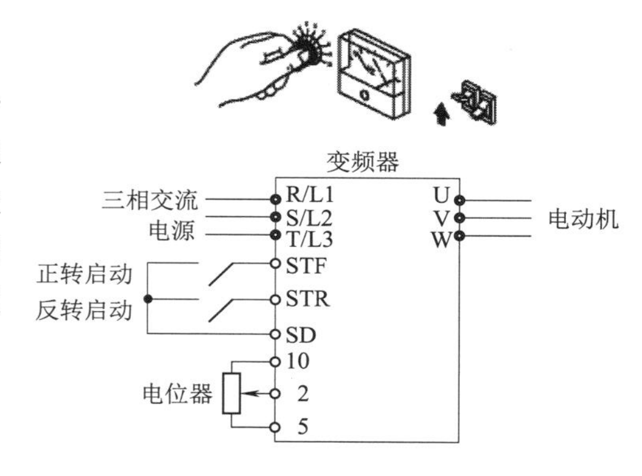

图 2. 14　外部运行模式

3. PU/外部组合运行模式 1（设定值“3”）

通过操作面板、参数单元（FR-PU04-CH/FR-PU07）输入频率指令，使用外部的启动开关输入启动指令时，选择 PU/外部组合运行模式 1，如图 2. 16 所示。选择 Pr. 79 = “3”。无法变更为其他运行模式。根据多段速设定，通过外部信号输入频率比 PU 的频率指令优先。另外，AU – ON 时变为发往端子 4 的指令信号。

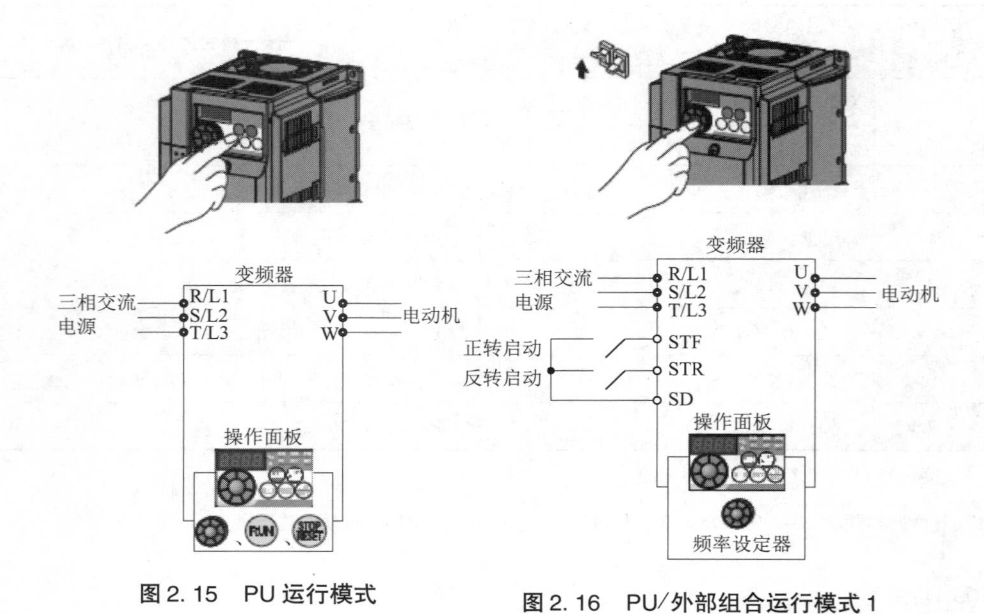

图 2.15　PU 运行模式

图 2.16　PU/外部组合运行模式 1

4. PU/外部组合运行模式 2（设定值“4”）

通过外部的电位器，以及多段速、JOG 信号输入频率指令，使用操作面板、参数单元（FR-PU04-CH/FR-PU07）的按键操作输入启动指令时，选择 PU/外部组合运行模式 2，如图 2.17 所示。选择 Pr. 79 = “4”。无法变更为其他运行模式。

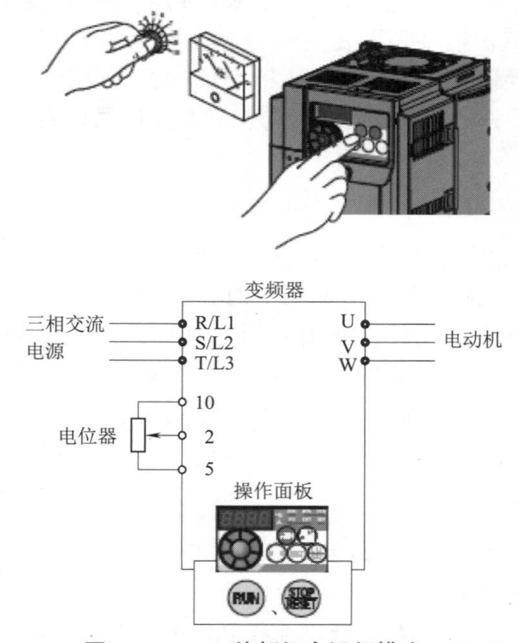

图 2.17　PU/外部组合运行模式 2

综合评价

完成任务后，对照下表，看看这些能力点是不是都掌握了，在相应的方框中打勾。

序号	能力点	掌握情况
1	各设定参数的输入	□是　□否
2	线路接线	□是　□否
3	程序运行	□是　□否
4	验证结果	□是　□否

拓展内容（变频器的维护与简单故障诊断处理）

1. 变频器的维护

（1）变频器日常检查。可不卸除外盖进行通电和起动，目测变频器的运行状况，确认无异常情况。通常应注意以下几点：

①键盘面板显示是否正常。

②变频器、电动机、变压器、电抗器是否过热、变色或有异味，有无异常的噪声、振动和气味。

③变频器电动机是否有异常振动、异常声音。

④周围环境是否符合标准规范。

⑤冷却系统是否异常。

（2）变频器定期检查。定期检查时要切断电源，停止运行并卸下变频器的外盖。变频器断电后，主电路滤波电容器上仍有较高的充电电压。放电需要一定时间，一般为5～10 min，必须等待充电指示灯熄灭，并用电压表测试，确认此电压低于安全值（小于DC 25 V）才能开始检查作业。主要的检查项目如下：

①周围环境是否符合规范。

②用万用表测量主电路，控制电路电压是否正常。

③显示面板是否显示清楚，是否缺少字符。

④框架结构件有无松动，导体、导线有无破损。

⑤检查滤波电容器有无漏液，电容量是否降低。

⑥检查电阻、电抗、继电器、接触器的连接，主要看有无断线。

⑦检查印制电路板时应注意连接有无松动、电容器有无漏液、板上线条有无锈蚀及断裂等。

⑧冷却风扇和通风道检查。

2. 变频器的一般故障诊断处理

（1）参数设置类故障的处理。一旦发生了参数设置类故障后，变频器都不能正常运行，一般可根据说明书进行修改参数。如果以上不行，最好是能把所有参数恢复到出厂值，然后重新设置。注意，对于各类系统的变频器其参数恢复方式也不相同。

（2）过电压故障。变频器的过电压集中表现在直流母线的直流电压上。正常情况下，变频器直流电为三相全波整流后的平均值。若以 380 V 线电压计算，则平均直流电压 $U_d=1.35U=513$ V。在过电压发生时，直流母线的储能电容将被充电，当电压上至 760 V 左右时，变频器过电压保护动作。因此，对于变频器来说，都有一个正常的工作电压范围，当电压超过这个范围时很可能损坏变频器，常见的是输入交流电源过压超过正常范围，一般发生在节假日负载较轻，电压升高或降低而线路出现故障，此时最好断开电源，检查处理。

（3）过电流故障。过电流故障可分为加速、减速、恒速过电流。其可能是由于变频器的加减速时间太短、负载发生突变、负荷分配不均，输出短路等原因引起的。这时一般可通过延长加减速时间、减少负荷的突变、外加能耗制动元件、进行负荷分配设计对线路进行检查。如果断开负载变频器还是有过电流故障，说明变频器逆变电路已坏，需要更换变频器。

（4）过载故障。过载故障包括变频过载和电动机过载。其可能是加速时间太短，直流制动量过大、电网电压太低、负载过重等原因引起的。一般可通过延长加速时间、延长制动时间、检查电网电压等。负载过重，所选的电动机和变频器不能拖动该负载，也可能是由于机械润滑不好引起。如果前者，则必须更换大功率的电动机和变频器；如果是后者，则要对生产机械进行检修。

思考与练习

1. 变频器为什么要设置上限频率和下限频率？

2. 变频器为什么具有加速时间和减速时间设置功能？如果变频器的加速时间、减速时间设为零，启动时会出现什么问题？

3. 三菱 FR-D740 变频器有几种运行模式，分别是什么？

任务 3　参数单元、操作面板的设定

任务描述

视 频

参数单元、操作面板的设定

目　　的	必须设定的参数	
通过操作面板的 RUN 键选择旋转方向	RUN 键旋转方向的选择	Pr. 40
切换参数单元的显示语言	切换 PU 显示语言	Pr. 145
通过操作面板的 M 旋钮，可以像使用电位器一样设定频率操作面板的键盘锁定	操作面板动作选择	Pr. 161
通过操作面板的 M 旋钮，可以变更频率设定的变化量	频率变化量设定	Pr. 295
控制参数单元的蜂鸣器音	PU 蜂鸣器音控制	Pr. 990
调整参数单元的 LCD 对比度	PU 对比度调整	Pr. 991

任务实施

1. RUN 键旋转方向的选择（Pr. 40）

通过操作面板的 RUN 键选择旋转方向。

参数编号	名称	初始值	设定范围	内容
40	RUN 键旋转方向的选择	0	0	正转
			1	反转

2. PU 显示语言切换（Pr. 145）

可以切换参数单元（FR-PU04-CH/FR-PU07）的显示语言。

参数编号	名称	初始值	设定范围	内容
145	PU 显示语言切换	1	0	日语
			1	英语
			2	德语
			3	法语
			4	西班牙语
			5	意大利语
			6	瑞典语
			7	芬兰语

3. 操作面板的频率设定/键盘锁定操作选择（Pr. 161）

通过操作面板的 M 旋钮，可以像使用电位器一样运行。能够使操作面板的键盘操作无效。

参数编号	名称	初始值	设定范围	内　容	
161	频率设定/键盘锁定操作选择	0	0	M 旋钮频率设定模式	键盘锁定模式无效
			1	M 旋钮电位器模式	
			10	M 旋钮频率设定模式	键盘锁定模式有效
			11	M 旋钮电位器模式	

（1）使用 M 旋钮像使用电位器一样设定频率。

操作例：运行中将频率从 0 Hz 变更为 50 Hz，操作流程如图 2. 18 所示。

（2）使操作面板的 M 旋钮、键盘操作无效［长按【MODE】（2 s）］。

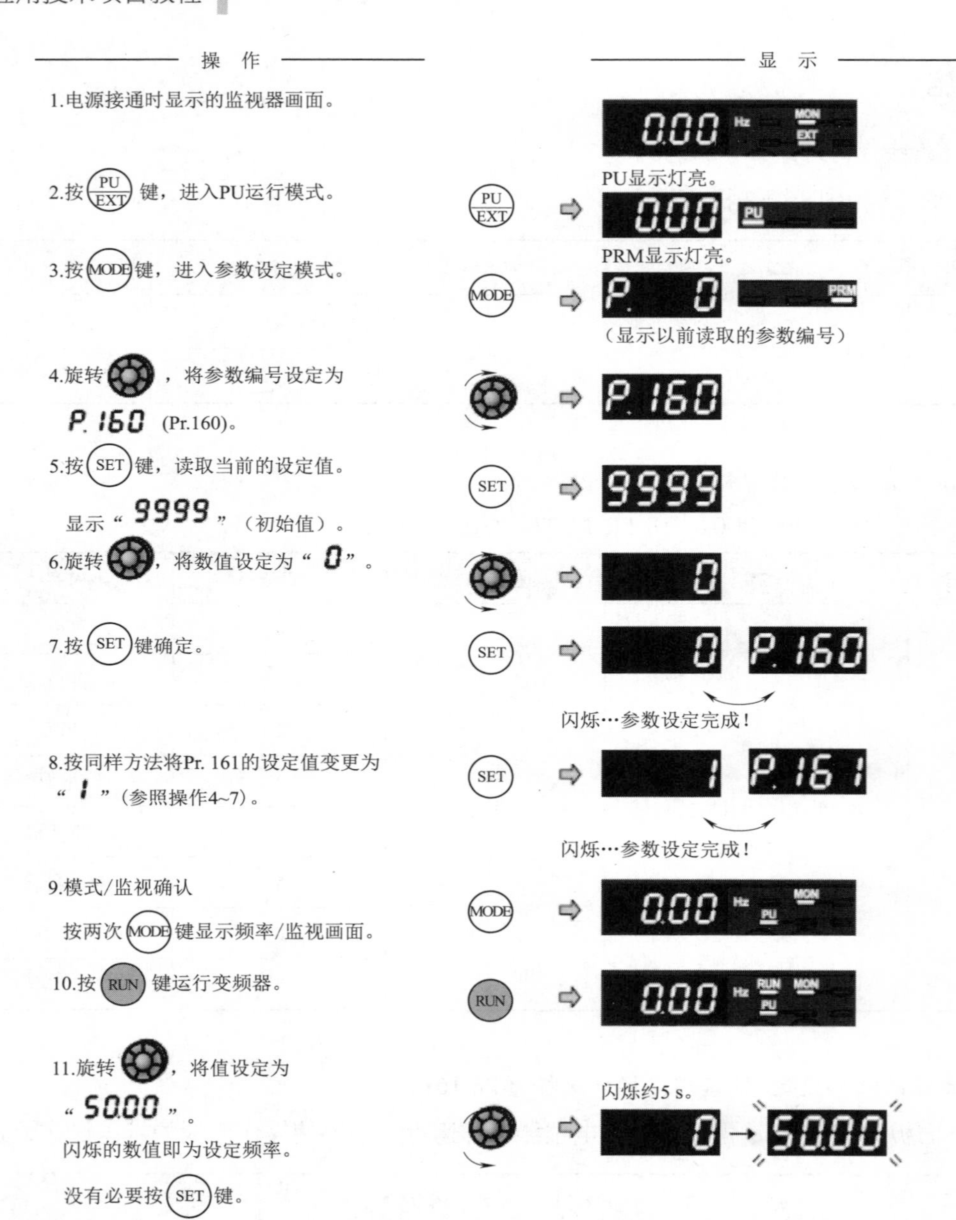

图 2.18 使用 M 旋钮设定频率操作流程

为了避免参数的变更以及始料未及的启动、频率变更，可以使操作面板的 M 旋钮、键盘操作无效。Pr. 161 设置为"10 或 11"，然后按住【MODE】键 2 s 左右，此时 M 旋钮与键盘操作均变为无效。M 旋钮与键盘操作无效化后操作面板会显示 HOLD 字样。在 M 旋钮、键盘操作无效的状态下，旋转 M 旋钮或者进行键盘操作将显示 HOLD（2 s 之内无 M 旋钮及键盘操作时则回到监视器画面）。如果想再次使 M 旋钮与键盘操作有效，请按住【MODE】键 2 s 左右。

4. 频率变化量设定（Pr. 295）

使用操作面板的 M 旋钮设定频率时，初始状态下频率以 0. 01 Hz 为单位进行变化。通过本参数的设定，可以增大与 M 旋钮的旋转量相对应的频率变化量，从而改善操作性。

参数编号	名称	初始值	设定范围	内容
295	频率变化量设定	0	0	功能无效
			0.01	可以设定通过 M 旋钮变更设定频率时的最小变化幅度
			0.10	
			1.00	
			10.00	

通过设定 Pr. 295 ≠ “0”，可以设定通过 M 旋钮变更设定频率时的最小变化幅度。

例如，当设定 Pr. 295 = “1.00 Hz” 时，M 旋钮每转动 1 格（1 个移动量），频率按 1.00 Hz→2.00 Hz→3.00 Hz 以 1.00 Hz 为单位进行变化。操作如图 2.19 所示。

图 2.19 频率变化量设定操作流程

5. 蜂鸣器音控制（Pr. 990）

操作参数单元（FR-PU04-CH/FR-PU07）的按键时，能够发出“哔”的按键声。

参数编号	名称	初始值	设定范围	内容
990	PU 蜂鸣器音控制	1	0	无蜂鸣器音
			1	有蜂鸣器音

6. PU 对比度调整（Pr. 991）

可以进行参数单元（FR-PU04-CH/FR-PU07）的 LCD 对比度调整。如果减小设定值，对比度就会变差。

参数编号	名称	初始值	设定范围	内容
991	PU 对比度调整	58	0 ~ 63	0：弱 ↓ 63：强

综合评价

完成任务后，对照下表，看看这些能力点是不是都掌握了，在相应的方框中打勾。

序号	能力点	掌握情况
1	各设定参数的输入	□是　　□否
2	线路接线	□是　　□否
3	模拟验证结果	□是　　□否

思考与练习

1. RUN 键旋转方向选择相关参数有哪些？
2. 三菱变频器 M 旋钮频率设定模式与电位器模式的区别是什么？
3. 三菱变频器初始状态频率变化量幅度是多少？

项目实训

实训2 变频器的面板操作

一、实训目标

（1）了解变频器的额定参数及其意义。
（2）了解变频器各功能按键的方法。
（3）掌握变频器的运行模式切换控制操作。
（4）掌握变频器运行状态监视的操作。

二、实训器材

（1）三菱FR-D700系列交流变频调速器。	1台
（2）电工（变频调速系统）实训台。	1台
（3）三相笼形异步电动机。	1台
（4）电工工具。	1套
（5）连接导线。	若干

三、实训步骤

（1）用操作面板设定运行频率。例如，在50 Hz状态下运行变频器，三相异步电动机按星形接法连接。操作步骤如下：

	操作步骤	显示结果
1	按 PU/EXT 键，选择PU操作模式	PU显示灯亮。0.00 PU
2	旋转设定用旋钮，把频率改为设定值	50.00 闪烁约5 s
3	按 SET 键，设定值频率	50.00 F 闪烁
4	闪烁3 s后显示回到0.00，按 RUN 键运行	3 s后 0.00→50.00
5	按 STOP/RESET 键，停止	50.00→0.00

（2）改变变频器的参数（参数设定），例如，把加速时间Pr. 7的设定值从“5 s”改为“10 s”。操作步骤如下：

操作步骤		显示结果
1	按 PU/EXT 键，选择 PU 操作模式	PU 显示灯亮。0.00 PU
2	按 MODE 键，进入参数设定模式	PRM 显示灯亮。P. 0 PRM
3	拨动设定用旋钮，选择参数号码 P7	P. 7
4	按 SET 键，读出当前的设定值	5.0
5	拨动设定用旋钮，把设定值变为 10.0	10.0
6	按 SET 键，完成设定	5.0⇔ P. 7 闪烁

（3）查看输出电流。分别将三相异步电动机定子绕组接成星形和三角形两种接法，变频器运行频率都为 50 Hz，观察两种接法输出电流的变化情况。操作步骤如下：

操作步骤		显示结果
1	按 MODE 键，显示输出频率	50.00
2	按 SET 键，显示输出电流	1.00 Hz A　A 灯亮
3	按 SET 键，显示输出电压	任何灯都不亮
4	按 SET 键，回到输出频率显示模式	50.00

四、能力评价

完成任务后，对照下表，对每位学生进行项目考核。

序号	考核项目	掌握情况
1	说明变频器面板的外部特征	□是　　□否
2	说明变频器面板的功能	□是　　□否
3	实时监视变频器的运行状态	□是　　□否
4	查看实时运行参数	□是　　□否

实训3　变频器的功能预置

一、实训目标

（1）掌握变频器各功能按键的方法。
（2）学会根据工程需要正确地选择变频器运行模式及基本参数。
（3）熟练地进行变频器的参数设置。
（4）熟练地操控变频器的运行。

二、实训器材

（1）三菱交流变频调速器 FR-D740。　　1台
（2）电工（变频调速系统）实训台。　　1台
（3）三相笼形异步电动机。　　1台
（4）电工工具。　　1套
（5）连接导线。　　若干

三、实训步骤

1. 运行模式选择、参数设置训练

（1）观察窗口显示“PU”灯是否点亮？只有此灯点亮的情况下，才能进行参数设置，否则变频器会报错。参数设置时，首先按［MODE］键，将变频器从“监视模式”调至“参数设定模式”，待所有的参数设置完毕后，按［MODE］键，将变频器调回至“监视模式”。

（2）下限频率设定为5 Hz。（操作步骤参考实训2）

（3）加速时间设定为3 s。

（4）减速时间设定为8 s。

（5）将Pr. 79“操作模式选择”的设定值由“0”变为“1”。

（6）运行频率设定为30 Hz。

（7）按RUN键，PU模式（操作面板）运行变频器。

（8）按STOP键，停止运行。

（9）将Pr. 79“操作模式选择”的设定值由“1”变为“2”，设置加速时间这个参数为6 s，观察变频器的变化，你会得出什么结论？

2. 变频器输出特性测量

PU模式运行变频器，设定运行频率分别为60 Hz、50 Hz、40 Hz、30 Hz和25 Hz，按“RUN”键，电动机起动，用转速表测出电动机转速，读出相应输出电压值，将结果填入表2.4中。

表2.4　输出电压值

频率/Hz	60	50	40	30	25
转速/(r/min)					
输出电压/V					

四、能力评价

（1）完成任务后，对照下表，对每位学生进行项目考核。

序号	能力点	掌握情况
1	变频器常用参数的作用	□是　　□否
2	变频器参数的设定方法	□是　　□否
3	变频器运行模式的切换与区别	□是　　□否
4	简单面板控制运行变频器	□是　　□否

（2）团队工作能力评价。

组别	项　目					
	合作能力 20%	创新能力 20%	表达能力 10%	专业展示能力 30%	计算机应用能力 20%	总评
第一组						
第二组						
……						

项目3

变频器的基本功能

项目描述

异步电动机主要有机械特性的硬度、低频时带负载能力、起动转矩、调速范围和动态响应能力等五个技术指标。现在很多变频器使用矢量控制的方式，这是一种高性能的调频控制方式，可以使异步电动机的调速性能更加优良。另外，在变频调速系统中，以变频器为核心可以组成单向点动及连续运行，多段速度的控制，以及变频与工频自动切换的控制等多种基本控制电路。

项目目标

1. 知识目标

（1）理解变频器的恒压频比控制及实现恒压频比控制的方法。

（2）了解变频器矢量控制的基本思想，掌握矢量控制的要求。

（3）掌握变频器的多段速度控制方式。

（4）掌握变频器的变频与工频自动切换电路。

2. 能力目标

（1）掌握变频器 u/f 控制功能的选择。

（2）掌握选择 u/f 控制曲线时常用的操作方法。

（3）掌握变频器的多段速度运行操作过程。

（4）熟练地掌握变频器的变频与工频切换电路的安装与调试。

任务 1　变频器的控制模式

任务描述

某工厂两台料浆泵配用 90 kW 的电动机，额定电流为 164 A。选用三菱某型号变频器，额定电流 176 A。在系统起动过程中频率约在 12 Hz 时电动机堵转，随后变频器过电流跳闸，起动失败数次。试分析其控制方式及故障的原因。

任务分析

控制方式是决定变频器使用性能的关键所在，只要按负载的特性，满足使用要求就可以做到量才使用、经济实惠。表 3. 1 中各控制方式的参数供选用时参考。

表 3. 1　控制方式及参数

控制方式	*u/f* 控制		电压空间矢量控制	矢量控制		直接转矩控制
反馈装置	不带 PG	带 PG 或 PID 调解器	不要	不带 PG	带 PG 或编码器	不要
速比 *i*	<1:40	1:60	1:100	1:100	1:100	1:100
起动转矩（在 3 Hz）	150%	150%	150%	150%	零速度时为 150%	零速度时 >150% ~ 200%
静态速度精度/%	±(0.2~0.3)	±(0.2~0.3)	±0.2	±0.2	±0.2	±0.2
适用场合	一般风机、泵类	较高精度调速、控制	一般工业上的调速或控制	所有调速或控制	伺服拖动、高精度传动、转矩控制	重载起动、起重负载转矩控制系统，恒转矩波动大负载

根据任务分析，此控制方式为转矩补偿控制。在电动机变频调速的过程中，当频率比较低时，其输出电压也比较低。由于电动机定子绕组的阻值不变，在低频时使流过绕组的电流下降，绕组的电流下降，电动机的转矩不足；另一方面，由于工作场合不同，变频器输出转矩的要求也不同。变频器利用增加输出电压来提高电动机转矩的方法称为转矩补偿法。转矩补偿是变频器的一种基本功能，转矩补偿量的大小及补偿后的 *u/f* 曲线形状是由功能参数码设定的。

知识导航

变频器的控制方式是指变频器在对异步电动机进行变频调速时，改善异步电动机的机械性能和调速性能的方式。电动机的特性主要有机械特性的硬度、低频时带负载能力、起动转矩、调速范围和动态响应能力等五个技术指标。

目前变频器采用的控制方式可分为：u/f 控制、转差频率控制（SF）、矢量控制（VC）和直接转矩控制等方式。

一、变频变压控制（u/f）

u/f 控制即压频比控制。u/f 控制方式是指在变频调速过程中为了保持主磁通的恒定，而使 u/f = 常数的控制方式，这是变频器的基本控制方式。此方式控制成本低，多用于精度要求不高的通用变频器。

1. u/f 控制原理

在进行电动机调速时，通常是希望保持电动机中每极磁通量为额定值，并保持不变。如果磁通太弱就等于没有充分利用电动机的铁芯，是一种浪费；如果过分增大磁通，又会使铁芯饱和，过大的励磁电流使绕组过热损坏电动机。

u/f 控制是使变频器的输出在改变频率的同时也改变电压，通常使 u/f 为常数，这样可使电动机磁通保持一定，在较宽的调速范围内，电动机的转矩、效率、功率因数不下降。

2. 恒 u/f 控制方式的机械特性

1）调频比和调压比

调频时，通常都是相对于其额定频率 f_N 来进行调节的，那么调频频率 f_x 就可以用下式表示：

$$f_x = k_f f_N \tag{3-1}$$

式中：k_f——频率调节比（也叫调频比）。

根据变频也要变压的原则，在变压时也存在着调压比，电压 u_x 可用下式表示：

$$u_x = k_u U_n \tag{3-2}$$

式中：k_u——调压比；

U_n——电动机的额定电压。

2）变频后电动机的机械特性

三相异步电动机的机械特性曲线如图 3.1 所示，其特征如下：

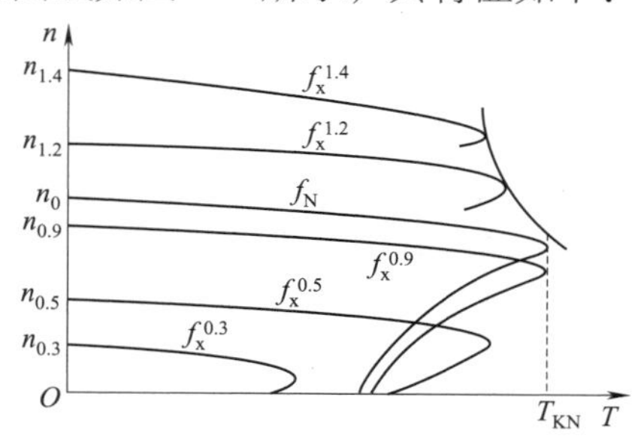

图 3.1 变频调速机械特性

（1）从 f_N 向下调频时，$n_{o..x}$ 下移，变频时的临界转矩 T_{KX} 逐渐减小。

（2）f_x 在 f_N 附近下调时：$k_f = k_u \to 1$，T_{KX} 减小很少，可近似认为 $T_{KX} \approx T_{KN}$，f_x 调的很低时：$k_f = k_u \to 0$，T_{KX} 减小很快。

（3）f_x 不同时，临界转差 Δn_{kx} 变化不是很大，所以稳定工作区的机械特性基本是平行的，且机械特性较硬。

3）对额定频率 f_N 以下变频调速特性的修正

（1）T_{KX}减小的原因分析：

$$k_f\downarrow\ (k_u=k_f)\ \rightarrow\frac{\Delta U_x}{U_x}\uparrow\rightarrow\frac{E_x}{U_x}\downarrow\rightarrow\Phi_M\downarrow\rightarrow T_{Kx}\downarrow$$

（2）解决的办法：

适当提高调压比 k_u，使 $k_u>k_f$，即提高 U_X 的值，使得 E_X 的值增加。从而保证 E_X/f_x = 常数 。这样就能保证主磁通 ϕ_M 基本不变。最终使电动机的临界转矩得到补偿。$f_x>f_N$ 时，电动机近似具有恒功率的调速特性。u/f 采用电压补偿后机械特性如图 3. 2 所示。

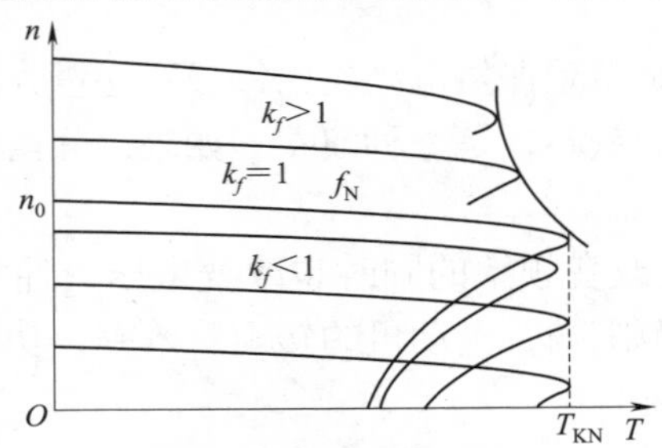

图 3. 2　u/f 采用电压补偿后机械特性

4）选择 u/f 控制曲线时常用的操作方法

（1）将拖动系统连接好，带以最重的负载。

（2）根据所带的负载的性质，选择一个较小的 u/f 曲线，在低速时观察电动机的运行情况，如果此时电动机的带负载能力达不到要求，需将 u/f 曲线提高一挡。依此类推，直到电动机在低速时的带负载能力达到拖动系统的要求。

（3）如果负载经常变化，在（2）中选择的 u/f 曲线，还需要在轻载和空载状态下进行检验。方法是：将拖动系统带以最轻的负载或空载，在低速下运行，观察定子电流 I_1 的大小，如果 I_1 过大，或者变频器跳闸，说明原来选择的 u/f 曲线过大，补偿过分，需要适当调低 u/f 曲线。

二、转差频率控制（SF 控制）

1. 转差频率控制原理

转差频率与转矩的关系为图 3. 3 所示的特性，在电动机允许的过载转矩以下，大体可以认为产生的转矩与转差频率成比例。另外，电流随转差频率的增加而单调增加。所以，如果我们给出的转差频率不超过允许过载时的转差频率，那么就可以具有限制电流的功能。

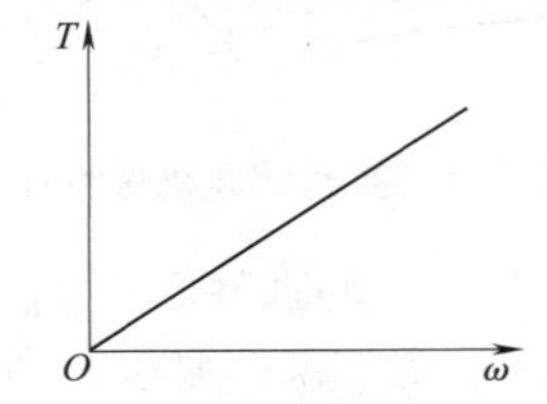

图 3. 3　转差频率与转矩的关系

为了控制转差频率虽然需要检出电动机的速度。但系统的加减速特性和稳定性比开环的 u/f 控制获得了提高，过电流的限制效果也变好。

2. 转差频率控制的系统构成

图 3.4 为转差频率控制系统构成图。速度调节器通常采用 PI 控制。它的输入为速度设定信号 ω_2^* 和检测的电动机实际速度 ω_2 之间的误差信号。速度调节器的输出为转差频率设定信号 ω_s^*。变频器的设定频率即电动机的定子电源频率 ω_1^* 为转差频率设定值 ω_s^* 与实际转子转速 ω_2 的和。当电动机负载运行时，定子频率设定将会自动补偿由负载所产生的转差，保持电动机的速度为设定速度。速度调节器的限幅值决定了系统的最大转差频率。

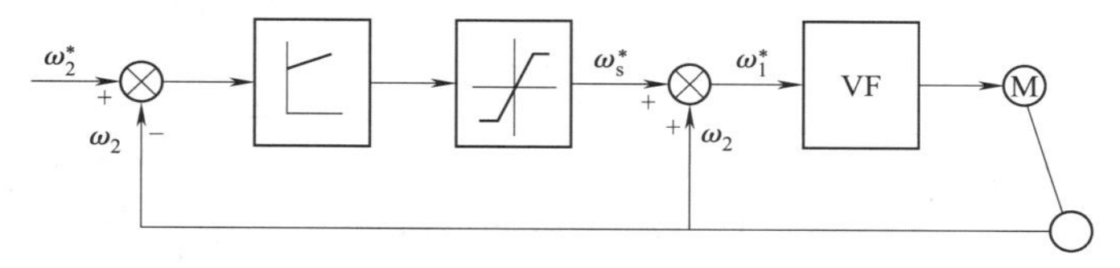

图 3.4　异步电动机的转差频率控制系统框图

三、矢量控制（VC 控制）

1. 直流电动机与异步电动机调速上的差异

（1）直流电动机的调速特征

直流电动机具有两套绕组，即励磁绕组和电枢绕组，它们的磁场在空间上互差 π/2 电角度，两套绕组在电路上是互相独立的。

（2）异步电动机的调速特征

异步电动机也有定子绕组和转子绕组，但只有定子绕组和外部电源相接，定子电流 I_1 是从电源吸取电流，转子电流 I_2 是通过电磁感应产生的感应电流。因此异步电动机的定子电流应包括两个分量，即励磁分量和负载分量。励磁分量用于建立磁场；负载分量用于平衡转子电流磁场。

2. 矢量控制中的等效变换

（1）坐标变换的概念。

异步电动机的几种等效模型，如图 3.5 所示。

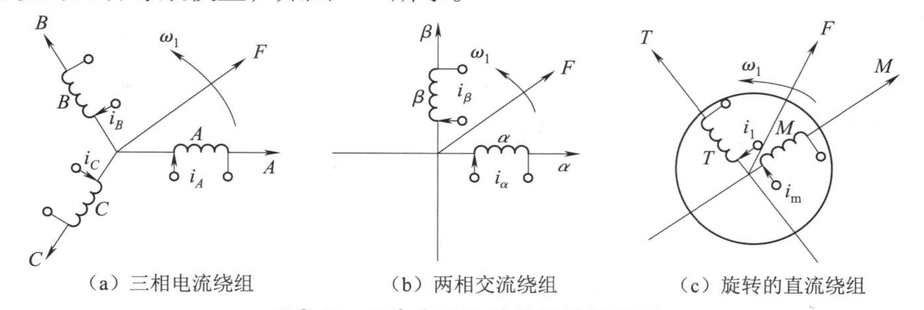

图 3.5　异步电动机的几种等效模型

（2）三相/两相变换（3s/2s）。

三相静止坐标系 A、B、C 和两相静止坐标系 α 和 β 之间的变换，称为 3s/2s 变换。变换原则是保持变换前的功率不变。

设三相对称绕组（各相匝数相等、电阻相同、互差 120°空间角）通入三相对称电流 i_A、i_B、i_C，形成定子磁动势，用 F_3 表示，如图 3.6（a）所示。两相对称绕组（匝数相等、电阻相同、互差90°空间角）内通入两相电流后产生定子旋转磁动势，用 F_2 表示，如图3.6（b）所示。适当选择和改变两套绕组的匝数和电流，即可使 F_3 和 F_2 的幅值相等。若将两种绕组产生的磁动势置于同一图中比较，并使 F_a 与 F_A 重合，如图3.6（c）所示。

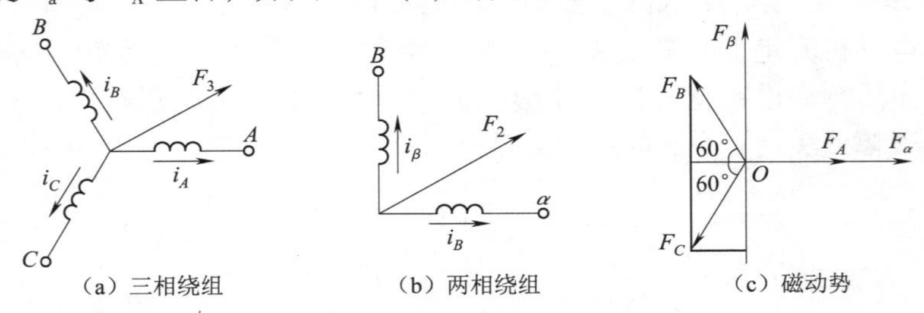

图3.6　绕组磁动势的等效关系

（3）两相/两相旋转变换（2s/2r）。

两相/两相旋转变换又称为矢量旋转变换器，因为 α 和 β 两相绕组在静止的直角坐标系上（2s），而 M、T 绕组则在旋转的直角坐标系上（2r），变换的运算功能由矢量旋转变换器来完成，图3.7为旋转变换矢量图。

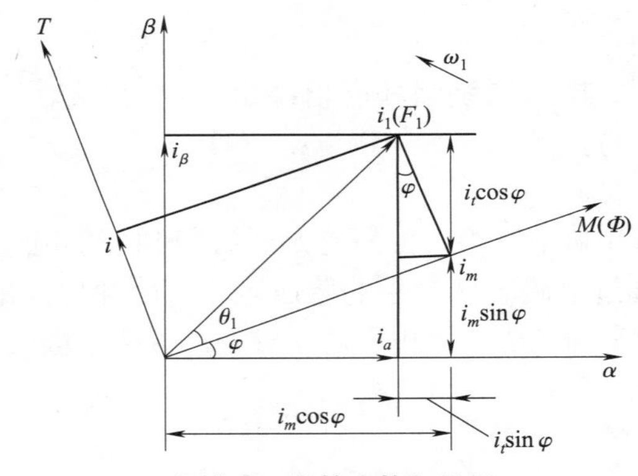

图3.7　旋转变换矢量图

3. 直角坐标/极坐标变换

在矢量控制系统中，有时需将直角坐标变换为极坐标，用矢量幅值和相位夹角表示矢量。图3.7中矢量 i_1 和 M 轴的夹角为 θ_1，若由已知的 i_m、i_t 来求 i_1 和 θ_1，则必须进行 K/P 变换，其关系公式为

$$i_1 = \sqrt{i_m^2 + i_t^2} \tag{3-3}$$

$$\theta_1 = \arctan\left(\frac{i_t}{i_m}\right) \tag{3-4}$$

4. 变频器矢量控制的基本思想

（1）矢量控制的基本理念。

在矢量变换控制系统的基本理念图3.8中，图中的给定信号和反馈信号经过类似于直流调速系统所用的控制器，产生励磁电流的给定信号 i_M^* 和转矩电流的给定信号 i_T^*，经过直/交反旋转变换器变换得到 i_α^* 和 i_β^*，再经过二相/三相变换器变换得到 i_A^*、i_B^* 和 i_C^*。把这三个电流控制信号加到

带电流控制的变频器上，就可以输出异步电动机调速所需的三相变频电流，实现了用模仿直流电动机的控制方法去控制异步电动机，使异步电动机达到直流电动机的控制效果。

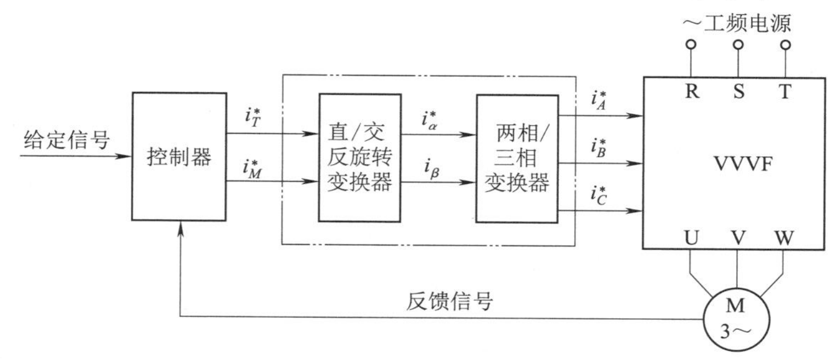

图 3.8 矢量控制的示意图

（2）矢量控制中的反馈。

电流反馈用于反映负载的状态，使 i_T^* 能随负载而变化。速度反馈反映出拖动系统的实际转速和给定值之间的差异，从而以最快的速度进行校正，提高了系统的动态性能。速度反馈的信号可由脉冲编码器 *PG* 测得。现代的变频器又推广使用了无速度传感器矢量控制技术，它的速度反馈信号不是来自速度传感器，而是通过 *CPU* 对电动机的各种参数，如 I_1、r_2 等经过计算得到的一个转速的实在值，由这个计算出的转速实在值和给定值之间的差异来调整 i_M^* 和 i_T^*，改变变频器的输出频率和电压。

5. 使用矢量控制的要求

选择矢量控制模式，对变频器和电动机有以下要求：

①一台变频器只能带一台电动机。

②电动机的极数要按说明书的要求，一般以 4 极电动机为最佳。

③电动机容量与变频器的容量相当，最多差一个等级。

④变频器与电动机间的连接线不能过长，一般应在 30 m 以内。如果超过 30 m，需要在连接好电缆后，进行离线自动调整，以重新测定电动机的相关参数。

6. 矢量控制系统的优点和应用范围

异步电动机矢量控制变频调速系统的开发，使异步电动机的调速可获得和直流电动机相媲美的高精度和快速响应性能。异步电动机的机械结构又比直流电动机简单、坚固，且转子无电刷和集电环等电气接触点，故应用前景十分广阔。现将其优点和应用范围综述如下：

（1）矢量控制系统的优点。

①动态的高速响应：直流电动机受整流的限制，过高的 d*i*/d*t* 是不容许的。异步电动机只受逆变器容量的限制，强迫电流的倍数可取得很高，故速度响应快，一般可达到毫秒级，在快速性方面已超过直流电动机。

②低频转矩增大：一般通用变频器（VVVF 控制）在低频时的转矩常低于额定转矩，故在5 Hz 以下不能带满负载工作。而矢量控制变频器由于能保持磁通恒定，转矩与 i_T 呈线性关系，故在极低频时也能使电动机的转矩高于额定转矩。

③控制灵活：直流电动机常根据不同的负载对象，选用他励、串励、复励等形式，它们各有不

同的控制特点和机械特性。而在异步电动机矢量控制系统中，可使同一台电动机输出不同的特性。在系统内用不同的函数发生器作为磁通调节器，即可获得他励或串励直流电动机的机械特性。

（2）矢量控制系统的应用范围 。

①要求高速响应的工作机械：如工业机器人驱动系统在速度响应上至少需要 100 rad/s，而矢量控制驱动系统的速度响应最高值可达 1 000 rad/s，故能保证机器人驱动系统快速、精确地工作。

②适应恶劣的工作环境：如造纸机、印染机均要求在高湿、高温并有腐蚀性气体的环境中工作，异步电动机比直流电动机更为适应。

③高精度的电力拖动：如钢板和线材卷取机属于恒张力控制，对电力拖动的动、静态精确度有很高的要求，能做到高速（弱磁）、低速（点动）、停车时强迫制动。异步电动机应用矢量控制后，静差度 $\delta<0.02\%$，有可能完全代替直流调速系统。

④四象限运转：如高速电梯的拖动，过去均用直流拖动，现在也逐步用异步电动机矢量控制变频调速系统代替。

四、直接转矩控制方式

直接转矩控制方式是继矢量控制方式之后发展起来的另一种高性能的交流变频调速控制方式。直接转矩控制方式与矢量控制方式的不同之处是，直接转矩控制方式不是通过控制电流、磁链等间接控制转矩，而是把转矩直接作为被控制量来控制。

1. 直接转矩控制原理

直接转矩控制交流调速系统原理，如图 3. 9 所示。

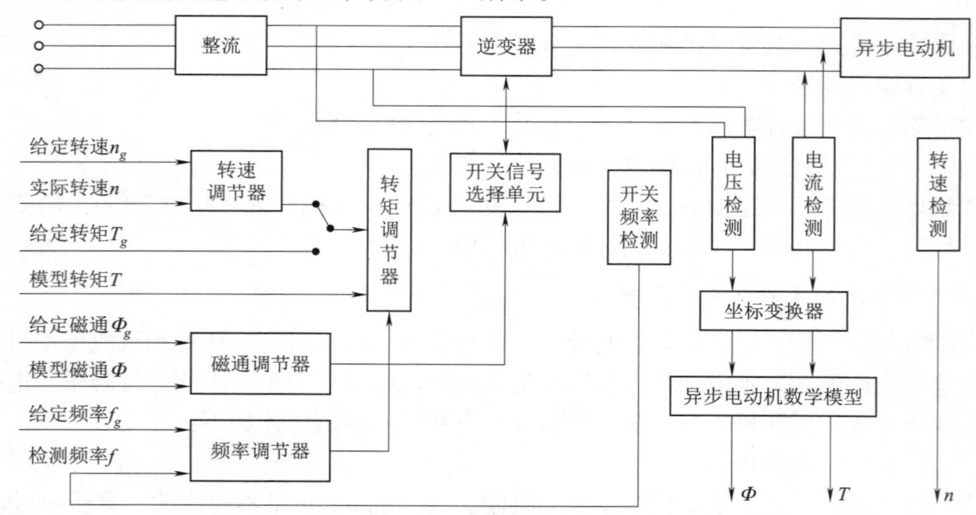

图 3. 9　直接转矩控制交流调速系统框图

图 3. 9 中，电动机的定子电流、母线电压由电流、电压检测单元测出后，经坐标变换器变换到模型所用的 d-q 坐标系下，计算出模型磁通和转矩。再同转速信号（n）一起作为电动机模型的参数，同给定的磁通、转速、转矩值等输入量比较后送入各自的调节器，经过两点式调节，输出相应的磁通和转矩开关量。这些量作为开关信号选择单元的输入，以选择适当开关状态来完成直接转矩控制。

2. 直接转矩控制的优点

直接转矩控制技术采用空间矢量的分析方法，直接在定子坐标系下计算与控制交流电动机的转矩，采用定子磁场定向，借助于离散的两点式调节（Band-Band 控制）产生 PWM 信号，直接对逆变器的开关状态进行最佳控制，以获得转矩的高动态性能。因此，它不需要将交流电动机化成等效直流电动机，也省去了矢量旋转变换中的许多复杂计算，它不需要模仿直流电动机的控制，也不需要解耦而简化交流电动机的数学模型，没有通常的 PWM 信号发生器。

直接转矩控制方式的思路新颖、控制手段直接和控制结构简单，而且该控制系统的转矩响应迅速，限制在一拍以内，无超调，是一种具有高静态和高动态性能的交流调速方法。

任务实施

检查该变频器的“转矩提升”参数，补偿低频时的电压降，改善低速区域的电动机转矩低下。可以根据负载的情况调节低频时的电动机转矩，提高起动时的电动机转矩。由于该系统工艺流程影响，出口存有初始压力，致使料浆泵启动力矩增大，造成电动机启动失败，选择“矢量控制”模式后，电动机启动正常。

拓展内容（三菱变频器转矩提升的两种方法）

1. FR-D740 变频器 u/f 控制模式时手动转矩提升方法

该型号的变频器可以通过端子的切换来提升起动转矩，参数设置见表 3. 2。

表 3. 2　u/f 控制模式手动转矩提升相关参数

参数编号	名称	初始值		设定范围	内　容
0	转矩提升	0. 4k、0. 75k	6%	0% ~30%	0 Hz 时的输出电压按百分比设定
		1. 5k ~3. 7k	4%		
		5. 5k、7. 5k	3%		
46	第 2 转矩提升	9999		0% ~30%	设定 RT 信号为 ON 时的转矩提升值
				9999	无第 2 转矩提升

1）启动转矩的调整

以 Pr. 19 基准频率电压为 100%，以百分比在 Pr. 0（Pr. 46）中设定 0 Hz 时的输出电压。参数的调整请逐步（以约 0. 5% 为单位）进行，每一次都要确认电动机的状态。如果设定值过大，电动机将会处于过热状态。最大也不要超过 10%。启动转矩调整输出电压与输出频率之间的关系如图 3. 10所示。

2）设定 2 种转矩提升（RT 信号、Pr. 46）

需要根据用途变更转矩提升时、或者 1 台变频器切换多个电动机使用时，请使用第 2 转矩提升。Pr. 46 第 2 转矩提升在 RT 信号为 ON 时有效。RT 信号输入所使用的端子请通过将 Pr. 178 ~ Pr. 182（输入端子功能选择）中设定为“3”来进行端子功能的分配。

要点：

- 根据电动机特性、负载、加减速时间、接线长度等条件的不同，可能会导致电动机电流过大而引起过电流切断（OL（过电流报警））后转为 E. OC1（加速中过电流切断）或过载切断（E. THM（电动机过载切断））、E. THT（变频器过载切断）。（保护功能动作时，请在取消启动指令后，以 1% 为单位降低 Pr. 0 的设定值，然后复位。）

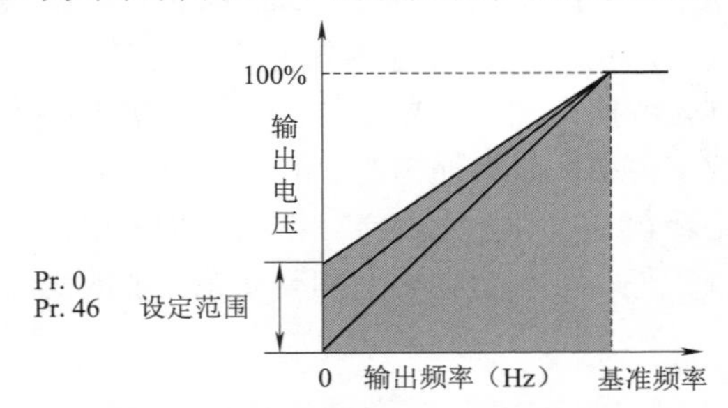

图 3. 10　启动转矩调整输出电压与输出频率之间的关系

- 只有在选择 u/f 控制时，Pr. 0、Pr. 46 的设定才有效。
- 使用 5. 5k、7. 5k 变频器专用电动机（恒转矩电动机）时，将转矩提升值设为 2%。在Pr. 0 = “3%”（初始值）的情况下，将 Pr. 71 变更为恒转矩电动机使用的设定，即切换为 2%。
- 如果通过 Pr. 178 ~ Pr. 182（输入端子功能选择）变更端子分配，有可能会对其他的功能产生影响。在确认各端子的功能后，再进行设定。

2. 通用磁通矢量控制“转矩自动提升”方法

为了流过与负载转矩相匹配的电动机电流，可以通过实施电压补偿提高低速转矩，这就是通用磁通矢量控制。通过通用磁通矢量控制能够得到较大的启动转矩以及充足的低速转矩。另外，可以通过设定转差补偿（Pr. 245 ~ Pr. 247）来实施输出频率的补偿，以使得电动机的实际转速与速度指令值更为接近。在负载的变动较为剧烈等情况下有效。相关参数见表 3. 3。

表 3. 3　矢量控制模式自动转矩提升相关参数

参数编号	名称	初始值	设定范围	内　容
71	适用电动机	0	0、1、3、13、23、40、43、50、53	通过选择标准电动机和恒转矩电动机，将分别确定其各自的电动机热特性和电动机常数
80	电动机容量	9999	0. 1 ~ 7. 5 kW	适用电动机容量
			9999	u/f 控制

要点：未满足下述条件时，可能会发生转矩不足或转动不均匀等不良现象，请选择 u/f 控制。

- 电动机容量应与变频器容量相同、或比变频器容量低 1 级。
- 适用的电动机种类为三菱制标准电动机、高效率电动机（SF-JR、SF-HR 0. 2 kW 或以上）以及三菱制恒转矩电动机（SFJRCA4 极、SF-HRCA 0. 4 kW ~ 7-5 kW）。使用除此以外的电动机（其他公司制造的电动机等）时必须实施离线自动调谐。
- 单机运行（1 台变频器对应 1 台电动机）。
- 从变频器到电动机的接线长度应为 30 m 以内（如果超过 30 m 时，应在实际接线状态下实施离线自动调谐）。根据变频器容量及 Pr. 72 PWM 频率选择的设定值（载波频率），从变频器到电动机的容许配线长度有所不同。

FR-D740 系列变频器有 *u/f* 控制（初始设定）、通用磁通矢量控制 2 种控制模式可供选择。*u/f* 控制在频率（*f*）可变时，通过控制使它与电压（*u*）保持一定的比率。通用磁通矢量控制通过矢量运算，将变频器的输出电流分为励磁电流和转矩电流，实施电压补偿以使电动机电流与负载转矩相匹配。通用磁通矢量控制的选择方法如图 3.11 所示。

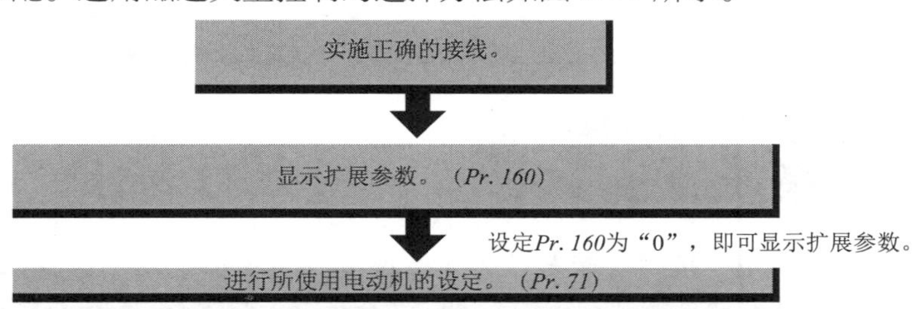

使用的电动机		*Pr. 71*的设定值[*1]	备注
三菱标准电动机 三菱高效率电动机	SF-JR	0（初始值）	
	SF-HR	40	
	其他	3	必须实施离线自动调谐。[*2]
三菱恒转矩电动机	SF-JRCA 4P	1	
	SF-HRCA	50	
	其他（SF-JRC等）	13	必须实施离线自动调谐。[*2]
其他标准电动机	–	3	必须实施离线自动调谐。[*2]
其他恒转矩电动机	–	13	必须实施离线自动调谐。[*2]

*1　关于*Pr. 71*的其他设定值。
*2　关于离线自动调谐。

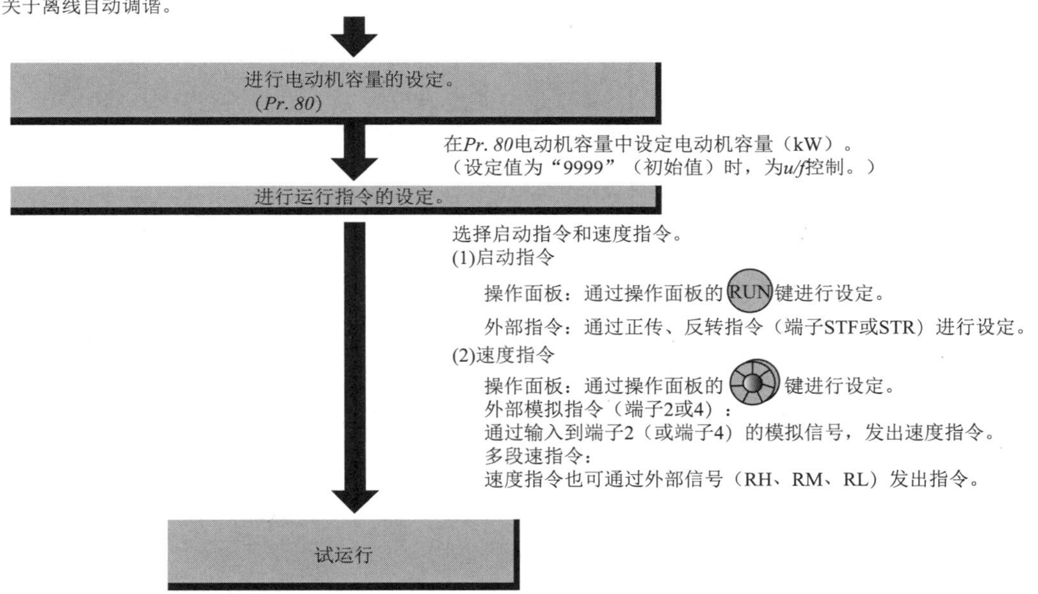

图 3.11　通用磁通矢量控制选择流程

综合评价

完成任务后，对照下表，看看这些能力点是不是都掌握了，在相应的方框中打勾。

序号	能力点	掌握情况
1	u/f 控制模式的原理	□是　□否
2	矢量控制模式的基本理念	□是　□否
3	转矩提升功能参数码的设定	□是　□否
4	矢量控制模式的设定	□是　□否

思考与练习

1. 既然矢量控制变频器性能优于基本 u/f 控制变频器，为什么很多应用场合还要选择基本 u/f 控制变频器？
2. 为什么变频器总是给出多条 u/f 控制曲线供用户选择？
3. 什么是转差频率控制？说明其控制原理。
4. 矢量控制的理念是什么？矢量控制经过哪几种变换？
5. 矢量控制有什么优越性？使用矢量控制时有哪些具体要求？

任务 2　变频器控制电动机正反转

任务描述

设计用变频器改造如图 3. 12 所示三相异步电动机正反转两地控制的控制线路，并进行安装与调试。

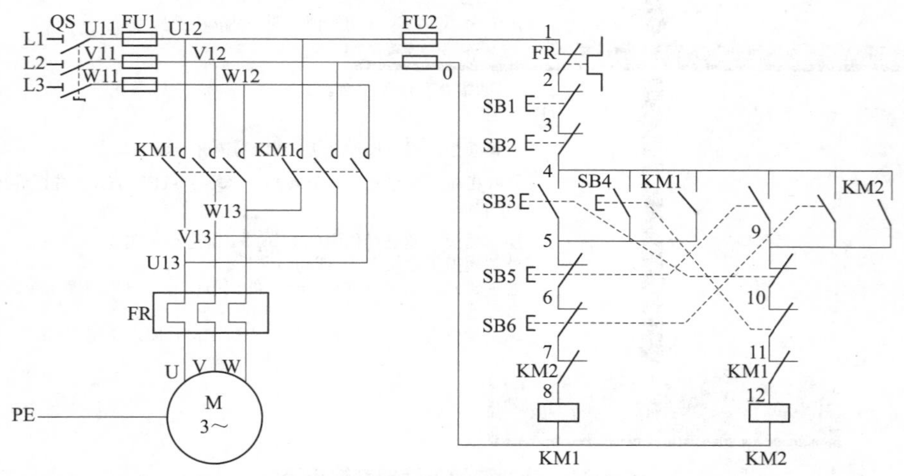

图 3. 12　三相异步电动机正反转两地控制的控制线路

任务分析

在生产实践中，电动机的正反转是比较常见的。传统的方法是利用继电器、接触器来控制电动机的正反转，利用变频器的控制端子 STF、STR（或 FWD、REV）实现正反转控制与传统的方法相比，在操作、控制、效率、精度等各个方面都具有无法比拟的优点，可以简单、方便地实现电动机的正反转等多种控制要求。

知识导航

如图 3.13 所示为大家所熟悉的利用继电器控制的电动机正反转电路。那么，利用变频器如何实现电动机的正、反转控制呢？根据实际工作要求，如何设置参数？下面我们来学习有关的知识。

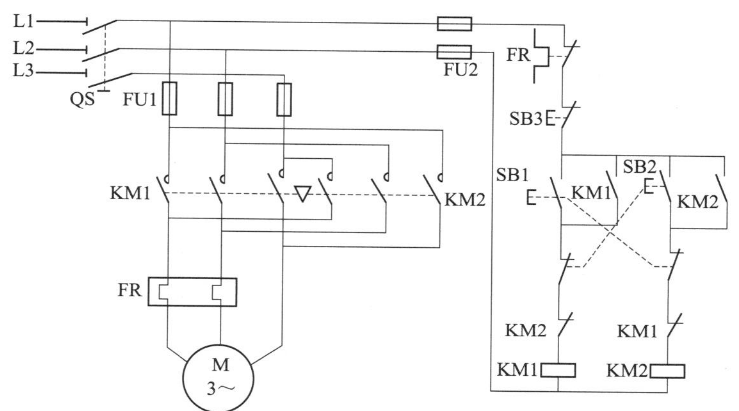

图 3.13 接触器、按钮双重连锁正反转控制线路

1. 利用变频器控制电动机电源电路

利用电网电源运行的交流拖动系统，要实现电动机的正反转切换，须利用接触器等装置对电源进行换相切换。利用变频器进行调速控制时，只须改变变频器内部逆变电路功率器件的开关顺序，即可达到对输出进行换相的目的，很容易实现电动机的正反转切换，而不需要专门的正反转切换装置。

由前面的知识可知，变频器对电动机的正反转控制是通过控制变频器 STR、STF 两个端子的接通与断开来实现的如图 3.14 所示，STR、STF 两个端子的接通与断开利用开关进行控制的，其缺点是反转控制前，必须先断开正转控制，正转和反转之间没有互锁环节，容易产生误动作。

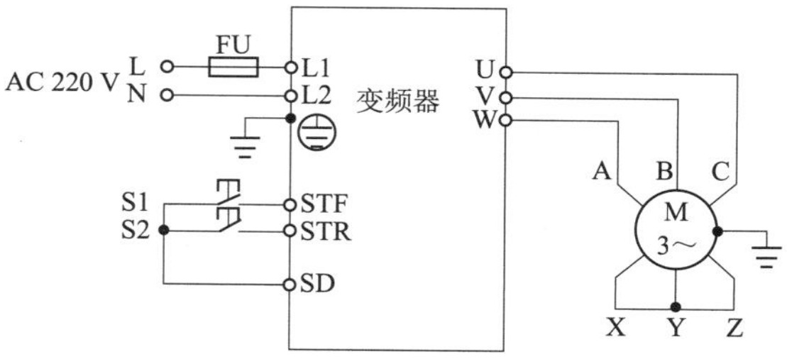

图 3.14 变频器控制电动机的正反转控制线路

2. 利用继电器与变频器组合来控制电路

为了克服上述存在的问题，通常将开关改为应用继电器和接触器来控制变频器 STR、STF 两个端子的接通与断开，控制电路如图 3.15 所示。其工作过程如下：

按钮 SB2、SB1 用于控制接触器 KM，从而控制变频器的接通或切断电源。

按钮 SB4、SB3 用于控制正转继电器 KA1，从而控制电动机的正转运行与停止。

按钮 SB6、SB5 用于控制反转继电器 KA2，从而控制电动机的反转运行与停止。

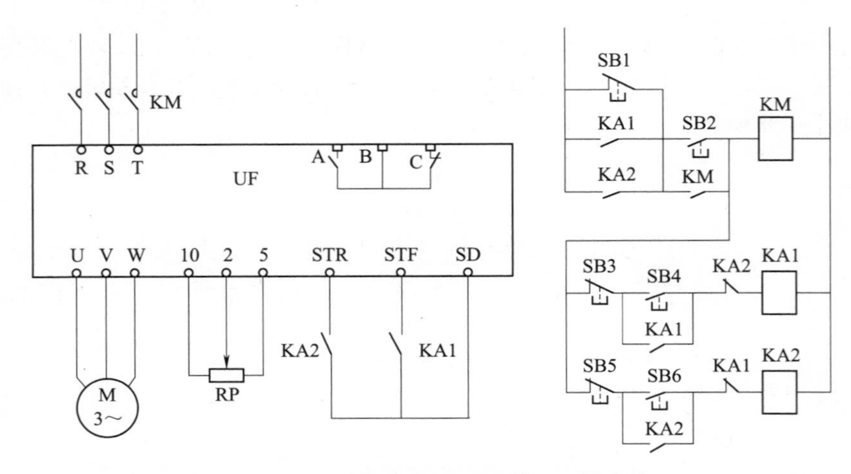

图 3.15 继电器控制变频器的正反转电路

需要注意： 正转与反转运行只有在接触器 KM 已经动作、变频器已经通电的状态下才能进行。与按钮 SB1 常闭触点关联的 KA1、KA2 触点用以防止电动机在运行状态下通过 KM 直接停机。

任务实施

1. 设计电路

根据任务要求及所提供的器材进行电路设计。本任务的设计要求是：正反转的控制线路上加上两地启动、停止。两地控制线路的一个重要的接线原则，那就是控制同一台电动机的多个启动按钮相互并联接在控制电路中。多个停止按钮要相互串联接于控制电路中。根据电气控制电路的设计方法，建立变频控制的电气控制系统电路图。

三相交流输入电源与主回路端（R，S，T）之间的连线一定要接一个无熔丝开关。最好能另串接一个电磁接触器（MC）以在变频器保护功能动作时可同时切断电源（电磁接触器的两端需加装 R－C 吸收电路）。变频器正反转两地控制电路如图 3.16 所示。

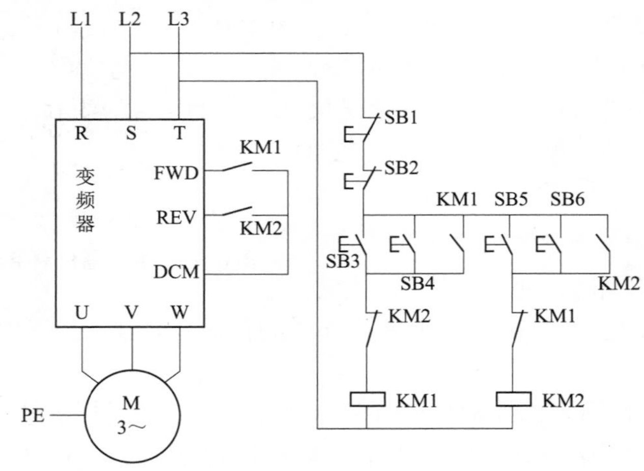

图 3.16 变频器正反转两地控制线路

2. 元器件摆放

根据设计的电路图，首先确定变频器、交流接触器位置，然后逐步确定其他电器。元器件布置要整齐、匀称、合理。

为了使冷却效果良好，必须将变频器安装在垂直方向。因为变频器顶部装有散热装置，所以其上下左右与相临的物品和挡板必须保持足够的空间。并排安装数台变频器时，相互之间应留出100 mm以上的间隔；上下安装数台变频器时，相互之间应留出200 mm 以上的间隔。

特别提示：确定电器元件安装位置时，应做到既方便安装时布线，又要考虑到便于检修。

3. 元器件固定

用划针确定位置，再进行元器件安装固定。元器件要先对角固定，不能一次拧紧，待螺钉上齐后再逐个拧紧。

特别提示：固定时用力不要过大，不能损坏元件。注意按钮盒不要固定在配线板上。

4. 布线

按电路图的要求确定走线方向进行布线。截取长度合适的导线，选择适当剥线钳钳口进行剥线。线号套管必须齐全，每一根导线的两端都必须套上编码套管。标号要写清楚，不能漏标、误标。接线不能松动、露出铜线不能过长、不能压绝缘层，从一个接线桩到另一个接线桩的导线必须是连续的，中间不能有接头，不得损伤导线绝缘及线芯。各元器件与行线槽之间的导线，应尽可能做到横平竖直，变换走向要垂直。

变频器的接地专门有一个接地端子“E”，应将此端子与大地相接。变频器输入电源 R、S、T并无相序分别，可任意连接使用。

5. 检查线路

按电路图或电气接线图从电源端开始，逐段核对接线及接线端子处的线号。用万用表检查线路的通断，用500 V 兆欧表检查线路的绝缘电阻，检查主、控电路熔断器。

6. 变频器参数输入

变频器参数可根据电动机的铭牌规定设定，有些参数也可以由变频器自动测量设定。根据被控制设备要求设定保护参数（如过电压失速、加速中的过电流、运转中的过电流、过转矩等参数）。根据被控制设备负载类型合理设定 u/f 曲线，以及加速、减速时间。设定操作方式，选择有外部端子控制以及控制模式（本例选择二线式第一种控制模式）。

特别提示：上限频率与下限频率是调速控制系统所要求变频器的工作范围，它们的大小应根据实际工作情况设定，避免造成电动机因运转速度过低可能产生过热现象，或是因速度过高造成机械磨损等。设定加速时间的原则是在电动机启动电流不超过允许值的前提下，尽可能地缩短加速时间。需要进行频繁的制动或负载惯性大时，就应当选择外接制动电阻。将设计好的程序用编程器输入到 PLC 中，进行编辑和检查。发现问题，立即修改或调整程序，直到满足工艺流程或状态流程图的要求。

7. 空载试运转

变频器的输出端接上电动机，但电动机与负载断开，进行通电试验。观察变频器配上电动机后的工作情况，同时校准电动机的旋转方向。

试验步骤如下：

①先将频率设置于0位，合上电源后，适当提升工作频率，观察电动机的起转情况，以及旋转方向是否正确，如方向相反，则予以纠正。

②将频率上升至额定频率，让电动机运行一段时间。如一切正常，再选若干个常用的工作频率，也使电动机运行一段时间。

③将给定频率信号突降至0位（或按停止按钮），观察电动机的制动情况。信号灯等进行调试。

特别提示： 安装完毕的控制线路板，必须认真检查并经过老师同意后方可通电试运转。在通电试运转时，应认真执行安全操作规程的有关规定，一人监护，一人操作。空载试运转时接通三相电源，合上电源开关，用试电笔检查，氖管亮表示电源接通。依次按动正反转按钮，观察接触器动作是否正常，两地控制都须经过反复几次操作，正常后方可进行带负载试运转。

8. 带负载试运转

①起转试验：使工作频率从0Hz开始逐步增加，观察拖动系统能否起转，且在多大频率下起转。如果起转比较困难，应设法加大启动转矩。具体方法有：加大启动频率，加大u/f比，以及采用矢量控制等。

②启动试验：将给定信号调至最大，按启动键，观察启动电流的变化及整个拖动系统在升速过程中运行是否平稳。若因启动电流过大而跳闸，则应适当延长升速时间，如果在某一速度段启动电流偏大，则设法通过改变启动方式（S曲线）来解决。

③停机试验：将运行频率调至最高工作频率，按停止键，观察拖动系统的停机过程中是否出现因过电压或过电流而跳闸，有则应适当延长降速时间。当输出频率为0 Hz时，观察拖动系统是否有爬行现象，如果有，则应适当加强直流制动。

特别提示： 带负载试运转，拉下电源开关，接通电动机检查接线无误后，再合闸送电，启动电动机。在负载的最低工作频率下，应观察电动机的发热情况。

9. 断开电源，整理现场

带负载试运转正常，经指导老师确认后断开电源。先拆除三相电源线，再拆除电动机线，整理现场。

综合评价

完成任务后，对照下表，看看这些能力点是不是都掌握了，在相应的方框中打勾。

序号	能力点	掌握情况
1	安装电路	□是　□否
2	参数设定	□是　□否
3	实时监视变频器的运行状态	□是　□否
4	查看实时运行参数	□是　□否
5	调试技能	□是　□否
6	工具仪表使用	□是　□否

拓展内容

对于设计变频器电路一般基本的操作步骤：

理解试题和检查元器件→分析控制要求→输入输出点分配→编写程序→设计电路图→元器件摆放→元器件固定→布线→检查线路→程序输入→空载试运转→带负载试运转→断开电源，整理现场。

①理解试题和检查元器件是指认真阅读和理解试题要求，要重点检查电路图、配线板、行线槽、导线及各种元器件是否齐全。检查所用元器件的外观应完整无损，附件、备件齐全，所用元器件要合格。

②简单分析控制要求。

根据系统需完成的控制任务，对被控对象的控制过程、控制规律、功能和特性进行详细分析。根据电器控制电路的设计方法，建立变频控制的电气控制系统电路图。因为变频器外部端子控制模式有多种，所以在设计时，应先确定变频器外部端子控制模式中的一种。

③设计电路图时注意：设计线路一般都是在基本控制线路的基础上增加一些功能，相对都比较简明。要根据自己设计的电路图进行安装与调试，所以一定要认真理解的设计要求，所设计的电路要满足机械设备对电气控制线路的要求和保护要求。在满足工艺要求的前提下，力求使控制线路简单、合理、正确和安全，操作和维修要方便。如果配线距离长或接近强干扰源或大负荷频繁通断的外部信号，最好加中间继电器进行再次隔离。为了保证输出触点的安全和防止干扰，当执行元件为感性负载时，交流负载线圈两端应加入浪涌吸收回路，如阻容电路或压敏电阻。

④布线时注意：当变频器和其他设备或有多台变频器一起接地时，每台设备都必须分别与地线相接，不允许将一台设备的接地端与另一台设备的接地端相接后再接地。

确定的走线方向须合理。剥线后弯圈要顺螺纹的方向。一般一个接线端子只能连接一根导线，最多接两根。主回路配线与控制回路的配线必须分离，以防止发生误动作。如果必须交错，应做成90°的交叉。装线时不要超过行线槽容量的70%，以便于能方便地盖上线槽盖，也便于以后的装配和维修。

⑤检查线路注意：布线的同时要不断检查是否按线路图的要求进行布线。重点检查主回路有无漏接、错接及控制回路中容易接错之处。检查导线压接是否牢固，接触是否良好，以免带负载运转时产生打弧现象。用万用表检查线路，可先断开控制回路，用欧姆挡检查主回路有无短路现象。然后断开主回路再检查控制回路有无开路或短路现象。用500 V兆欧表检查线路的绝缘电阻，绝缘电阻不应小于0.5 MΩ，主、控电路熔断器选择要正确。

思考与练习

1. 变频器的主电路端子R、S、T和U、V、W接反了会出现什么情况？电源端子R、S、T连接时有相序要求吗？

2. 画出变频器控制电动机正反转电路图。

任务3 变频器的多段速度控制

任务描述

某高楼为了实现恒压供水，应用压力开关根据管内压力实现对水泵的运行速度的控制，当压力增大（用水量小）到上限压力时，减小水泵的运行速度；当压力减小（用水量大）到下限压力时，提高水泵的运行速度，从而实现管内压力的恒定，请为其设计一恒压供水系统。

任务分析

长期以来区域的供水系统都是由市政管网经过二次加压和水塔或天面水池来满足用户对供水压力的要求。在小区供水系统中增压泵通常是用最不利用水点的水压要求来确定相应的扬程设计，然后泵组根据流量变化情况来选配，并确定水泵的运行方式。由于小区用水有着季节和时段的明显变化，日常供水运行控制就常采用水泵的运行方式调整加上出口阀开度调节供水的水量水压，大量能量因消耗在出口阀而浪费，而且存在着水池“二次污染”的问题。变频调速技术在给水泵站上应用，既可满足各用户、各部门用水的需求，又可在用水量小的时候，减少水泵的开机台数或降低水泵的转速，不使电动机空转，以保持管网压力的恒定，达到节能的目的，也成功地解决了能耗和污染的两大难题。在这里主要介绍采用变频器的多段速度控制方法。其基本的方法是利用“参数预置”功能将多种运行速度（频率）先行设定（FR-D740 三菱变频器最多可以设置 15 种），运行时由变频器的端子进行切换，得到不同的运行速度。

知识导航

在工业生产中，由于生产工艺的要求，许多生产机械需要在不同的转速下运行，如车床主轴变频、龙门刨床主运动，高炉加料料斗的提升等。为方便这种负载，大多数变频器提供了多挡频率控制功能。用户可以通过几个开关的通断组合来选择不同的运行频率，实现不同转速下运行的目的。

多段速度功能，也称作固定频率，用开关量端子选固定频率的组合，实现电动机多段速度运行，以 FR-D740 三菱变频器为例，说明这种方式的应用。

一、7 挡速度运行变频器控制端子的接线和参数预置 Pr. 4 ~ Pr. 6

1. 控制端子接线图

7 挡速度运行控制端子接线图如图 3. 17 所示。

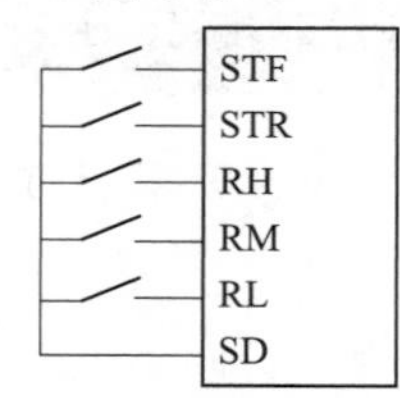

图 3. 17　7 挡速度运行控制端子接线图

2. 参数预置

7 挡速度运行要设置的参数号有 Pr. 4 ~ Pr. 6、Pr. 24 ~ Pr27，与运行频率对应关系见表 3. 4。

表 3. 4 运行参数对应表

参数号	Pr. 4	Pr. 5	Pr. 6	Pr. 24	Pr. 25	Pr. 26	Pr. 27
设定值/Hz	f1	f2	f3	f4	f5	f6	f7

3. 控制端子状态组合、预置参数与电动机运行速度的关系

控制端子状态组合、预置参数与电动机运行速度的关系如图 3. 18 所示。说明如下：

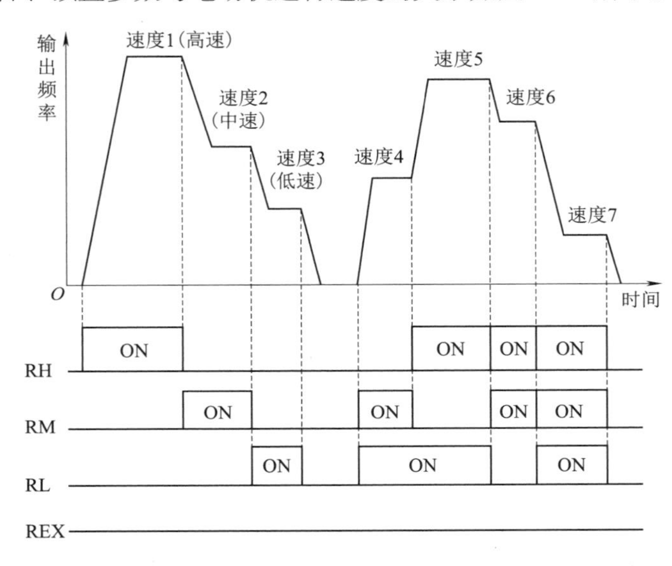

图 3. 18 控制端子状态组合、预置参数与电动机运行速度的关系

①接通 RH 端子的开关，电动机以 Pr. 4 设定的频率f_1 运行；
②接通 RM 端子的开关，电动机以 Pr. 5 设定的频率f_2 运行；
③接通 RL 端子的开关，电动机以 Pr. 6 设定的频率f_3 运行；
④同时接通 RM、RL 端子的开关，电动机以 Pr. 24 设定的频率f_4 运行；
⑤同时接通 RH、RL 端子的开关，电动机以 Pr. 25 设定的频率f_5 运行；
⑥同时接通 RH、RM 端子的开关，电动机以 Pr. 26 设定的频率f_6 运行；
⑦同时接通 RH、RM、RL 端子的开关，电动机以 Pr. 27 设定的频率f_7 运行。

二、15 挡速度运行变频器控制端子的接线和参数预置

1. 控制端子接线图

15 挡速度运行控制端子接线图如图 3. 19 所示。图中 REX 端子在三菱变频器的控制端子中并不存在，可以借助于“STF”“STR”“RH”“RM”和“RL”五个端子中的任一个来充当。当应用不同端子，其对应的设置参数号不同，分别对应于 Pr. 178 ~ Pr. 182（输入端子功能选择），将该参数设定为“5”来分配功能。

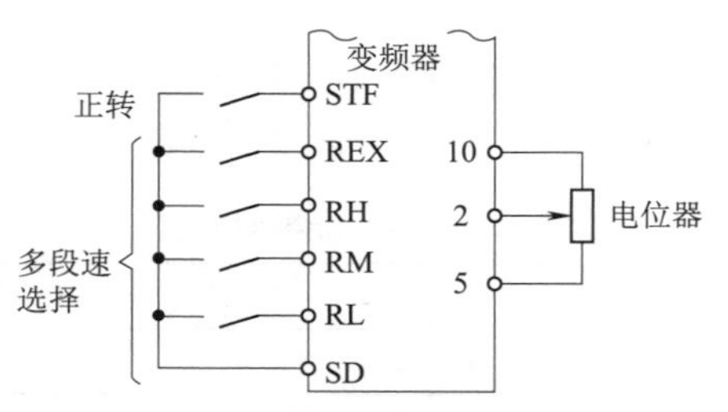

图 3.19　15 挡速度运行控制端子接线图

2. 参数预置

在前面 7 挡速度基础上，再设定下面八种速度，就变成 15 种速度运行。其方法是：

改变端子功能。设 Pr. 179 = 5，使 STR 端子的功能变为 REX 功能。设定速度运行参数，参数号为 Pr. 232 ～Pr. 239，对应关系见表 3.5。

表 3.5　运行参数对应表

参数号	Pr. 232	Pr. 233	Pr. 234	Pr. 235	Pr. 236	Pr. 237	Pr. 238	Pr. 239
设定值/Hz	f_8	f_9	f_{10}	f_{11}	f_{12}	f_{13}	f_{14}	f_{15}

3. 控制端子状态组合、预置参数与电动机运行速度的关系

控制端子状态组合、预置参数与电动机运行速度的关系如图 3.20 所示。说明如下：

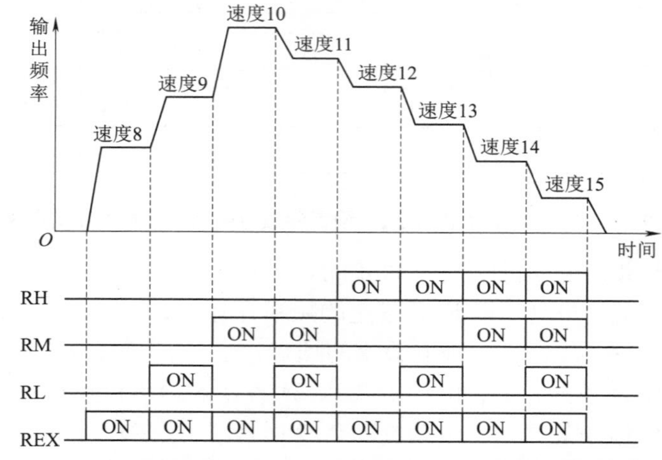

图 3.20　控制端子状态组合、预置参数与电动机运行速度的关系

①接通 REX 端子的开关，电动机以 Pr. 232 设定的频率 f_8 运行；

②同时接通 REX、RL 端子的开关，电动机以 Pr. 233 设定的频率 f_9 运行；

③同时接通 REX、RM 端子的开关，电动机以 Pr. 234 设定的频率 f_{10} 运行；

④同时接通 REX、RL 端子的开关，电动机以 Pr. 235 设定的频率 f_{11} 运行；

⑤同时接通 REX、RH 端子的开关，电动机以 Pr. 236 设定的频率 f_{12} 运行；

⑥同时接通 REX、RH、RL 端子的开关，电动机以 Pr. 237 设定的频率 f_{13} 运行；

⑦同时接通 REX、RH、RM 端子的开关，电动机以 Pr. 238 设定的频率 f_{14} 运行；

⑧同时接通 REX、RH、RM、RL 端子的开关，电动机以 Pr. 239 设定的频率 f_{15} 运行。

任务实施

1. 泵的运行曲线

泵的运行曲线如图3.21所示。

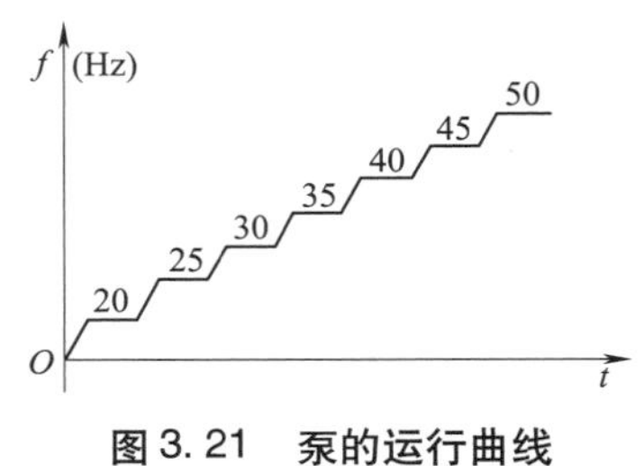

图3.21　泵的运行曲线

2. 变频器的参数设定

（1）基本参数，基本参数设定见表3.6。

表3.6　基本参数设定表

参数名称	参数号	设定值
转矩提升	Pr. 0	3%
上限频率	Pr. 1	50 Hz
下限频率	Pr. 2	5 Hz
基底频率	Pr. 3	50 Hz
加速时间	Pr. 7	4 s
减速时间	Pr. 8	3 s
电子过流保护	Pr. 9	5 A（由电动机功率确定）
加减速基准频率	Pr. 20	50 Hz
操作模式	Pr. 79	3

（2）7段速运行参数，7段速运行参数设定见表3.7

表3.7　7段速运行参数设定表

参数号	Pr. 4	Pr. 5	Pr. 6	Pr. 24	Pr. 25	Pr. 26	Pr. 27
设定值/Hz	20	25	30	35	40	45	50

3. 操作步骤

（1）主回路接好，控制回路按图3.17接线。

（2）检查无误后合闸通电。

（3）在“运行模式”画面，切换到“PU操作模式”。

（4）按【MODE】键，显示“参数设定”画面，按表3.6设定基本参数，按表3.8设定Pr. 4 ~ Pr. 6和Pr. 24 ~ Pr. 27运行参数。

表 3.8 7 段速度运行参数设定表

控制端子	RH	RM	RL	RM、RL	RH、RL	RH、RM	RH、RM、RL
参数号	Pr. 4	Pr. 5	Pr. 6	Pr. 24	Pr. 25	Pr. 26	Pr. 27
设定值（Hz）	20	25	30	35	40	45	50

（5）设定 Pr. 79 = 3，“EXT”灯和“PU”灯均发亮。

（6）在接通 RH 情况下，接通 STF，电动机以 20 Hz 运行。

（7）在接通 RM 情况下，接通 STF，电动机以 25 Hz 运行。

（8）在接通 RL 情况下，接通 STF，电动机以 30 Hz 运行。

（9）在同时接通 RM，RL 情况下，接通 STF，电动机以 35 Hz 运行。

（10）在同时接通 RH，RL 情况下，接通 STR，电动机以 40 Hz 运行。

（11）在同时接通 RH，RM 情况下，接通 STR，电动机以 45 Hz 运行。

（12）在同时接通 RH，RM，RL 情况下，接通 STR，电动机以 50 Hz 运行。

（13）练习完毕后切断电源，拆除控制电路。

4. 注意事项

（1）运行中出现“E. LF”字样，表示变频器输出至电动机的连线有一相断线（即缺相保护），这时返回“PU 操作模式”下，进行清除操作，然后关掉电源重新开启即可消除。

（2）出现“E. TMH”字样，表示电子过流保护动作，同样在“PU 操作模式”下，进行清除操作。

（3）Pr. 79 = 4 的运行方式属于组合操作模式 2，即外部控制运行频率，面板键盘控制电动机启停，实际中应用很少。

综合评价

完成任务后，对照下表，看看这些能力点是不是都掌握了，在相应的方框中打勾。

序号	能力点	掌握情况
1	7 段速度运行操作	□是 □否
2	15 段速度运行操作	□是 □否
3	模拟调试、运行结果	□是 □否
4	拆线整理	□是 □否

拓展内容（变频器简单故障诊断处理方法）

1. 电动机不能启动

其故障流程图如图 3.22 所示。

2. 电动机运行但不能调速

原因：极限频率设置不当，运行设定与操作不对应，或加减速时间设置值过大，其故障诊断流程如图 3.23 所示。

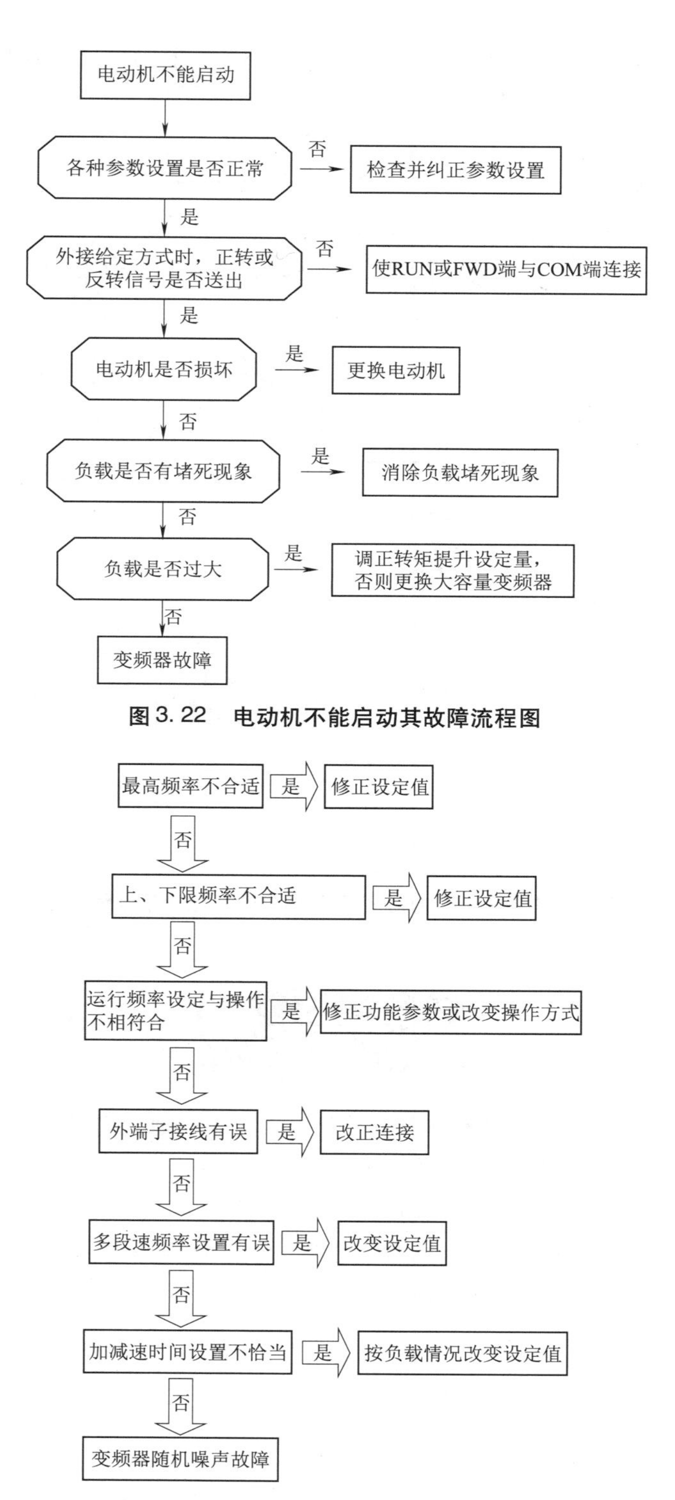

图 3.22　电动机不能启动其故障流程图

图 3.23　电动机运行但不能调速故障诊断流程

3. 电动机加速过程中失速

原因：加速时间短，负载惯性过大，转矩提升量不够等，其故障诊断流程如图 3. 24 所示。

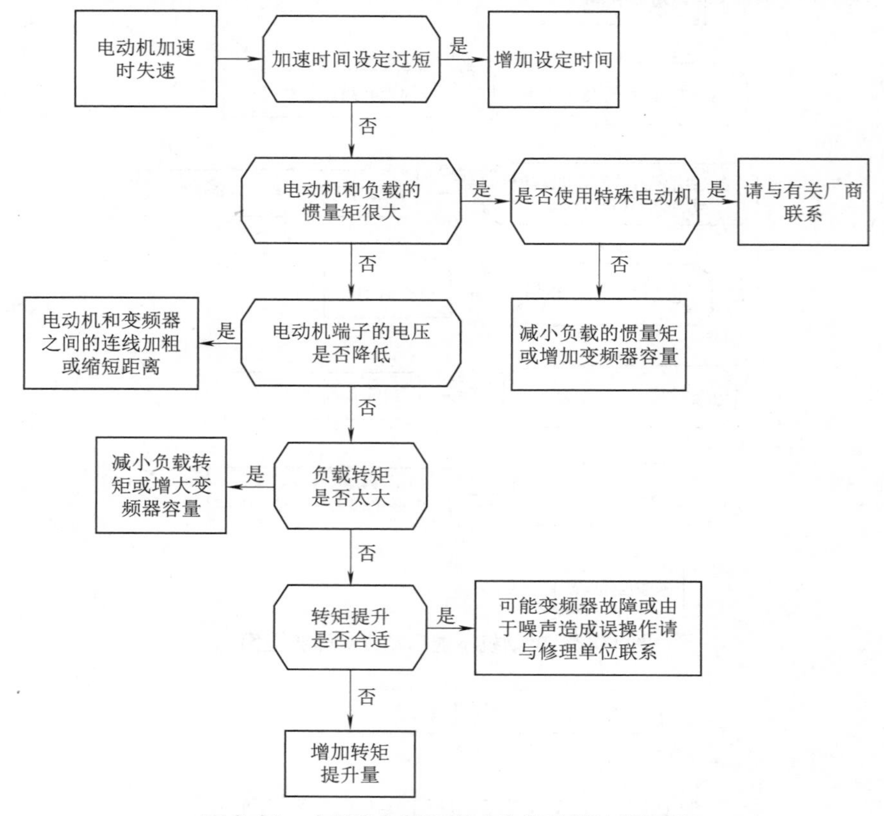

图 3. 24　电动机加速过程中失速故障诊断流程

思考与练习

1. 简述 7 段速度运行控制端子状态组合、预置参数与电动机运行速度的关系。
2. 简述 15 段速度运行时“REX”可用哪些端子代替？参数如何设置？
3. 画出 7 段速度运行的控制回路接线图，并简述操作步骤。
4. 画出 15 段速度运行的控制回路接线图，并简述操作步骤。
5. 简述多段速度运行与单一速度运行机械特性曲线的差别。

任务4　控制电路端子的功能分配

任务描述

视　频

控制电路端子的功能分配

三菱 FR-D740 系列变频器能够通过改变其参数来变更控制电路输入端子 STF、STR、RL、RM 和 RH 的功能，满足不同控制功能的需要，例如，在用到电流模拟量信号作为控制信号输入到变频器时，需要启用“端子 4 输入选择信号 AU”；在利用外部端子控制电动机点动运行的操作时，需要启用“点动运行选择信号 JOG”；在利用外部控制端子进行 4 速以上的多段速设定时，需要借助于“15 速选择信号 REX”；PID 变频调速控制时要启用“PID 控制有效端子信号 X14”等。

同样，也可以通过改变参数来变更集电极开路输出端子 RUN 和继电器输出端子 ABC 的功能，满足不同的输出控制功能，本书将不作重点介绍。

任务分析

控制电路输入端子 STF、STR、RL、RM 和 RH 分别对应 Pr. 178（初始值为 60）、Pr. 179（初始值为 61）、Pr. 180（初始值为 0）、Pr. 181（初始值为 1）和 Pr. 182（初始值为 2）5 个参数，端子、参数以及参数设定范围参考表 3. 9。

表 3. 9　控制输入端子、对应参数以及参数设定范围

参数编号	名称	初始值	初始信号	设定范围
178	STF 端子功能选择	60	STF（正转指令）	0～5、7、8、10、12、14、16、18、24、25、37、60、62、65～67、9999
179	STR 端子功能选择	61	STR（反转指令）	0～5、7、8、10、12、14、16、18、24、25、37、61、62、65～67、9999
180	RL 端子功能选择	0	RL（低速运行指令）	0～5、7、8、10、12、14、16、18、24、25、37、62、65～67、9999
181	RM 端子功能选择	1	RM（中速运行指令）	
182	RH 端子功能选择	2	RH（高速运行指令）	

当用到点动、多段速、电流模拟量或 PID 控制时，首先将一个未使用的控制输入端子接一个开关或者按钮，然后将其对应的参数变更为信号设定值即可，对应关系参考表 3. 10。

表 3. 10　Pr. 178～Pr. 182 参数设定值对应的信号名和功能

设定值	信号名	功能	设定值	信号名	功能
0	RL	低速运行指令	4	AU	端子 4 输入选择
1	RM	中速运行指令	5	JOG	点动运行选择
2	RH	高速运行指令	6	OH	外部电子过电流保护输入
3	RT	第 2 功能选择	7	REX	15 速选择（同 RL、RM、RH 的多段速组合）

续表

设定值	信号名	功能	设定值	信号名	功能
10	X10	变频器运行许可信号（连接 FR-HC/FR-CV）	60	STF	正转指令（仅 STF 端子（Pr. 178）可分配）
12	X12	PU 运行外部互锁	61	STR	反转指令（仅 STR 端子（Pr. 179）可分配）
14	X14	PID 控制有效端子	62	RES	变频器复位
16	X16	PU-外部运行切换（X16-ON 时外部运行）	65	X65	PU-NET 运行切换（X65-ON 时 PU 运行）
18	X18	V/F 切换（X18 – ON 时 V/F 控制）	66	X66	外部 – NET 运行切换（X66-ON 时 NET 运行）
24	MRS	输出停止	67	X67	指令权切换（X67-ON 时通过 Pr. 338、Pr. 339 使指令生效）
25	STOP	启动自保持选择	9999	—	无功能
37	X37	三角波功能（摆频功能）			

知识导航

下面以变频器输出切断信号、第 2 功能选择信号和启动自保持选择信号为例，来介绍如何实现硬件接线、相关参数设置和功能调试。

1. 变频器输出切断信号（MRS 信号）

可以通过 MRS 信号将变频器输出切断。另外，也可通过设置参数 Pr. 17 的值来选择 MRS 信号的逻辑见表 3. 11。

表 3. 11　MRS 信号逻辑选择

参数编号	名称	初始值	设定范围	内容
17	MRS 输入选择	0	0	常开输入
			2	常闭输入（b 接点输入规格）
			4	外部端子：常闭输入（b 接点输入规格） 通信 ：常开输入

1）输出切断信号（MRS 信号）

如果变频器运行中输出切断信号（MRS）变为 ON，将在瞬间切断输出。MRS 信号请通过将 Pr. 178 ~ Pr. 182（输入端子功能选择）设定为“24”来分配功能。MRS 信号有以下的使用方法。

（1）通过机械制动（电磁制动等）使电动机停止时，机械制动动作时关闭变频器的输出。

（2）为了使变频器无法运行而采取互锁时，如果事先将 MRS 信号设为“ON”，即使向变频器输入启动信号，变频器也无法运行。

（3）使电动机自由运行停止时，启动信号设为“OFF”时，变频器将在设定的减速时间内使电动机减速停止，但当 MRS 信号设为“ON”时，电动机便会自由运行停止。

2）MRS 信号的逻辑反转（Pr. 17）

如果 Pr. 17 = “2”，可以将 MRS 信号（输出停止）变更为常闭（b 接点）输入规格。通过 MRS 信号“ON”（断开）切断变频器输出，MRS 信号逻辑与变频器动作之间的关系如图 3. 25 所示。

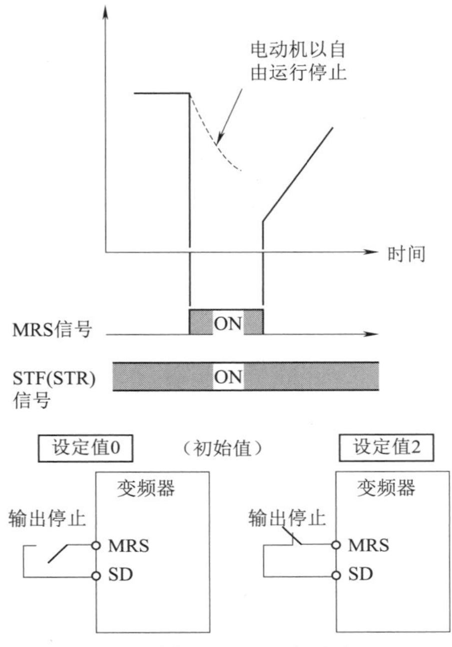

图 3. 25　MRS 信号逻辑与动作时序图

3）使 MRS 信号的通信输入和外部端子输入动作不同（Pr. 17 = “4”）

Pr. 17 = “4”的情况下，可以使通过外部端子输入的 MRS 信号（输出停止）为常闭（b 接点）输入，通过通信输入的 MRS 信号为常开（a 接点）输入。在通过外部端子输入的 MRS 信号保持“ON”的情况下以通信方式运行，将非常方便。

表 3. 12　外部端子结合通信运行的 MRS 信号逻辑

外部 MRS	通信 MRS	Pr. 17 设定值		
		0	2	4
OFF	OFF	可运行	输出切断	输出切断
OFF	ON	输出切断	输出切断	输出切断
ON	OFF	输出切断	输出切断	可运行
ON	ON	输出切断	可运行	输出切断

2. 第 2 功能选择信号（RT）

在下列几种情况可以用到变频器的第 2 功能，实现运行状态的快速切换，使系统更好地满足控制要求：

(1) 常用和非常用的切换。

(2) 重负载和轻负载的切换。

(3) 通过折线加减速变更加减速时间。

(4) 主电动机和辅电动机的特性切换。

可以通过 RT 信号选择第 2 功能。当 RT 信号为“ON”时，第 2 功能有效，示例接线图如图 3. 26 所示。

通过将 Pr. 178 ~ Pr. 182（输入端子功能选择）设定为“3”来进行 RT 信号功能的分配。第 2 功能中能够设定的参数见表 3. 13。

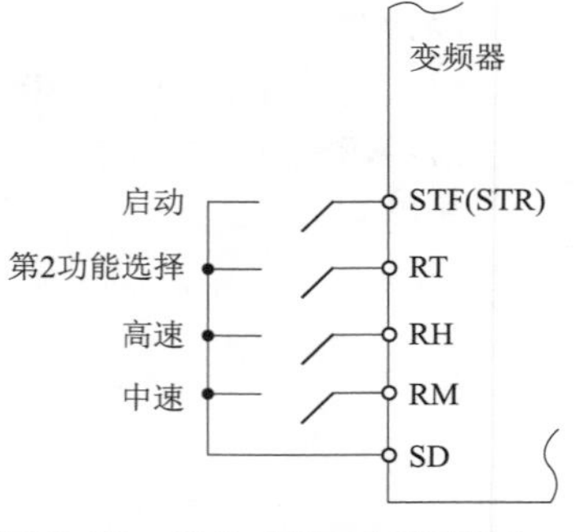

图 3. 26　第 2 功能示例接线图

表 3. 13　第 2 功能中能够设定的参数（对比第 1 功能）

功能	第 1 功能参数编号	第 2 功能参数编号
转矩提升	Pr. 0	Pr. 46
基准频率	Pr. 3	Pr. 47
加速时间	Pr. 7	Pr. 44
减速时间	Pr. 8	Pr. 44、Pr. 45
电子过电流保护	Pr. 9	Pr. 51
失速防止	Pr. 22	Pr. 48
适用电动机	Pr. 71	Pr. 450

我们以折线变更加速时间为例来说明如何应用变频器的第 2 功能，动作说明如图 3. 27 所示。

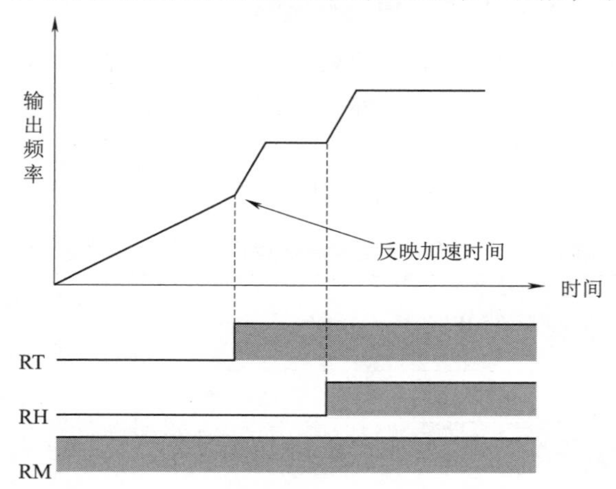

图 3. 27　第 2 功能（折线变更加速时间）信号动作说明

3. *启动信号动作选择*（STF、STR、STOP 信号）

借助于参数 Pr. 250 能够选择启动信号（STF/STR）的动作，同时可以选择启动信号为“OFF”时的停止方法（减速停止、自由运行停止）。除了用于启动信号“OFF”时，还可用于以机械制动停止电动机等场合。Pr. 250 设定不同值时启动信号、停止动作见表 3. 14。

表3.14 启动信号、停止动作对应列表

<table>
<tr><th rowspan="2">参数编号</th><th rowspan="2">名称</th><th rowspan="2">初始值</th><th rowspan="2">设定范围</th><th colspan="2">内 容</th></tr>
<tr><th>启动信号（STF/STR）</th><th>停止动作</th></tr>
<tr><td rowspan="4">250</td><td rowspan="4">停止选择</td><td rowspan="4">9999</td><td>0～100 s</td><td>STF 信号：正转启动
STR 信号：反转启动</td><td>启动信号“OFF”、经过设定的时间后以自由运行停止</td></tr>
<tr><td>1 000 s～1 100 s</td><td>STF 信号：启动信号
STR 信号：正转、反转信号</td><td>设定 1 000 s～1 100 s 时，经过（Pr. 250—1000）秒后以自由运行停止</td></tr>
<tr><td>9999</td><td>STF 信号：正转启动
STR 信号：反转启动</td><td rowspan="2">启动信号“OFF”时减速停止。</td></tr>
<tr><td>8888</td><td>STF 信号：启动信号
STR 信号：正转、反转信号</td></tr>
</table>

1）2 线式（STF、STR 信号）

图3.28为2线式的连接示例。初始设定时，正转、反转信号（STF/STR）为启动兼停止信号。无论哪个信号只要有一个为“ON”都可以有效启动。运行中将两个信号都切换为“OFF”（或者两个信号都切换为“ON”）时，变频器将减速停止。频率设定信号有在速度设定输入端子2-5间输入DC0～10V的方法以及通过Pr.4～Pr.6多段速设定（高速、中速、低速）来设定的方法等等。如果设定Pr.250＝“1000～1100、8888”，STF信号则为启动指令，STR信号则为正转、反转切换指令。

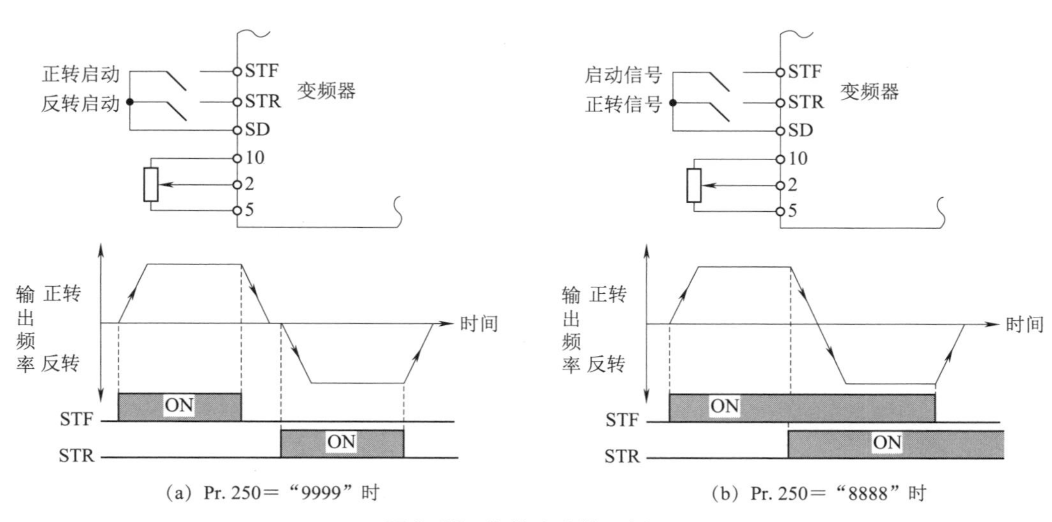

图3.28 2线式连接示例图

2）3 线式（STF、STR、STOP 信号）

图3.29为3线式的连接示例。启动自保持功能在“STOP”信号为“ON”时有效。此时，正转、反转信号仅作为启动信号动作。即使将启动信号（STF或者STR）从“ON”置于“OFF”，启动信号仍然有效，变频器将会启动。改变旋转方向时先将“STR（STF）”切换为“ON”然后再切

换到“OFF”。停止变频器时通过将“STOP”信号切换到“OFF”使变频器减速停止。使用“STOP”信号时，请将 Pr. 178 ~ Pr. 182 设定为“25”，进行功能分配。

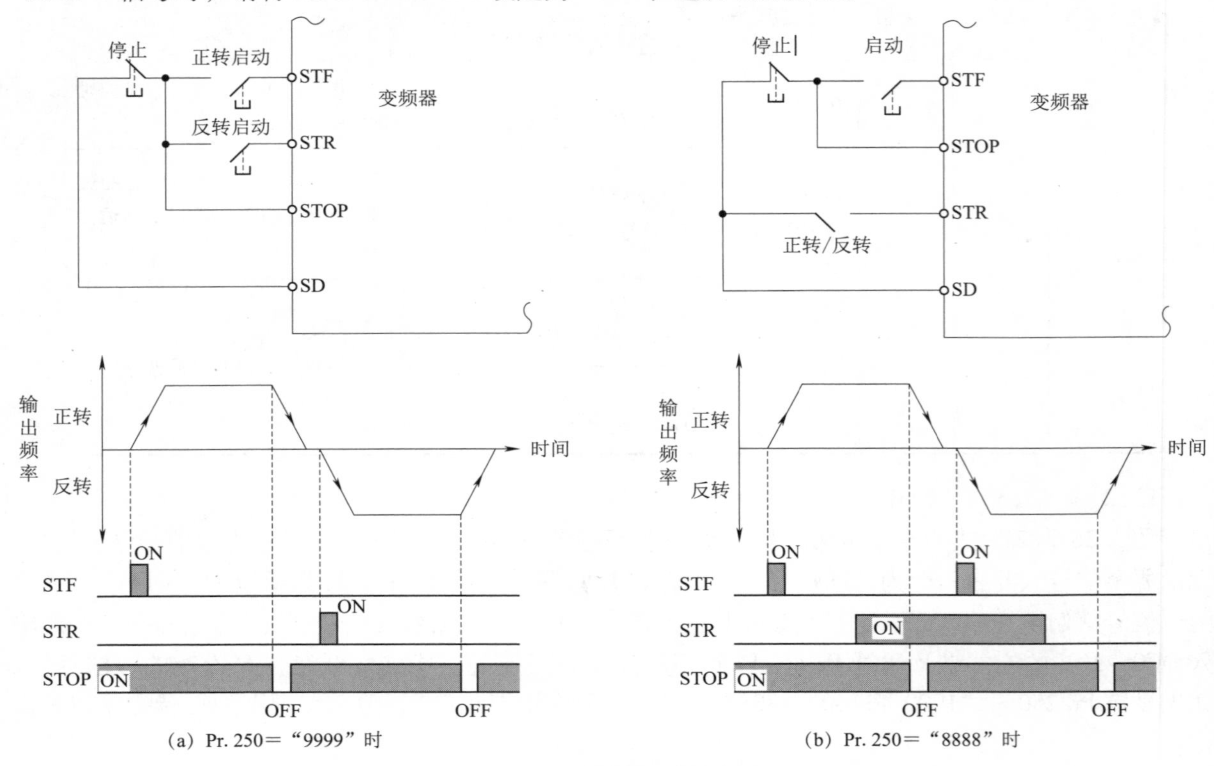

图 3.29　3 线式连接示例图

3）启动信号选择

从启动信号角度出发，因 Pr. 250 参数设置不同，对应的变频器状态见表 3. 15。

表 3. 15　启动信号选择

STF	STR	Pr. 250 设定值　　变频器状态	
		0 ~ 100 s、9999	1 000 s ~ 1 100 s、8888
OFF	OFF	停止	停止
OFF	ON	反转	
ON	OFF	正转	正转
ON	ON	停止	反转

任务实施

1. MRS 信号功能验证

（1）利用实训台，分组完成图 3. 25 接线，具体要求为：变更“RL”信号为“MRS”信号，外部端子“STF”作为正转启动信号，验证“MRS”信号外接常开输入和常闭输入两种情况对变频器的瞬间切断输出。

（2）在变频器面板上设置相关参数，重要参数提醒：设置参数之前，清除所有参数（变频器不能处于 EXT 运行模式）；根据硬件接线和控制要求设置合适的 Pr. 79；变更“RL”信号为“MRS”信号需要将 Pr. 180 由 0 变更为 24；当“MRS”信号外部接常开输入时，Pr. 17 取默认值 0，当“MRS”信号外部接常闭输入时，Pr. 17 变更为 2；根据控制要求自行设置其余参数。

（3）经教师检查通过后，开始通电试运行，观察变频器输出切断情况。

2. 第 2 功能选择信号验证

（1）利用实训台，分组完成图 3. 26 接线，具体要求为：变更“RL”信号为“RT”信号，外部端子 STF 作为正转启动信号，验证“RT”信号启动前后变频器运行变化。

（2）在变频器面板上设置相关参数，重要参数提醒：设置参数之前，清除所有参数（变频器不能处于 EXT 运行模式）；根据硬件接线和控制要求设置合适的 Pr. 79；变更“RL”信号为“RT”信号需要将 Pr. 180 由 0 变更为 3；第 1 功能加速时间 Pr. 7 设置为 20 秒，第 2 功能加速时间 Pr. 44 设置为 5 秒；根据控制要求自行设置其余参数。

（3）经教师检查通过后，开始通电试运行，观察变频器折线加速过程。

3. 启动信号动作选择验证

（1）利用实训台，分组完成图 3. 28（a）、（b）接线，具体要求为：变更“RM”信号为“STOP”信号，外部端子来启动变频器，操作面板设定运行频率，验证 3 线式情况下不同组合方式的变频器的启动和停止。

（2）在变频器面板上设置相关参数，重要参数提醒：设置参数之前，清除所有参数（变频器不能处于 EXT 运行模式）；根据硬件接线和控制要求设置合适的 Pr. 79；变更“RM”信号为“STOP”信号需要将 Pr. 181 由 1 变更为 25；按照图 3. 28（a）接线需将 Pr. 250 设置为“9999”，按照图 3. 28（b）接线需将 Pr. 250 设置为“8888”；根据控制要求自行设置其余参数。

（3）经教师检查通过后，开始通电试运行，观察变频器启动、停止和正反转控制过程。

综合评价

完成任务后，对照下表，看看这些能力点是不是都掌握了，在相应的方框中打勾。

序号	能力点	掌握情况
1	根据控制要求完成硬件接线	□是　□否
2	基本参数设定	□是　□否
3	功能参数设定	□是　□否
4	模拟调试、运行结果	□是　□否

思考与练习

1. 三菱 FR-D740 系列变频器控制电路输入端子总共有几个，分别是什么？
2. 欲变更控制输入端子的功能，简述具体操作步骤。

3. 在哪些情况下需要启用输出切断 MRS 信号？
4. 在哪些情况下使用第 2 功能来运行变频器？

任务 5　模拟量输入设定频率

任务描述

变频器的频率设定，除了通过开关量输入外，还可以通过模拟量来输入。通过变频器的模拟量输入端子从外部输入模拟量信号（电流或电压）进行给定，即为模拟量给定方式，该方式下可通过调节模拟量的大小来改变变频器的输出频率。

视频　模拟量输入设定频率

当能满足速度调节要求时选择开关量输入，因其简单方便、故障点少。当速度调节是跟随调节或无级调速时选择模拟量输入。

模拟量给定中通常采用电流或电压信号，常见于电位器、仪表、PLC 和 DCS（分布式控制系统，又叫集散控制系统）等控制回路。电流信号一般指 0～20 mA 或 4～20 mA，电压给定信号一般有 0～10 V 或 0～5 V 等。三菱 FR-D740 系列变频器模拟量电压输入端子为端子 2，模拟量电流输入端子为端子 4，其规格见表 3.16。

表 3.16　三菱 FR-D740 系列变频器模拟量输入端子的规格

<table>
<tr><th>参数编号</th><th>名称</th><th>初始值</th><th>设定范围</th><th colspan="2">内　容</th></tr>
<tr><td rowspan="4">Pr. 73</td><td rowspan="4">模拟量
输入选择</td><td rowspan="4">1</td><td>0</td><td>端子 2 输入 0～10 V</td><td rowspan="2">无可逆运行</td></tr>
<tr><td>1</td><td>端子 2 输入 0～5 V</td></tr>
<tr><td>10</td><td>端子 2 输入 0～10 V</td><td rowspan="2">有可逆运行</td></tr>
<tr><td>11</td><td>端子 2 输入 0～5 V</td></tr>
<tr><td rowspan="4">Pr. 267</td><td rowspan="4">端子 4
输入选择</td><td rowspan="4">0</td><td rowspan="2">0</td><td>电压/电流输入
切换开关</td><td>内容</td></tr>
<tr><td>V　I</td><td>端子 4 输入 4～20 mA</td></tr>
<tr><td>1</td><td rowspan="2">V　I</td><td>端子 4 输入 0～5 V</td></tr>
<tr><td>2</td><td>端子 4 输入 0～10 V</td></tr>
</table>

在某工程应用中，需要三菱 FR-D740 变频器模拟量输入信号 0～10 V 时对应运行频率 10～50 Hz 调速，应如何来设定变频器的参数呢？下面我们将为大家来解决这个问题。

任务分析

首先确定模拟量的类型，如果是电压信号，接在三菱 FR-D740 系列变频器端子 2 和端子 5 之间，如果是电流信号，控制信号进变频器端子 4 和端子 5 之间。端子 5 是控制信号的公共端，当然，也可以在端子 10、2、5 之间接电位器来实现模拟量输入电压运行变频器。

用户的现场仪表（流量仪表、液位仪表、温度仪表等）通常是4～20 mA输出，原因在于以下三个方面：首先，流量计电压信号不稳定，在远距离传输时容易受干扰，电流信号则比较稳定。其次，量程为0～20 mA的信号和故障信号无法区别。小于4 mA表明控制线路接线有问题，或者说控制信号有零飘的嫌疑。再者，4～20 mA规范是为两线制传感器而设定的，其间0～4 mA的电流是为了供给传感器本身很小作业电流的需要，假如选用0～20 mA，当信号很小时，传感器将无法取得满足的作业能量。事实上，关于4～20 mA信号，通常DCS系统把大于20.2 mA小于3.8 mA才算作故障。

当选择好模拟量输入通道后，下一步是通过参数设置来选择给定的电压或者电流的调节范围，即频率设定电压（电流）偏置和增益的调整。

知识导航

一、模拟量输入选择

1. 模拟量输入规格的选择

模拟量电压输入所使用的端子2可以选择0～5 V（初始值）或0～10 V。模拟量输入所使用的端子4可以选择电压输入（0～5 V、0～10 V）或电流输入（4～20 mA初始值）。变更输入规格时，变更Pr.267和电压/电流输入切换开关，如图3.30所示。端子4的额定规格随电压/电流输入切换开关的设定而变更。电压输入时：输入电阻10 kΩ±1 kΩ、最大容许电压DC20 V；电流输入时，输入电阻233 Ω±5 Ω、最大容许电流30 mA。

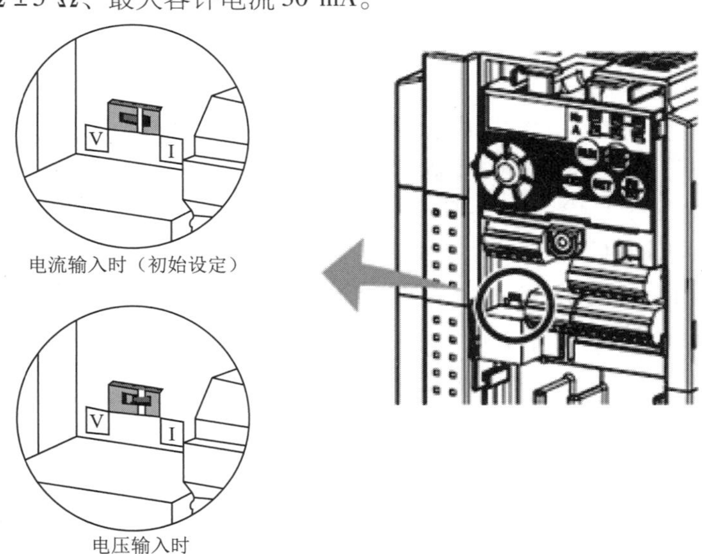

图3.30 电压/电流输入切换开关

2. 以模拟量输入电压运行

频率设定信号在端子2-5之间输入DC 0～5 V（或者DC 0～10 V）的电压。输入5 V（10 V）时为最大输出频率。5 V的电源既可以使用内部电源，也可以使用外部电源输入。10 V的电源，请使用外部电源输入。内部电源在端子10-5间输出DC 5 V。表3.17所示为三菱FR－D740系列变频器电压模拟量输入端子的规格。

表 3.17 三菱 FR-D740 系列变频器电压模拟量输入端子的规格

端子	变频器内置电源电压	频率设定分辨率	Pr.73（端子 2 输入电压）
10	DC 5 V	0.1 Hz/50 Hz	DC 0～5 V 输入

在端子 2 上输入 DC 10 V 时，请将 Pr.73 设定为“0”或“10”（初始值为 0～5 V），接线如图 3.31所示。将端子 4 设为电压输入规格时，请将 Pr.267 设定为“1（DC 0～5 V）”或“2（DC 0～10 V）”，将电压/电流输入切换开关置于“V”。AU 信号为“ON”时端子 4 输入有效。

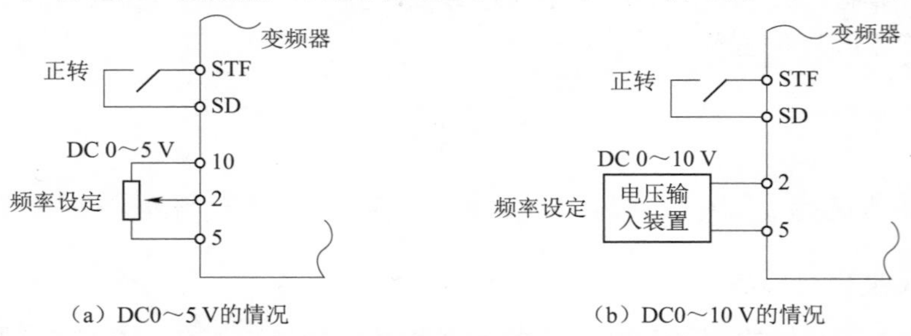

图 3.31 使用端子 2 时的模拟量输入频率设定接线示例

3. *以模拟量输入电流运行*

在应用于风扇、泵等恒温、恒压控制时，将调节器的输出信号 DC 4～20 mA 输入到端子 4-5 之间，可实现自动运行。要使用端子 4，请将 AU 信号设置为“ON”，接线如图 3.32 所示。

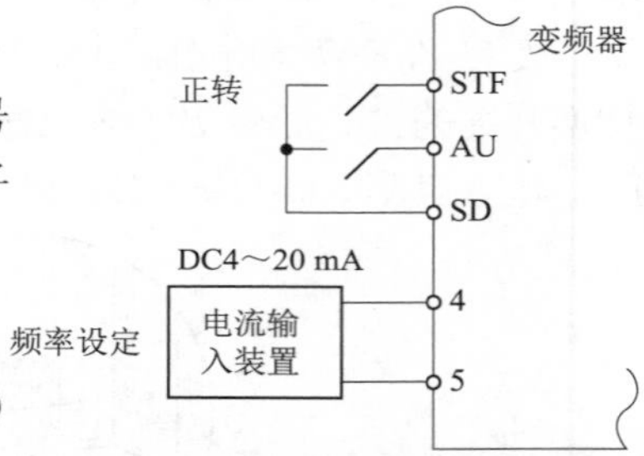

图 3.32 使用端子 4 时的模拟量输入频率设定接线示例

4. *以模拟量输入来切换正转、反转（可逆运行）*

通过将 Pr.73 设定为“10”或“11”，并对 Pr.125（Pr.126）端子 2 频率设定增益频率（端子 4 频率设定增益频率）、C2（Pr.902）端子 2 频率设定偏置频率～C7（Pr.905）端子 4 频率设定增益进行调整，可以通过端子 2（端子 4）实现电动机的可逆运行。

例：按照图 3.33 所示通过端子 2（0～5 V）输入进行可逆运行时，请设置变频器的参数。

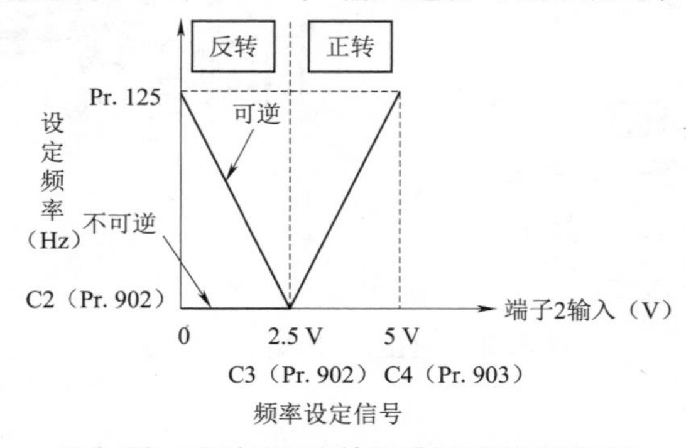

图 3.33 通过端子 2 输入进行可逆运行示例

（1）设定 Pr.73 =“11”，使可逆运行有效。在 Pr.125（Pr.903）中设定最大模拟量输入时的频率。

（2）将 C3（Pr.902）设定为 C4（Pr.903）设定值的 1/2。

（3）DC 0～2.5 V 为反转、DC 2.5 V～5 V 为正转。

二、频率设定电压（电流）的偏置和增益

可以对相对于频率设定信号（DC 0～5 V、0～10 V 或 4～20 mA）的输出频率的大小（趋势）进行任意设定。以端子 4 执行的 DC 0～5 V、0～10 V、0～20 mA 的切换通过 Pr. 267 以及电压/电流输入切换开关的设定来实现。频率设定偏置/增益参数见表 3.18。

表 3.18 频率设定偏置/增益参数

参数编号	名称	初始值	设定范围	内容	
Pr. 125	端子 2 频率设定增益频率	50 Hz	0～400 Hz	端子 2 输入增益（最大）频率	
Pr. 126	端子 4 频率设定增益频率	50 Hz	0～400 Hz	端子 4 输入增益（最大）频率	
Pr. 241	模拟量输入显示单位切换	0	0	%显示	模拟量输入显示单位
			1	V/mA 显示	
C2（Pr. 902）	端子 2 频率设定偏置频率	0 Hz	0～400 Hz	端子 2 输入偏置侧的频率	
C3（Pr. 902）	端子 2 频率设定偏置	0%	0%～300%	端子 2 输入偏置侧电压的%换算值	
C4（Pr. 903）	端子 2 频率设定增益	100%	0%～300%	端子 2 输入增益侧电压的%换算值	
C5（Pr. 904）	端子 4 频率设定偏置频率	0 Hz	0～400 Hz	端子 4 输入偏置侧的频率	
C6（Pr. 904）	端子 4 频率设定偏置	20%	0%～300%	端子 4 输入偏置侧电流的%换算值	
C7（Pr. 905）	端子 4 频率设定增益	100%	0%～300%	端子 4 输入增益侧电流的%换算值	

1. 变更最大模拟量输入时的频率（Pr. 125、Pr. 126）

在只变更最大模拟量输入电压（电流）的频率设定（增益）时，对 Pr. 125（Pr. 126）进行设定就行了，如图 3.34 所示。（无须变更 C2（Pr. 902）～C7（Pr. 905）的设定。）

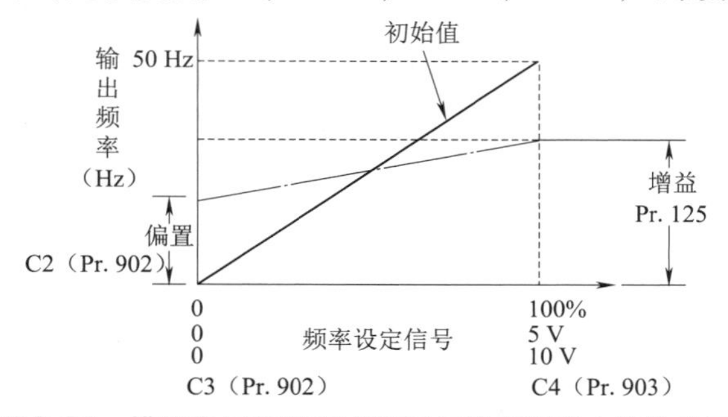

图 3.34 模拟电压频率设定信号与输出频率之间的关系

2. 模拟量输入偏置/增益的校正（C2（Pr. 902）～C7（Pr. 905））

"偏置"/"增益"功能是为了设定输出频率而对从外部输入的 DC 0～5 V/0～10 V 或 DC 4～20 mA 等设定输入信号和输出频率的关系进行调整的功能。端子 2 输入的偏置频率通过C2（Pr. 902）进行设定（初始值为 0 V 时的频率）。与 Pr. 73 模拟量输入选择所设定的频率指令电压对应的输出

频率通过 Pr. 125 设定。端子 4 输入的偏置频率通过 C5(Pr. 905) 进行设定（初始值为 4 mA 时的频率)。通过 Pr. 126 设定相对于 20 mA 频率指令电流（4 ~ 20 mA）的输出频率，模拟电流频率设定信号与输出频率之间的关系如图 3. 35 所示。

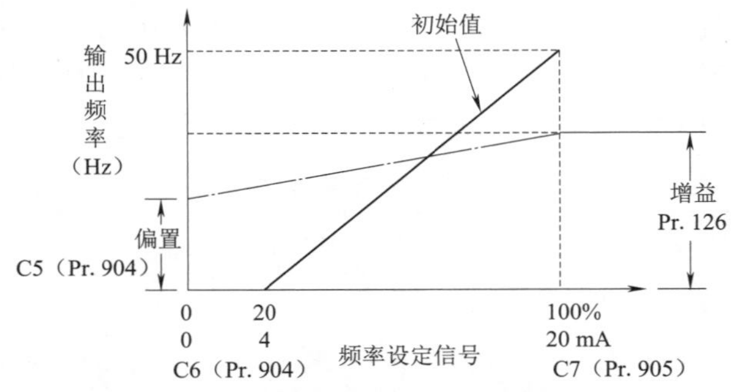

图 3. 35　模拟电流频率设定信号与输出频率之间的关系

频率设定电压（电流）偏置/增益的调整方法有三种。

(1) 在端子 2-5（4-5）间施加电压（电流）以对任意的点进行调整的方法。

(2) 不在端子 2-5（4-5）间施加电压（电流）而对任意的点进行调整的方法。

(3) 不调整电压（电流)，仅调整频率的方法。

3. 模拟量输入显示单位的切换（Pr. 241）

可以切换模拟量输入偏置/增益校正时的模拟量输入显示单位（%/V/mA)。根据 Pr. 73、Pr. 267 以及电压/电流输入切换开关中所设定的端子输入规格，可以按表 3. 19 所示改变 C3(Pr. 902)、C4(Pr. 903)、C6(Pr. 904)、C7(Pr. 905) 的显示单位。

表 3. 19　模拟量输入显示单位切换的参数设置

模拟量指令（端子 2、4）（通过 Pr. 73、Pr. 267、电压/电流输入切换开关切换）	Pr. 241 =0（初始值）	Pr. 241 =1
0 ~ 5 V 输入	0 ~ 5 V → 0 ~ 100%（0. 1%）显示	0 ~ 100% → 0 ~ 5 V (0. 01V) 显示
0 ~ 10 V 输入	0 ~ 10 V → 0 ~ 100%（0. 1%）显示	0 ~ 100% → 0 ~ 10 V (0. 01 V) 显示
0 ~ 20 mA 输入	0 ~ 20 mA → 0 ~ 100%（0. 1%）显示	0 ~ 100% → 0 ~ 20 mA（0. 01 mA）显示

任务实施

三菱 FR-D740 变频器模拟量输入信号 0 ~ 10 V 时对应运行频率 10 ~ 50 Hz 调速，参数设定步骤如下：

(1) 利用实训台，分组完成图 3. 31(b)接线，具体要求为：实训台提供一个 0 ~ 10 V 直流可调的电信号，并联一个直流数字电压表，观察信号调节时变频器频率输出变化情况。

(2) 在变频器面板上设置相关参数，重要参数提醒：设置参数之前，清除所有参数（变频器不能处于 EXT 运行模式)；根据硬件接线和控制要求设置合适的 Pr. 79；将模拟量输入选择 Pr. 73 从默认值 1 变更为 0；将端子 2 频率设定偏置频率 C2（Pr. 902）从默认值 0 Hz 变更为 10 Hz；根据控制要求自行设置其余参数。

（3）经教师检查通过后，开始通电试运行，观察模拟量电压信号 0 ~ 10 V 调节时变频器输出变化情况。

综合评价

完成任务后，对照下表，看看这些能力点是不是都掌握了，在相应的方框中打勾。

序号	能力点	掌握情况
1	根据控制要求完成硬件接线	□是　□否
2	基本参数设定	□是　□否
3	功能参数设定	□是　□否
4	模拟调试、运行结果	□是　□否

思考与练习

1. 三菱 FR-D740 系列变频器模拟量输入信号有几种？分别是什么？
2. 为什么现场仪表通常采用 4 ~ 20 mA 电流信号作为输出？
3. 欲变更模拟量输入信号对应变频器输出频率关系，简述具体操作步骤。

项目实训

实训4 外部端子点动控制

一、实训目的

了解变频器外部控制端子的功能，掌握外部运行模式下变频器的操作方法。

视频

外部端子点动控制

二、实训设备

（1）三菱交流变频调速器 FR-D740。 1台
（2）电工（变频调速系统）实训台。 1台
（3）三相鼠笼式异步电动机。 1台
（4）电工工具。 1套
（5）连接导线。 若干

三、控制要求

（1）正确设置变频器输出的额定频率、额定电压、额定电流、额定功率、额定转速。

（2）通过操作面板控制电动机启动 RUN/停止 STOP、正转/反转，按下按钮“S1”电动机正转启动，松开按钮“S1”电动机停止。

（3）运用操作面板改变电动机启动的点动运行频率和加减速时间。

四、参数功能表及接线图

1. 参数功能表见表3.20。

表3.20 参数功能表

序号	变频器参数	出厂值	设定值	功能说明
1	P1	120	50	上限频率（50 Hz）
2	P2	0	0	下限频率（0 Hz）
3	P9	2.5	0.35	电子过电流保护（0.35 A）
4	P160	9999	0	扩张功能显示选择
5	P79	0	4	操作模式选择
6	P15	5	20.00	点动频率（20 Hz）
7	P16	0.5	0.5	点动加减速时间（0.5 s）
8	P180	0	5	设定 RL 为点动运行选择信号

注：设置参数前先将变频器参数复位为工厂的缺省设定值。

2. 变频器外部接线图（见图 3.36）

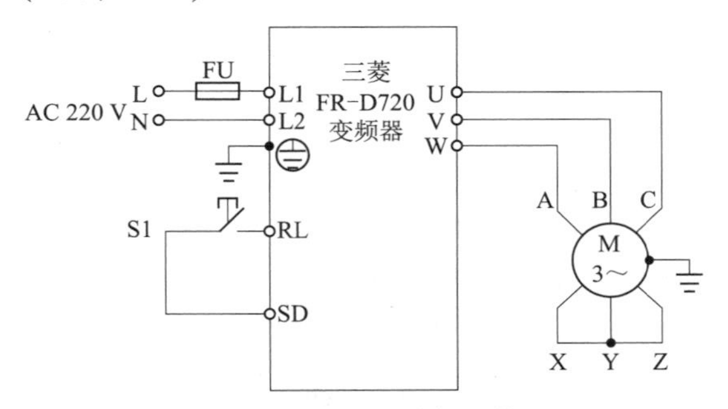

图 3.36 变频器外部接线图

五、操作步骤

（1）检查实训设备中器材是否齐全。
（2）按照变频器外部接线图完成变频器的接线，认真检查，确保正确无误。
（3）打开电源开关，按照参数功能表正确设置变频器参数。
（4）按下操作面板按钮“RUN”，启动变频器。
（5）按下按钮“S1”，观察并记录电动机的运转情况。
（6）改变 P15、P16 的值，重复 4、5，观察电动机运转状态有什么变化。

六、实训总结

（1）总结使用变频器外部端子控制电动机点动运行的操作方法。
（2）记录变频器与电动机控制线路的接线方法及注意事项。

实训 5 *u/f* 控制曲线测试

一、实训目标

（1）能对变频器进行 *u/f* 控制功能的选择。
（2）了解变频器的转矩补偿，能画出 *u/f* 控制特性曲线。
（3）掌握选择 *u/f* 控制曲线时常用的操作方法。

二、实训器材

（1）三菱 FR-D740 变频器。	1 台
（2）电工（变频调速系统）实训台。	1 台
（3）三相鼠笼型异步电动机。	1 台
（4）电工工具。	1 套
（5）万用表。	1 台

（6）连接导线。　　　　　　　　　　　　　　　　　　　　若干

三、实训步骤

（1）变频器基本 u/f 曲线的测试。

变频器基本 u/f 控制特性就是没有进行转矩补偿、u/f = 常数时的运行控制特性。测试时要将变频器恢复出厂时的设定状态，并记录厂家设定的“基本频率”“额定电压”等参数。

实训要求：测试时由变频器的 LED 数码管显示屏显示输出频率，用万用表的交流电压挡测试量输出端线电压，将测量值填入下表中 u/f 特性测量值记录表的“u”栏中，如表 3.21 所示。

表 3.21　u/f 特性测量值记录表

f/Hz	5	10	15	20	25	30	35	40	45	50	55	60	65
u/V													
u'/V													

（2）转矩补偿后的 u/f 曲线测试。

转矩补偿是变频器的一种基本功能。转矩补偿量的大小及转矩补偿后的 u/f 曲线形状，是由功能参数码的功能数设定的，功能数的选择可由老师指定。将参数预置后即可进行测试。

实训要求：测试时仍按测量表选择 f 值，并将测试值填入记录表的“u'”栏中。

（3）绘制 u/f 特性曲线。

在坐标纸上将测试的两组数据分别描点，而后绘制出 u/f 特性曲线。注意绘制 u/f 特性曲时，不要为了通过某个点而绘成折线，而要根据曲线的走向绘制光滑的曲线。

实训要求：绘制出 u/f 特性曲线，说明转矩补偿前后 u/f 特性曲线的变化。

四、实训注意事项

（1）测试过程中当频率比较时，万用表表针摆动很大，要选择合适的挡位，读数时要读表针指向的中间值。

（2）测量时要注意两笔不要短路，以免造成变频输出开关器件的损坏。

五、能力评价

完成任务后，对照下表，对每个学生进行项目考核。

序号	考核项目	掌握情况
1	说明变频器的 u/f 特性曲线在什么条件下进行	□是　　□否
2	说明变频器的 u/f 特性曲线是否正确	□是　　□否
3	绘制的 u/f 特性曲线	□是　　□否
4	能否比较转矩补偿前后两特性曲线的差异	□是　　□否

实训 6 变频器控制电动机正反转

视 频

变频器控制电动机正反转

一、实训目的

了解变频器外部控制端子的功能，掌握外部运行模式下变频器的操作方法。

二、实训设备

（1）三菱交流变频调速器 FR-D740。 1 台

（2）电工（变频调速系统）实训台。 1 台

（3）三相鼠笼型异步电动机。 1 台

（4）电工工具。 1 套

（5）连接导线。 若干

三、控制要求

（1）正确设置变频器输出的额定频率、额定电压、额定电流、额定功率、额定转速。

（2）通过外部端子控制电动机启动/停止、正转/反转，按下按钮“S1”电动机正转，按下按钮“S2”电动机反转。

（3）运用操作面板改变电动机启动的点动运行频率和加减速时间。

四、参数功能表及接线图

1. 参数功能表（见表 3.22）

表 3.22 参数功能表

序号	变频器参数	出厂值	设定值	功能说明
1	P 1	120	50	上限频率（ 50 Hz ）
2	P2	0	0	下限频率（0 Hz）
3	P7	5	10	加速时间（10 s）
4	P8	5	10	减速时间（10 s）
5	P9	2. 5	0. 35	电子过电流保护（0. 35 A）
6	P160	9999	0	扩张功能显示选择
7	P79	0	3	操作模式选择
8	P179	61	61	STR 反向启动信号

注：设置参数前先将变频器参数复位为工厂的缺省设定值。

2. 变频器外部接线图（见图 3.37）

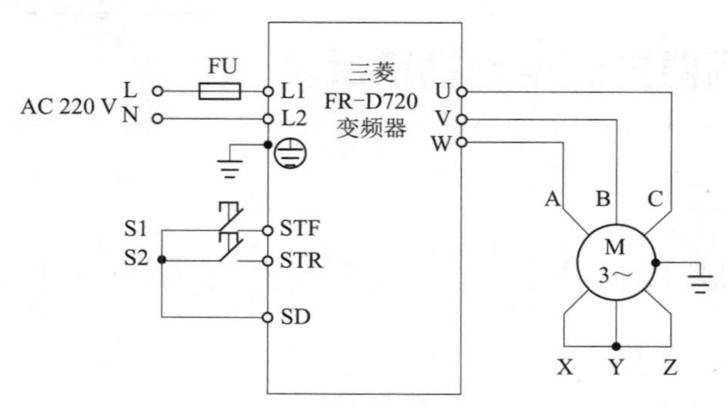

图 3.37　变频器外部接线图

五、操作步骤

（1）检查实训设备中器材是否齐全。
（2）按照变频器外部接线图完成变频器的接线，认真检查，确保正确无误。
（3）打开电源开关，按照参数功能表正确设置变频器参数。
（4）用旋钮设定变频器运行频率。
（5）按下按钮 S1，观察并记录电动机运转情况。
（6）松开按钮 S1，按下按钮 S2，观察并记录电动机的运转情况。
（7）改变 P7、P8 的值，重复 4、5、6 步骤，观察电动机运转状态有什么变化。

六、实训总结

（1）总结使用变频器外部端子控制电动机正反转的操作方法。
（2）总结变频器外部端子的不同功能及使用方法。

实训 7　多段速度选择变频器调速

一、实训目的

了解变频器外部控制端子的功能，掌握外部运行模式下变频器的操作方法。

视　频

多段速度选择变频器调速

二、实训设备

（1）三菱交流变频调速器 FR-D740。　1 台
（2）电工（变频调速系统）实训台。　1 台
（3）三相鼠笼型异步电动机。　1 台
（4）电工工具。　1 套
（5）连接导线。　若干

三、控制要求

（1）正确设置变频器输出的额定频率、额定电压、额定电流、额定功率、额定转速。

（2）通过外部端子控制电动机多段速度运行，开关“K2”“K3”“K4”“K5”按不同的方式组合，可选择15种不同的输出频率。

（3）运用操作面板设定电动机运行频率、加减速时间。

四、参数功能表及接线图

1. 参数功能表（见表3.23）

表3.23 参数功能表

序号	变频器参数	出厂值	设定值	功能说明
1	P1	120	50	上限频率（50 Hz）
2	P2	0	0	下限频率（0 Hz）
3	P7	5	5	加速时间（5 s）
4	P8	5	5	减速时间（5 s）
5	P9	2.5	0.35	电子过电流保护（0.35 A）
6	P160	9999	0	扩张功能显示选择
7	P79	0	3	操作模式选择
8	P179	61	8	多段速运行指令
9	P180	0	0	多段速运行指令
10	P181	1	1	多段速运行指令
11	P182	2	2	多段速运行指令
12	P4	50	5	固定频率1
13	P5	30	10	固定频率2
14	P6	10	15	固定频率3
15	P24	9999	18	固定频率4
16	P25	9999	20	固定频率5
17	P26	9999	23	固定频率6
18	P27	9999	26	固定频率7
19	P232	9999	29	固定频率8
20	P233	9999	32	固定频率9
21	P234	9999	35	固定频率10
22	P235	9999	38	固定频率11
23	P236	9999	41	固定频率12
24	P237	9999	44	固定频率13
25	P238	9999	47	固定频率14
26	P239	9999	50	固定频率15

注：设置参数前先将变频器参数复位为工厂的缺省设定值。

2. 变频器外部接线图（见图3.38）

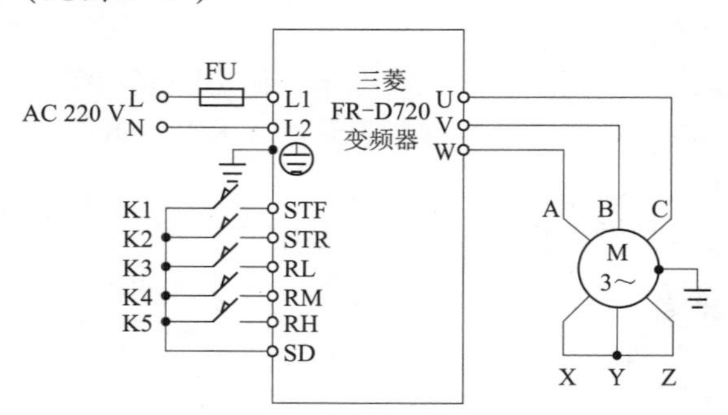

图3.38 变频器外部接线图

五、操作步骤

（1）检查实训设备中器材是否齐全。

（2）按照变频器外部接线图完成变频器的接线，认真检查，确保正确无误。

（3）打开电源开关，按照参数功能表正确设置变频器参数。

（4）打开开关“K1”，启动变频器。

（5）切换开关“K2”“K3”“K4”“K5”的通断，观察并记录变频器的输出频率，如表3.24所示。

表3.24 变频器输出频率

K2	K3	K4	K5	输出频率
OFF	OFF	OFF	OFF	
OFF	ON	OFF	OFF	
OFF	OFF	ON	OFF	
OFF	OFF	OFF	ON	
OFF	ON	ON	OFF	
OFF	ON	OFF	ON	
OFF	OFF	ON	ON	
OFF	ON	ON	ON	
ON	OFF	OFF	OFF	
ON	ON	OFF	OFF	
ON	OFF	ON	OFF	
ON	ON	ON	OFF	
ON	OFF	OFF	ON	
ON	ON	OFF	ON	
ON	OFF	ON	ON	
ON	ON	ON	ON	

六、实训总结

（1）总结使用变频器外部端子控制电动机点动运行的操作方法。
（2）总结变频器外部端子的不同功能及使用方法。

实训8 外部模拟量方式的变频调速控制

一、实训目的

了解变频器外部控制端子的功能，掌握外部运行模式下变频器的操作方法。

外部模拟量方式的变频调速控制

二、实训设备

（1）三菱交流变频调速器 FR-D720。 1台
（2）电工（变频调速系统）实训台。 1台
（3）三相鼠笼型异步电动机。 1台
（4）电工工具。 1套
（5）连接导线。 若干

三、控制要求

（1）正确设置变频器输出的额定频率、额定电压、额定电流、额定功率、额定转速。
（2）通过操作面板控制电动机启动/停止。
（3）通过调节电位器改变输入电压来控制变频器的频率。

四、参数功能表及接线图

1. 参数功能表（见表3.25）

表3.25 参数功能表

序号	变频器参数	出厂值	设定值	功能说明
1	P1	120	50	上限频率（50 Hz）
2	P2	0	0	下限频率（0 Hz）
3	P7	5	5	加速时间（5 s）
4	P8	5	5	减速时间（5 s）
5	P9	2.5	0.35	电子过电流保护（0.35 A）
6	P160	9999	0	扩张功能显示选择
7	P79	0	4	操作模式选择
8	P73	1	1	0～5 V输入

注：设置参数前先将变频器参数复位为工厂的缺省设定值。

2. 变频器外部接线图（见图 3. 39）

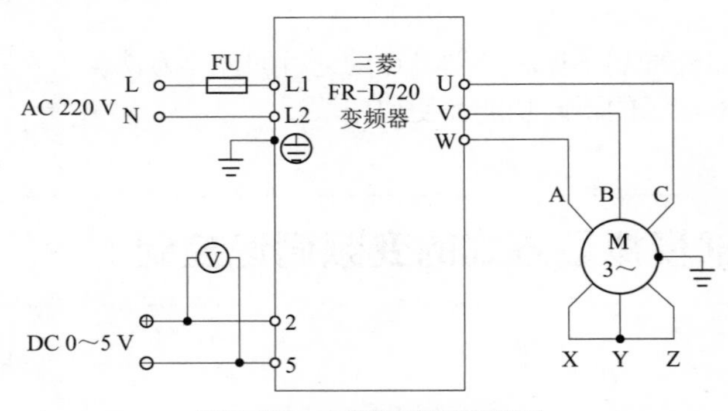

图 3. 39　变频器外部接线图

五、操作步骤

（1）检查实训设备中器材是否齐全。

（2）按照变频器外部接线图完成变频器的接线，认真检查，确保正确无误。

（3）打开电源开关，按照参数功能表正确设置变频器参数。

（4）按下操作面板按钮“RUN”，启动变频器。

（5）调节输入电压，观察并记录电动机的运转情况。

（6）按下操作面板按钮“STOP/RESET”，停止变频器。

六、实训总结

（1）总结使用变频器外部端子控制电动机点动运行的操作方法。

（2）总结通过电压控制电动机运行频率的方法。

（3）如何通过电流控制电动机运行频率的方法

项目 4

基于变频器的自动控制系统设计

项目描述

变频器除单独使用外，多数情况是作为工业自动化控制系统的一个组成部分。上一个项目讨论了变频器的各种运行操作方法，但都是应用按钮开关手动来实现对生产机械的变频调速控制。在转速变换时需要停机操作才能实现。如何来实现变频调速的自动控制呢？只要将变频器和继电器配合使用就能达到。继电器分为三种：第一种是应用线圈通电控制触点吸合的传统继电器；第二种是数字继电器，又称可编程控制器（PLC），它可通过软件来改变控制过程；第三种是 PC 机，应用串行接口与变频器进行通信。继电器与变频器之间的连接如图 4. 1 所示。

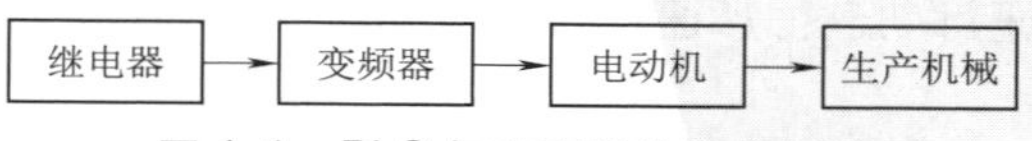

图 4. 1　PLC 与变频器连接方框图

那么继电器与变频器配套使用后可实现哪些方面的自动控制？如何编程？本项目将用传统继电器和 FX2N-32MT-001 可编程控制器（PLC）为例给大家介绍其操作方法。涉及到的变频器的其他常见功能如下。

1. 节能运行

变频器节能运行功能主要用于冲压机械和精密机床，其目的是为了节能和降低振动。在利用该功能时，变频器在电动机的加速过程中将以最大输出功率运行，而在电动机进行恒速运行的过程中，则自动将功率降至设定值。该功能对于实现精密机床的低振动化也很有效。

2. PID 功能

PID 属于一种反馈控制功能，用于控制变频器的调节速度和快速相应性。

PID 是比例（P）、积分（I）、微分（D）调节器的总称。

比例调节器：指同相比例放大器或反相比例放大器，其调节速度快、线性好，但存在静差。

积分调节器：无静差，但反馈滞后。

微分调节器：反应速度快。

反馈信号取自拖动系统的输出端，当输出量偏离所要求给定的值时，反馈信号成比例的变化。在输入端，给定信号与反馈信号相比较，存在一个偏差值。对该偏差值，经过 PID 调节，变频器通过改变输出频率，迅速、准确的消除系统的偏差，恢复到给定值。

3. 自整定功能

也成自调谐或自学习功能，指将实际电动机的参数录入变频器，与变频器内标准电动机参数进行比较，从而自动给出系统正常运行状态的过程。

在矢量控制运行时，必须先要进行电动机参数调谐，以获得被控电动机的准确参数。在执行自动调谐前，必须脱开电动机与机械负载的连接，使电动机处于完全空载状态。如果不进行调谐或者调谐参数不准，就会出现一些意想不到的结果。

4. 停止时直流制动

停止时直流制动功能的作用是为了在不使用机械制动器的条件下仍能使电动机保持停止状态。当变频器通过降低输出频率使电动机减速，并达到预先设定的频率时，变频器将给电动机加上直流电压，使电动机绕组中流过直流电流，从而达到直流制动的目的。

5. 运行前直流制动

对于泵、风机等机械设备来说，由于电动机本身有时能处于在外力的作用下进行自由运行的状态，而且其方向也处于不定状态，具有该功能的变频器在对电动机进行驱动时，将自动对电动机进行直流制动，并在使电动机停止后开始正常的调速控制。

6. 自寻速跟踪功能

对于风机、绕线机等惯性负载来说，当由于某种原因使变频器暂时停止输出，电动机进入自由运行状态时，具有这种自寻速跟踪功能的变频器可以在没有速度传感器的情况下自动寻找电动机的实际转速，并根据电动机转速自动进行加速，直至电动机转速达到所需转速，而无须等到电动机停止后再进行驱动。

7. 瞬时停电后自动再起动功能

该功能的作用是在发生瞬时停电时，使变频器仍然能够根据原定工作条件自动进入运行状态，从而避免进行复位、再启动等繁琐操作，保证整个系统的连续运行。该功能的具体实现是在发生瞬时停电时利用变频器的自寻速跟踪功能，使电动机自动返回预先设定的速度。通常当瞬时停电时间在 2s 以内时，可以使用变频器的这个功能。

8. 电网电源/变频器切换运行功能

因为在用变频器进行调速控制时，变频器内部总是会有一些功率损失，所以在需要以电网电源频率进行较长时间的恒速驱动时，有必要将电动机由变频器驱动改为电网电源直接驱动，从而达到节能的目的。与此相反，当需要对电动机进行调速驱动时，又需要将电动机由电网电源直接驱动改为变频器驱动。而变频器的电网电源/变频器切换运行功能就是为了满足上述目的而设置的。

在需要将电动机由电网电源直接驱动改为变频器驱动时将要用到变频器的自寻速跟踪功能。

9. 现场总线与网络控制功能

新型变频器通常以选件的形式满足各种不同种类的现场总线和网络控制的需要。具有网络控制功能的变频器可以通过上位机很方便地实现频率设定，参数上传、下载、复制，系统状态设置，远程监控与诊断等功能，以满足提高生产线自动化水平和系统可靠性的需要。

项目目标

1. 知识目标

（1）掌握 PLC 和变频器联机方法。

（2）掌握继电器、PLC 与变频器组合的电动机正反转控制方法。

（3）掌握 PLC 控制工频 - 变频切换的原理。

（4）熟悉计算机与变频器连接方法。

2. 能力目标

（1）根据相关控制要求设置有关参数。

（2）学会进行 PLC 与变频器的连接和控制程序的编制。

（3）能熟练掌握变频调速系统的基本控制电路的维修与调试。

（4）掌握计算机与变频器的通信规格、参数设定、数据格式和编程方法。

（5）能熟练地操控变频器的运行。

任务 1 变频器与 PLC 的连接

任务描述

使用 PLC 通过 RS-485 总线控制变频器，使电动机按控制要求运转。

（1）使用 PLC，通过 RS-485 总线，控制变频器实现电动机正转、反转、停止。

（2）使用 PLC，通过 RS-485 总线，在运行中直接修改变频器的运行频率，例如，10 Hz、25Hz、38 Hz、43 Hz、50 Hz。

任务分析

PLC 具有体积小、组装灵活、编程简单、抗干扰能力强及可靠性高等诸多优点，PLC 联机控制变频器目前在工业自动化系统中是一种较为常见的应用，那么，PLC 与变频器有几种方式来联机控制变频器？通常选择哪种控制方法？它们具体是如何连接的？

知识导航

一、PLC 与变频器的连接方式

PLC 与变频器一般有三种连接方法。

1. 利用PLC的模拟量输出模块控制变频器

采用FX1N型、FX2N型PLC为主机，配置一路简易型的FXIN－1DA－BD扩展模拟量输出板或模拟量输入输出混合模块FX0N－3A，或两路输出的FX2N－2DA模块，或四路输出的FX2N－4DA模块等。采用模拟量信号控制变频器的优点有：PLC程序编制简单方便，调速曲线平滑连续，工作稳定。PLC的模拟量输出模块输出0～5V电压信号或4～20mA电流信号，作为变频器的模拟量输入信号，控制变频器的输出频率，如图4.2所示。其缺点是在大规模生产线中，控制电缆较长，尤其是DA模块采用电压信号输出时，线路上有较大的电压降，影响了系统的稳定性和可靠性。另外，从经济角度考虑，例如，控制8台变频器，需要两块FX2N－4DA模块，其造价是采用扩展存储器通信控制方式的5～7倍。

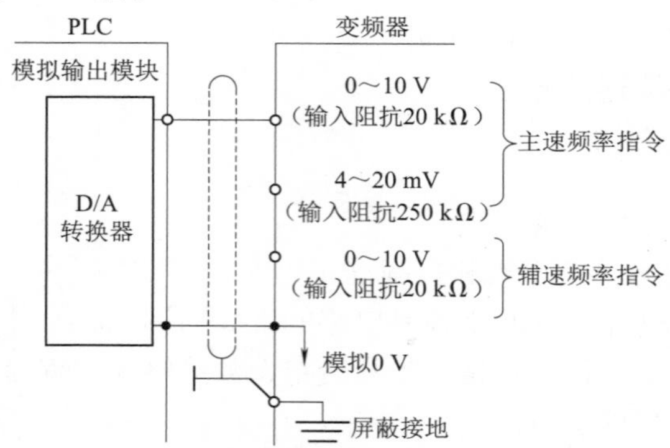

图4.2　PLC模拟量输出与变频器的连接

2. 利用PLC的开关量输出控制变频器

PLC（MR型或MT型）的输出端、COM端直接与变频器的STF（正转启动）、RH（高速）、RM（中速）、RL（低速）、SG等端口分别相连。PLC可以通过程序控制变频器的启动、停止、复位，也可以控制变频器高速、中速、低速端子的不同组合，实现多段速度运行。PLC的开关输出量一般可以与变频器的开关量输入端直接相连，如图4.3、图4.4所示。这种控制方式的接线简单，抗干扰能力强。但是，因为它是采用开关量来实施控制的，其调速曲线不是一条连续平滑的曲线，也无法实现精细的速度调节。这种开关量控制方法的调速精度无法与采用扩展存储器的通信控制方式相比。

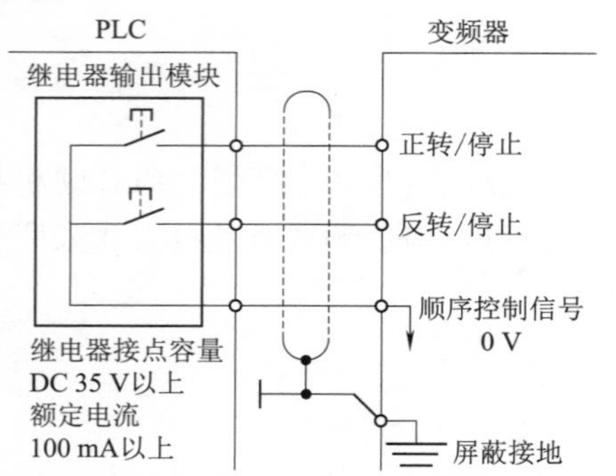

图4.3　PLC的继电器触点与变频器的连接

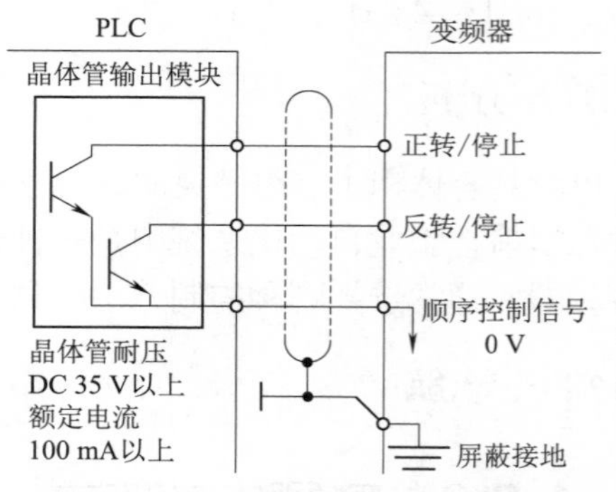

图4.4　PLC的晶体管与变频器的连接

使用继电器触点进行连接时，有时存在因接触不良而误操作现象；使用晶体管进行连接时，则需要考虑晶体管自身的电压、电流容量等因素，保证系统的可靠性。另外，在设计变频器的输入信号电路时还应该注意到，输入信号电路连接不当，有时也会造成变频器的误动作。例如，当输入信号电路采用继电器等感性负载，继电器开闭时，产生的浪涌电流带来的噪声有可能引起变频器的误动作，应尽量避免。

3. PLC与通信接口的连接

（1）采用RS－485无协议通信方法控制变频器。这是最为普遍的一种方法，PLC采用RS串行通信指令编程。采用RS－485无协议通信方法控制变频器的优点为硬件简单，造价最低，可控制32台变频器；缺点是编程工作量较大。

（2）采用RS-485的Modbus-RTU通信方法控制变频器。三菱新型F700系列变频器使用RS-485端子，利用Modbus-RTU协议与PLC进行通信。采用RS-485的Modbus－RTU通信方法控制变频器的优点是Modbus通信方式的PLC编程比RS-485无协议方式要更加简单便捷，缺点是PLC编程的工作量仍然较大。

（3）采用现场总线方式控制变频器。三菱变频器可内置各种类型的通信选件，例如，用于CC-Link现场总线的FR-A5NC选件、用于Profibus-DP现场总线的FR-A5AP（A）选件、用于DeviceNet现场总线的FR-A5ND选件等。三菱FX系列PLC有对应的通信接口模块与之对接。采用现场总线方式控制变频器的优点为速度快、距离远、效率高、工作稳定、编程简单、可连接的变频器数量多；缺点是造价较高，远远高于采用扩展存储器通信控制方式的造价。

综上所述，PLC采用扩展存储器通信方式控制变频器的方法有造价低廉、易学易用、性能可靠的优势，若配置人机界面，变频器的参数设定和监控将变得更加便利。

二、变频器通信参数的设置

为了正确地建立通信，必须为变频器设置与通信有关的参数，例如，“站号”“通信速率”“停止位长/字长”“奇偶校验”等。变频器内的Pr. 117-Pr. 124参数用于设置通信参数。参数设定通过操作面板或变频器设置软件FR－SW1－SETUP－WE在PU口进行。

三、通信方式

PLC与变频器之间通信需要遵循通用的串行接口协议（USS），按照串行总线的主从通信原理来确定访问的方法。总线上可以连接一个主站和最多31个从站，主站根据通信报文中的地址字符来选择要传输数据的从站，在主站没有要求它进行通信时，从站本身不能首先发送数据，各个从站之间也不能直接进行信息的传输。PLC指令的规格见表4.1。

表4.1 PLC指令规格表

功　能	对应指令	内　容
变频器各种运行状态的监视	EXTRK10	可以读取输出转速、运行模式
变频器各种运行状态的控制	EXTRK11	可以变更运行指令、运行模式
变频器参数的读取	EXFRK12	可以读取变频器的参数值
变频器参数的写入	EXTRK13	可以变更变频器的参数值

任务实施

1. 对三菱变频器进行参数设置

PLC 和变频器之间进行通信，通信规格必须在变频器的初始化中设定，如果没有进行初始设定或有一个错误的设定，数据将不能进行传输。参数 Pr. 122 一定要设成 9 999。

2. 复位变频器

确保参数的设定生效。

3. 对三菱 PLC 进行设置，PLC 通信格式 D8120 = H009F

三菱 FX 系列 PLC 在进行计算机连接（专用协议）和无协议通信（RS 指令）时，均需对通信格式（D8120）进行设定，其中，包含波特率、数据长度、奇偶校验、停止位和数据格式等。

4. 电缆制作及 PLC 与变频器连接

（1）RS485 接口采用 RJ45 插座，连接电缆采用 10BASE－T 电缆。

（2）在电缆与 PU 接口连接时，必须要首先卸下操作面板。

（3）不能将 PU 接口连入计算机的局域网卡、传真机调制解调器或电话接口，否则，由于电子规格的不同，可能会损坏变频器。

（4）通信电缆使用五芯电缆，插针 2 和 8 不使用。

PLC 与变频器的 RS-485 通信控制连接如图 4. 5 所示。

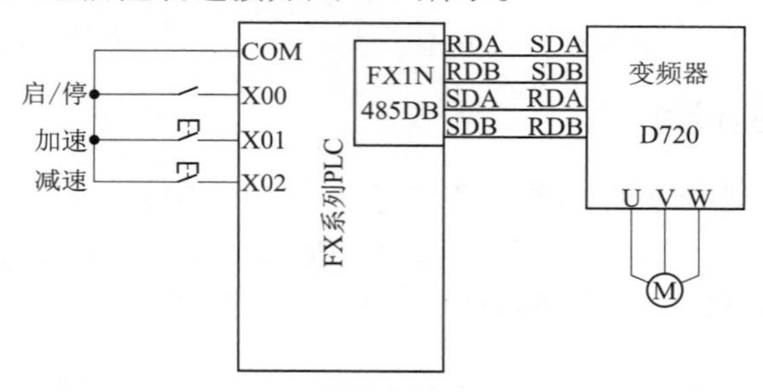

图 4. 5　PLC 与变频器的 RS-485 通信控制连接

5. 编写通信程序，实现通信

PLC 通信格式 D8120 的设置见表 4. 2。

参考程序梯形图如图 4. 6 所示。

表 4. 2　D8120 的设置

B15	B14	B13	B12	B11	B10	B9	B8	B7	B6	B5	B4	B3	B2	B1	B0
0	0	0	0	0	0	0	0	1	0	0	1	1	1	1	1
使用 RS 指令			保留	发送和接受	保留	无起始位、无停止位		波特率为 19 200 bit/s				2 位停止位	偶数		8 位数据

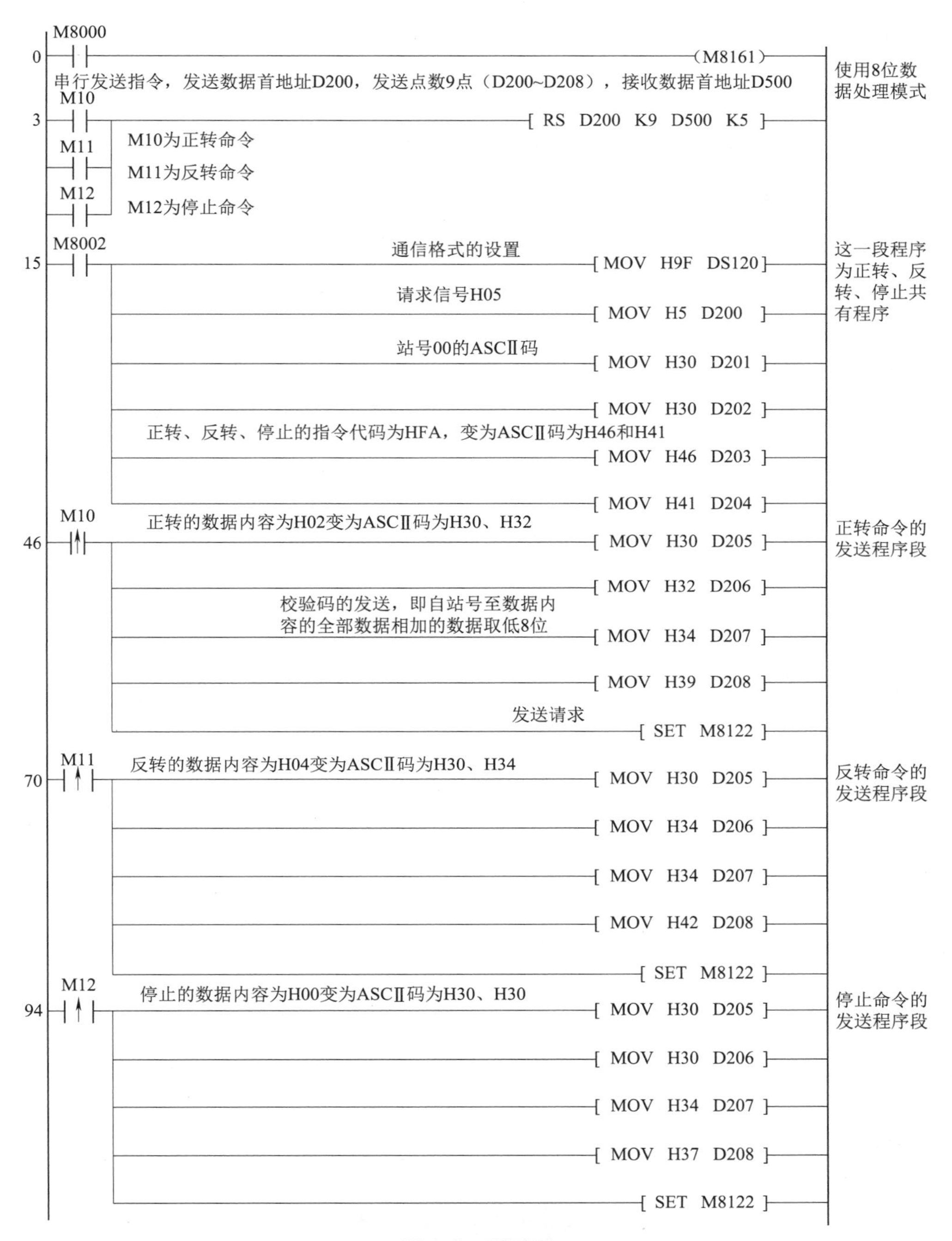
M8000
0
M8161
使用8位数据处理模式
串行发送指令，发送数据首地址D200，发送点数9点（D200~D208），接收数据首地址D500
M10
3
RS D200 K9 D500 K5
M11
M10为正转命令
M11为反转命令
M12
M12为停止命令
M8002
15
通信格式的设置
MOV H9F DS120
这一段程序为正转、反转、停止共有程序
请求信号H05
MOV H5 D200
站号00的ASCⅡ码
MOV H30 D201
MOV H30 D202
正转、反转、停止的指令代码为HFA，变为ASCⅡ码为H46和H41
MOV H46 D203
MOV H41 D204
M10
46
正转的数据内容为H02变为ASCⅡ码为H30、H32
MOV H30 D205
正转命令的发送程序段
MOV H32 D206
校验码的发送，即自站号至数据内容的全部数据相加的数据取低8位
MOV H34 D207
MOV H39 D208
发送请求
SET M8122
M11
70
反转的数据内容为H04变为ASCⅡ码为H30、H34
MOV H30 D205
反转命令的发送程序段
MOV H34 D206
MOV H34 D207
MOV H42 D208
SET M8122
M12
94
停止的数据内容为H00变为ASCⅡ码为H30、H30
MOV H30 D205
停止命令的发送程序段
MOV H30 D206
MOV H34 D207
MOV H37 D208
SET M8122

图4.6　梯形图

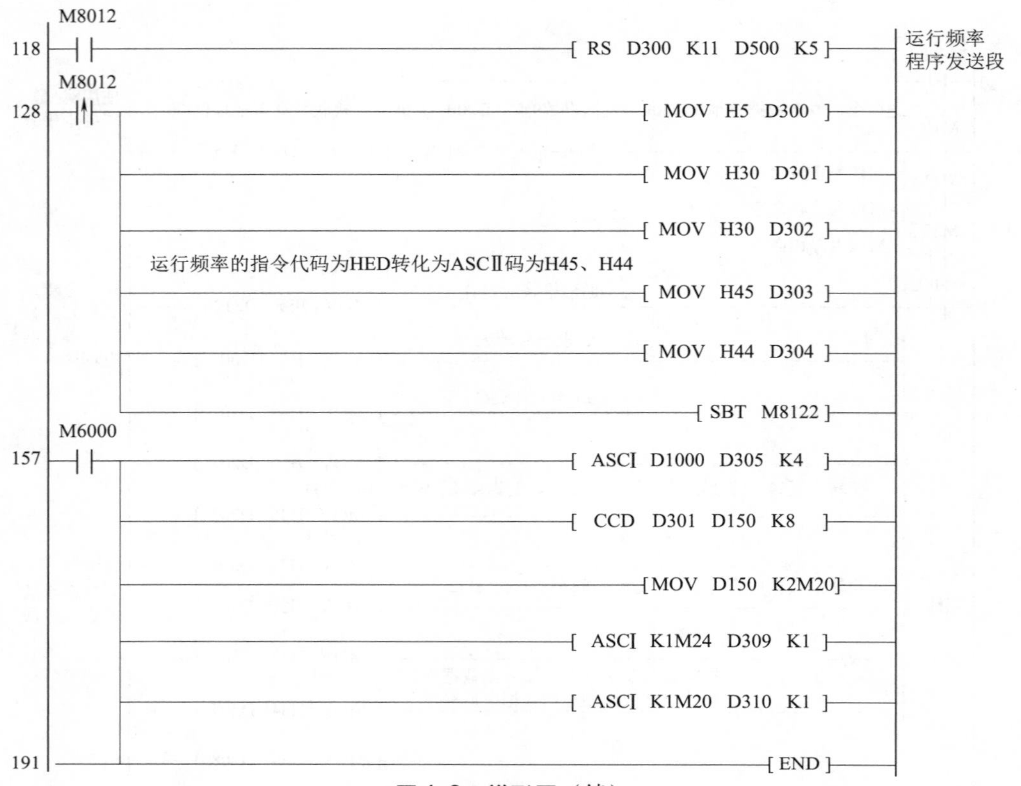

图 4.6 梯形图（续）

综合评价

完成任务后，对照下表，看看这些能力点是不是都掌握了，在相应的方框中打勾。

序号	能力点	掌握情况
1	变频器与 PLC 正确接线	□是　　□否
2	变频器与 PLC 参数设置	□是　　□否
3	编程调试	□是　　□否
4	实时监视变频器的运行状态	□是　　□否
5	查看实时运行参数	□是　　□否

拓展内容

联机注意事项

由于变频器在运行过程中会带来较强的电磁干扰，为了保证 PLC 不因变频器主电路断路器及开关器件等产生的噪声而出现故障，在将变频器和 PLC 等上位机配合使用时还必须注意。

（1）对PLC本体按照规定的标准和接地条件进行接地。此时，应避免和变频器使用共同的接地线，并在接地时尽可能使二者分开。

（2）当电源条件不太好时，应在PLC的电源模块及输入/输出模块的电源线上接入噪声滤波器和降低噪声使用的变压器等。此外，若有必要在变频器一侧也应采取相应的措施。

（3）当变频器和PLC安装在同一控制柜中时，应尽可能使与变频器和PLC有关的电线分开。

（4）PLC和变频器连接时，由于二者涉及用弱电控制强电，因此，应该注意连接时出现的干扰，避免由于干扰造成变频器的误动作，或者由于连接不当导致PLC或变频器损坏，其连线应通过使用屏蔽线和双绞线来抗噪声。

思考与练习

1. 简述PLC与变频器连接的几种方式。
2. 为什么变频器的运行方式要选择外部运行？

任务2 变频器的工频/变频切换控制

任务描述

用FX2N系列PLC控制工频/变频切换，按控制要求实现功能。

（1）能实现工频/变频切换功能；

（2）具有工频通电、断电，变频通电、断电，变频运行、停止功能；

（3）工频、变频是不同运行状态要求互锁；

（4）具有声光报警，延时变频/工频切换功能；

（5）排除故障后具有复位功能；

（6）工频运行时，变频器失去过载保护作用，必须具有过载保护功能。

任务分析

在变频器拖动系统中，有些系统要求不能停止运行，一旦出现变频器故障，就要手动或自动切换到工频运行。即使变频器正常工作，有些系统也要求工频运行与变频运行相互切换。变频器拖动系统中常需要进行变频－工频运行切换的情况。

1. 投入运行后就不允许停机的设备

如果由变频器拖动，则变频器一旦出现跳闸停机，应马上将电动机切换到工频电源。

2. 应用变频器拖动是为了节能的负载

如果变频器达到满载输出时就失去了节能的作用，这时也应将变频器切换到工频运行。

知识导航

一台电动机变频运行，当频率上升到50Hz（工频）并保持长时间运行时，应将电动机切换到工频电网供电，让变频器休息或另作他用；另一种情况是当变频器发生故障时，则需将其自动切换到工频运行，同时进行声光报警。一台电动机运行在工频电网，现工作环境要求它进行无级变速，此时必须将该电动机由工频切换到变频状态运行。那么如何来实现变频与工频之间的切换。

一、手动控制切换电路

1. 手动切换控制线路原理

图 4.7 为工频运行与变频运行手动切换控制线路。其中，图 4.7（a）为主电路，图 4.7（b）为控制电路。图中，KM1 用于将电源接至变频器的输入端；KM2 用于将变频器的输出端接至电动机，KM3 用于将工频电源接至电动机。因为在工频运行时，变频器不可能对电动机进行过载保护，所以接入热继电器 FR 作为工频运行时的过载保护，我们把 FR 的常闭触点接在了变频与工频的公共端，所以在变频运行时热继电器也有过载保护功能。由于变频器的输出端子是绝对不允许与电源相接的，因此，KM2 与 KM3 是绝对禁止同时导通的，相互之间加了可靠的互锁。

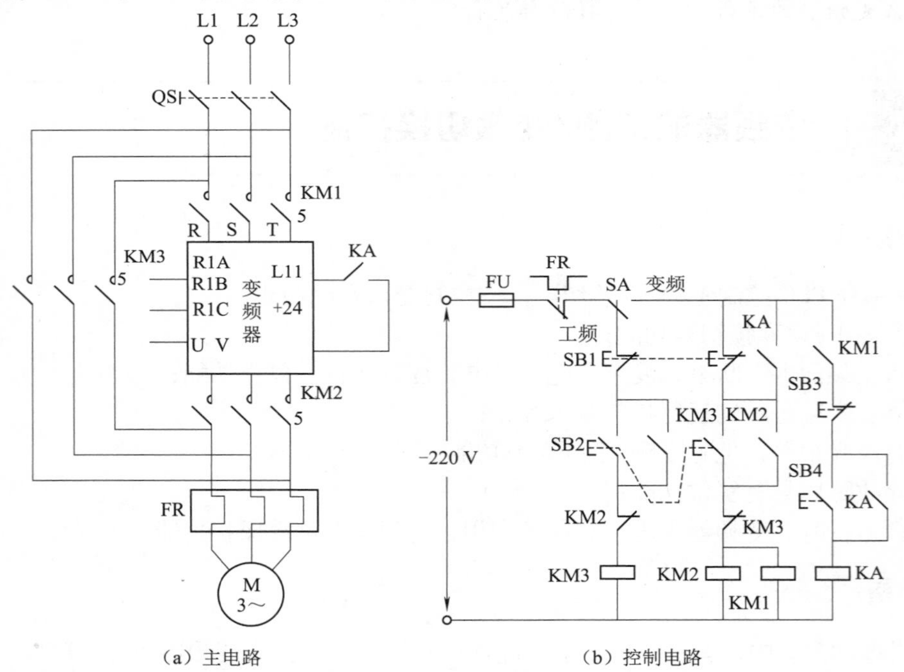

（a）主电路　　（b）控制电路

图 4.7　工频运行与变频运行手动切换控制线路

SA 为变频运行与工频运行的切换开关。SB2 既是工频运行的启动按钮，也是变频运行的电源接入按钮。SB1 既是工频运行的停止按钮，也是变频运行的电源切断按钮，与 SB1 并联的 KA 的常开触点保证了变频器运行期间，不能切断变频器的电源。SB4 为变频运行的启动按钮，SB3 为变频运行的停止按钮。

当 SA 处于工频运行位置时，按下 SB2 按钮，电动机以工频运行，按下 SB1 按钮电动机停转。在工频运行期间，SB3 和 SB4 不起作用。

当 SA 处于变频运行位置时，按下 SB2 按钮，接通变频器的电源，为变频器运行做准备，按下 SB1 按钮切断变频器电源，变频器不能运行。接通变频器的电源后，按下 SB4 按钮，变频器运行，再次按下 SB3 按钮，变频器停止运行。

在变频运行时，不能通过 SB1 停车，只能通过 SB3 以正常模式停车，与 SB1 并联的 KA 常开触点保证了这一要求。

图 4.7 没有使用变频器的故障检测功能，变频器的内部继电器端子 R1A、R1B、R1C 不起作用。即使变频运行时，热继电器也做过载保护使用。若在变频运行时不需要热继电器做过载保护，而使用变频器本身的保护功能，应改变热继电器 FR 常闭触点的连接位置。

2. 手动切换与故障自动切换的控制电路

同时具有手动切换与变频器出现故障后自动切换的控制电路如图 4.8 所示，其主电路仍与图 4.7（a）相同。

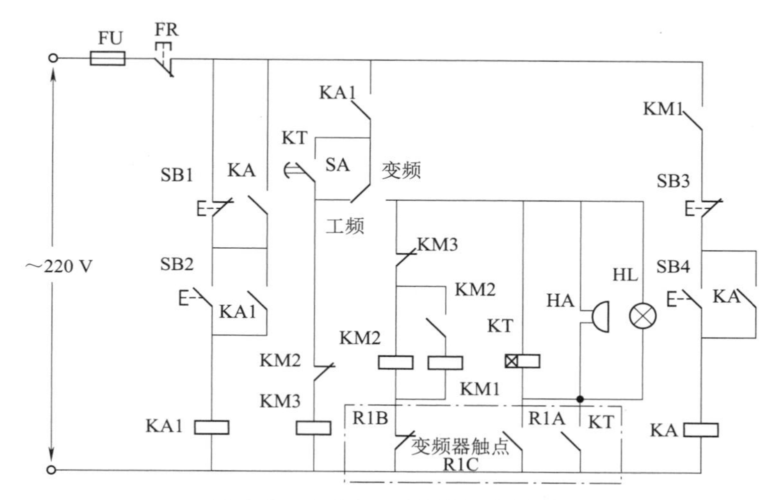

图 4.8 工频与变频转换控制电路

控制电路正常运行、停车、手动切换与图 4.7 相同，但当变频运行变频器出现故障时，变频器内部继电器 R1 的常闭触点 R1（R1B，R1C）断开，交流接触器 KM1、KM2 线圈断电，切断变频器与交流电源和电动机的连接。同时 R1 的常开触点 R1（R1A，R1C）闭合，一方面接通由蜂鸣器 HA 和指示灯 HL 组成的声光报警电路；另一方面使时间继电器 KT 线圈通电，其常开触点延时闭合，自动接通工频运行电路，电动机以工频运行。此时操作人员应及时将 SA 拨到工频运行位置，声光报警结束，及时检修变频器。

在变频运行时，不能通过 SB1 停车，只能通过 SB3 以正常模式停车，与 SB1 并联的 KA 常开触点保证了这一要求。

二、用 PLC 控制工频/变频切换

1. 电路图

应用 PLC 与变频器组合的变频与工频的切换控制电路，如图 4.9 所示。

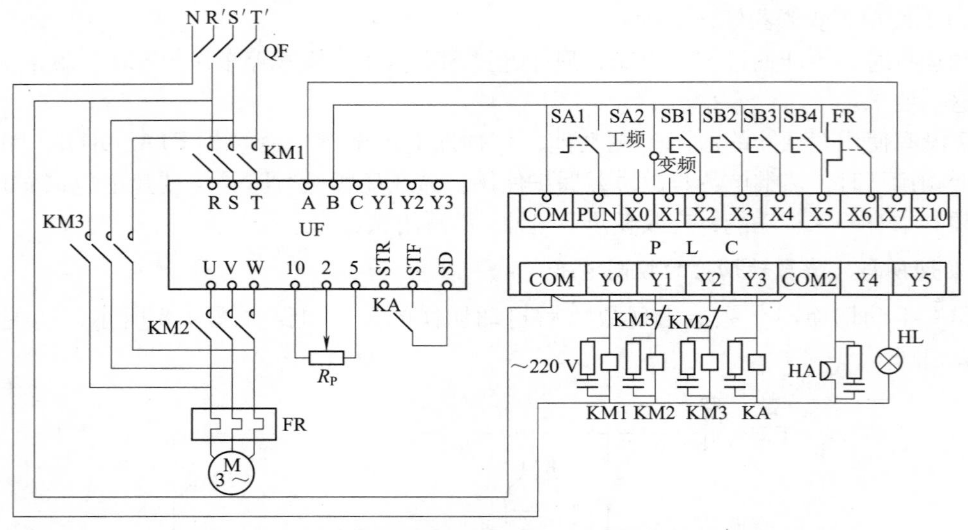

图 4.9　PLC 与变频器组合的变频与工频的切换控制电路

2. 梯形图

输入信号与输出信号之间的逻辑关系如程序梯形图 4.10 所示。现对梯形图说明如下：

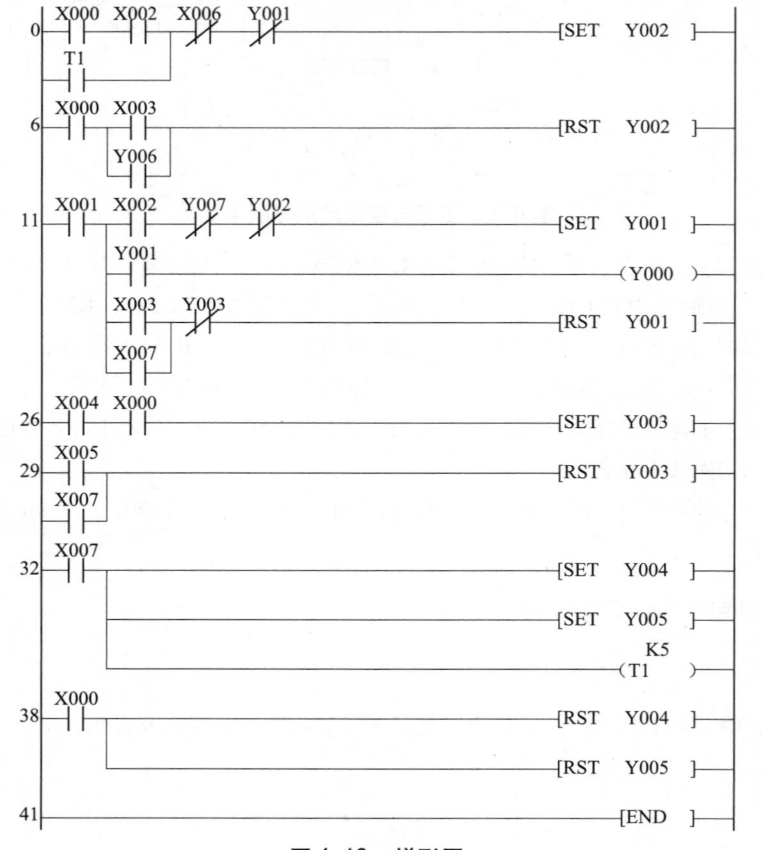

图 4.10　梯形图

1）工频运行段

（1）将选择开关SA2旋至“工频运行位”，使输入继电器X0动作，为工频运行做好准备。

（2）按启动按钮SB1，输入继电器X2动作，使输出继电器Y2动作并保持，从而接触器KM3动作，电动机在工频电压下启动并运行。

（3）按停止按钮SB2，输入继电器X3动作，使输出继电器Y2复位，而接触器KM3失电，电动机停止运行。

注意：如果电动机过载，热继电器触点FR闭合，输入继电器Y2、接触器KM3相继复位，电动机停止运行。

2）变频通电段

（1）首先将选择开关SA2旋至“变频运行”位，使输入X1动作，为变频运行做好准备。

（2）按下SB1，输入X2动作，使输出Y1动作并保持。一方面使接触器KM2动作，电动机接至变频器输出端；另一方面，又使输出Y0动作，从而接触器KM1动作，使变频器接通电源。

（3）按下SB2，输入X3动作，在Y3未动作或已复位的前提下，使输出Y1复位，接触器KM2复位，切断电动机与变频器之间的联系。同时，输出Y0与接触器KM1也相继复位，切断变频器的电源。

3）变频运行段

（1）按下SB3，输入X4动作，在Y0已经动作的前提下，输出Y3动作并保持，继电器KA动作，变频器的STF接通，电动机升速并运行。同时，Y3的常闭触点使停止按钮SB2暂时不起作用，防止在电动机运行状态下直接切断变频器的电源。

（2）按下SB4，输入X5动作，输出Y3复位，继电器KA失电，变频器的STF断开，电动机开始降速并停止。

4）变频器跳闸段

如果变频器因故障而跳闸，则输入X7动作，一方面Y1和Y3复位，从而输出Y0、接触器KM2和KM1、继电器KA也相继复位，变频器停止工作；另一方面，输出Y4和Y5动作并保持，蜂鸣器HA和指示灯HL工作，进行声光报警。同时，在Y1已经复位的情况下，时间继电器T1开始计时，其常开触点延时后闭合，使输出Y2动作并保持，电动机进入工频运行状态。

5）故障处理段

报警后，操作人员应立即将SA旋至“工频运行”位。这时，输入继电器X0动作，一方面使控制系统正式转入工频运行方式；另一方面，使Y4和Y5复位，停止声光报警。

任务实施

1. 设计电路

根据任务的控制要求进行电路设计。控制要求见任务描述，根据PLC控制工频/变频切换电路，画出三菱PLC的I/O口分配表（见表4.3）。

表 4.3 工频/变频切换地址分配表

输入地址		输出地址	
X000	工频运行方式 SA2	Y000	接通电源至变频器 KM1
X001	变频运行方式 SA2	Y001	电动机接至变频器 KM2
X002	工频启动、变频通电 SB1	Y002	电源直接接至电动机 KM3
X003	工频、变频断电 SB2	Y003	变频器运行 KA1
X004	变频运行 SB3	Y004	声音报警 HA
X005	变频停止 SB4	Y005	灯光报警 HL
X006	复位 SB5	Y006	变频器复位 KA2
X007	过热保护		
X010	声光报警		

2. 硬件电路设计

按地址分配表连接电路，输出继电器要连接接触器的线圈，变频与工频主电路控制要有互锁。主回路端子（R、S、T）接三相电源输入端，（U、V、W）接三相异步电动机。元器件的摆放要整齐、合理并应考虑其散热、电磁兼容性。导线布线时要注意 PLC 与变频器的控制线互相干扰。接地线要按照规范要求实施接线。

3. 梯形图的设计

工频启动（通电）→工频停止（断电）→变频启动→变频通电→变频断电→变频运行→变频停止→变频故障报警→变频/工频延时切换→故障复位。

4. PLC 控制工频/变频切换控制程序

根据梯形图编写控制程序。

5. 检查线路

按电路图或电气接线图从电源端开始，逐段核对接线及接线端子处的线号。用万用表检查线路的通断，用 500V 兆欧表检查线路的绝缘电阻，检查主、控电路熔断器。

6. 变频器参数输入

变频器参数可根据电动机的铭牌规定设定。按照控制要求输入保护参数，上限、下限频率等。

7. 带负载运行之前，先空载试运转

发现问题及时切断电源。

完成任务后，对照下表，看看这些能力点是不是都掌握了，在相应的方框中打勾。

序号	能力点	掌握情况
1	继电器与内置变频/工频切换操作	□是　□否
2	PLC 控制工频/变频切换操作	□是　□否
3	模拟调试、运行结果	□是　□否
4	拆线整理	□是　□否

思考与练习

1. 继电器与内置变频/工频切换功能的变频器组合的变频/工频切换控制中，需要设置哪些功能参数？

2. PLC与变频器组合的变频/工频的切换控制与继电器与内置变频/工频切换功能的变频器组合的变频/工频切换控制两种控制方法相比较，各自的优缺点是什么？

3. 简述PLC与变频器组合的变频/工频的切换控制的操作步骤。

任务3 变频器的PID闭环控制

任务描述

某居民小区共有10栋楼，均为7层建筑，总居住560户，为了能够保证用户水龙头出水口压力稳定，利用变频调速技术，与PID控制、PLC控制、单片机控制有机结合，构成变频器控制的恒压供水系统，根据用户用水量调节水泵转速，从而调节供水流量，请为其设计一恒压供水系统。

任务分析

城市自来水管网的水压一般规定保证6层以下楼房的用水，其余上部各层均须“提升”水压才能满足用水要求。传统的恒压供水方式是采用水塔、高位水箱、气压罐等设施实现的，但它们都必须由水泵以高出实际用水高度的压力来“提升”水量，其结果增大了水泵的轴功率和能耗。

恒压供水的控制目的是使用户在任何时候，不管用水量的大小，总能保持管网中水压的基本稳定。这样，既可满足各用户、各部门用水的需求，又可在用水量小的时候，减少水泵的开机台数或降低水泵的转速，不使电动机空转，以保持管网压力的恒定，达到节能的目的。

PID控制，是使控制系统的被控量在各种情况下，都能够迅速而准确地无限接近控制目标的一种手段。具体地说，是随时将传感器测量的实际信号（称为反馈信号）与被控量的目标信号相比较，以判断是否已经到达预定的控制目标。如果尚未达到，则根据两者的差值进行调整，直到达到预定的控制目标为止。

在PID控制下，使用一个4mA对应0℃，20mA对应50℃的传感器调节房间温度保持在25℃，设定值通过变频器2～5端子间的电压（0～5V）给定。

知识导航

PID就是比例微积分控制，是闭环控制中的一种常见形式。在温度、压力、流量控制等参数要求恒定的场合应用十分广泛，是变频器在节能方面常用的一种方法。通过变频器实现PID控制有两种情况：一是变频器内置的PID控制功能，给定信号通过变频器的端子输入，反馈信号也反馈给变频器的控制端，在变频器内部进行 PID 调节以改变输出频率；二是外部的 PID 调节器实现 PID 功能，将给定量与反馈量比较后产生一个输出信号加到变频器控制端子作为控制信号以改变输出频率。总之变频器的 PID 控制是与传感器器件构成的一个闭环控制系统，以实现对被控制量的自动调节。

在生产实际中，拖动系统的运行速度需要平稳，而负载在运行中不可避免受到一些不可预见的干扰，系统的运行速度将失去平衡，出现振荡，和设定值存在偏差。对该偏差值，经过变频器的 PID 调节，可以迅速、准确地消除拖动系统的偏差，恢复到给定值。

一、PID 各环节的作用

图 4.11 所示为基本 PID 控制框图，Pr.133 或端子 2 为目标信号，端子 4 为反馈信号，变频器输出频率 f 的大小由合成信号决定。一方面，反馈信号应无限接近目标信号，即合成信号趋近于 0；另一方面，变频器的输出频率又是由偏差的结果来决定的。

图中 KP 为比例增益，对执行量的瞬间变化有很大影响；Ti 为积分时间常数，该时间越小，达到目标值就越快，但也容易引起振荡，积分作用一般使输出响应滞后；Td 为微分时间常数，该时间越大，反馈的微小变化就越会引起较大的响应，微分作用一般使输出响应超前；s 为时间秒。

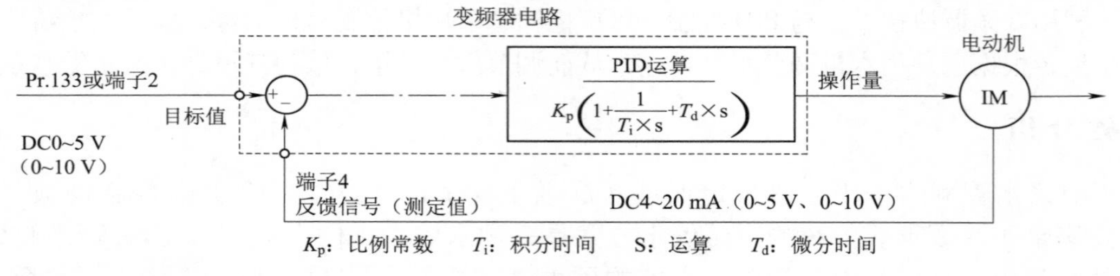

图 4.11　PID 控制框图

二、PID 动作概要

1. PI 动作

由于 PI 动作由比例动作（P）和积分动作（I）组合而成，因此可以得到符合偏差大小及时间变化的操作量，如图 4.12 所示。

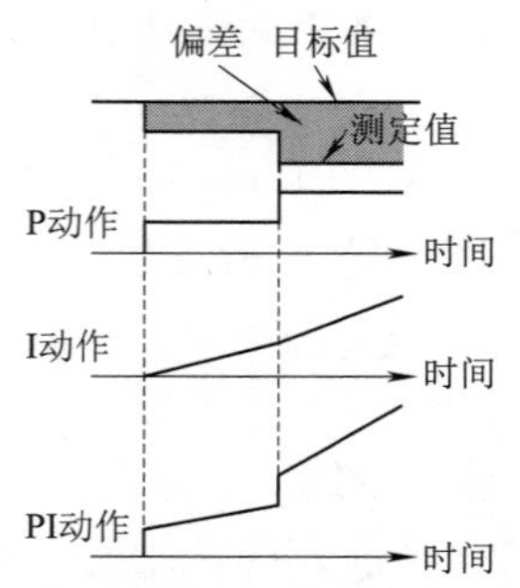

图 4.12　测量值阶跃变化时的动作示例

2. PD 动作

由于 PD 动作是由比例动作和微分动作组合而成，因此会以与偏差的速度相符的操作量进行动作，以改善过独特性，如图 4. 13 所示。

3. PID 动作

由于 PID 动作是由 PI 动作和 PD 动作组合而成，因而可以实现集各项动作之长的控制，其动作示例如图 4. 14 所示。

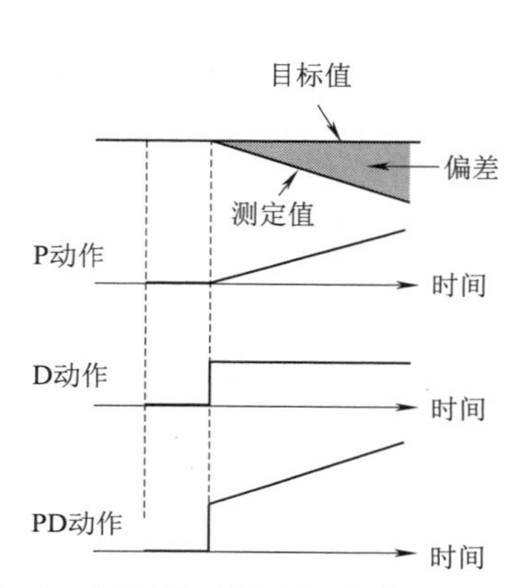

图 4. 13　测量值比例变化时的动作示例

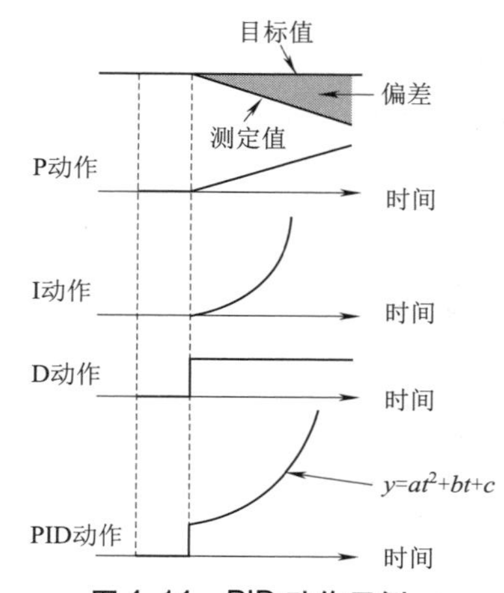

图 4. 14　PID 动作示例

4. 负作用

当偏差 X = （目标值 - 测量值）为正时，增加操作量（输出频率），如果偏差为负，则减小操作量。偏差与操作量之间的关系如图 4. 15 所示。

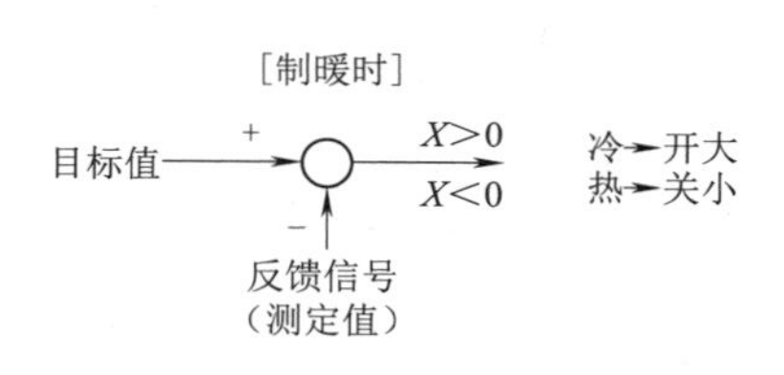

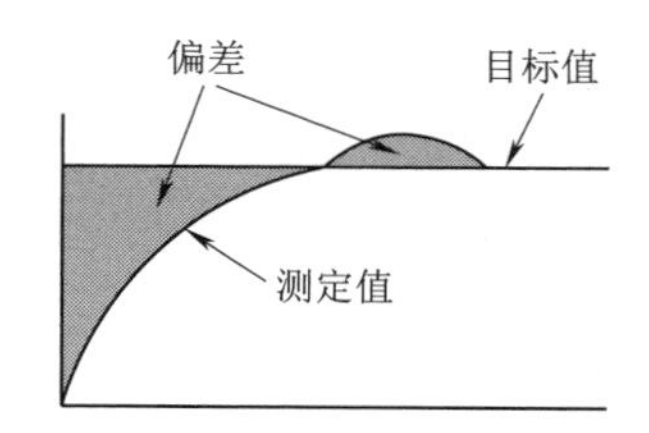

图 4. 15　选择“负作用”时，偏差与操作量之间的关系

5. 正作用

当偏差 X = （目标值 - 测量值）为负时，增加操作量（输出频率），如果偏差为正，则减小操作量。偏差与操作量之间的关系如图 4. 16 所示。

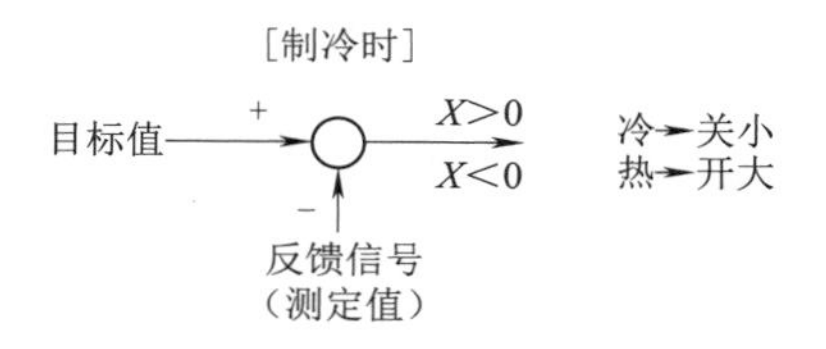

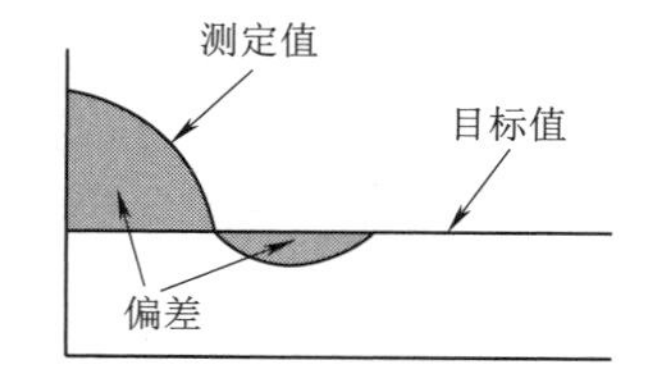

图 4. 16　选择“正作用”时，偏差与操作量之间的关系

三、PID 参数的预置

三菱 FR－D740 变频器内置有 PID，因此在使用时，只要根据控制要求设定响应的参数就可以方便地进行闭环的控制，与 PID 功能相关参数见表 4. 4。

表 4. 4　与 PID 功能相关参数

<table>
<tr><th>参数编号</th><th>名称</th><th>初始值</th><th>设定范围</th><th colspan="3">内　容</th></tr>
<tr><td rowspan="2">127</td><td rowspan="2">PID 控制自动切换频率</td><td rowspan="2">9999</td><td>0～400 Hz</td><td colspan="3">自动切换到 PID 控制的频率</td></tr>
<tr><td>9999</td><td colspan="3">无 PID 控制自动切换功能</td></tr>
<tr><td rowspan="7">128</td><td rowspan="7">PID 动作选择</td><td rowspan="7">0</td><td>0</td><td colspan="3">PID 不动作</td></tr>
<tr><td>20</td><td>PID 负作用</td><td colspan="2" rowspan="2">测定值（端子 4）
目标值（端子 2 或 Pr. 133）</td></tr>
<tr><td>21</td><td>PID 正作用</td></tr>
<tr><td>40</td><td>PID 负作用</td><td rowspan="2">计算方法：
固定</td><td rowspan="4">浮动辊控制用
目标值 Pr. 133
测定值（端子 4）
主速度（运行模式的频率指令）</td></tr>
<tr><td>41</td><td>PID 正作用</td></tr>
<tr><td>42</td><td>PID 负作用</td><td rowspan="2">计算方法：
比例</td></tr>
<tr><td>43</td><td>PID 正作用</td></tr>
<tr><td rowspan="2">129　*1</td><td rowspan="2">PID 比例带</td><td rowspan="2">100%</td><td>0. 1～1000%</td><td colspan="3">比例带狭窄（参数的设定值小）时，测定值的微小变化可以带来大的操作量变化。
随比例带的变小，响应灵敏度（增益）会变得更好，但可能会引起振动等，降低稳定性。
增益 Kp＝1/比例带</td></tr>
<tr><td>9999</td><td colspan="3">无比例控制</td></tr>
<tr><td rowspan="2">130　*1</td><td rowspan="2">PID 积分时间</td><td rowspan="2">1s</td><td>0. 1～3 600 s</td><td colspan="3">在偏差步进输入时，仅在积分（I）动作中得到与比例（P）动作相同的操作量所需要的时间（r_{i}）
随着积分时间变小，到达目标值的速度会加快，但是容易发生振动现象</td></tr>
<tr><td>9999</td><td colspan="3">无积分控制</td></tr>
<tr><td rowspan="2">131</td><td rowspan="2">PID 上限</td><td rowspan="2">9999</td><td>0～100%</td><td colspan="3">上限值
反馈量超过设定值的情况下输出 FUP 信号
测定值（端子 4）的最大输入（20 mA/5 V/10 V）相当于 100%</td></tr>
<tr><td>9999</td><td colspan="3">无功能</td></tr>
<tr><td rowspan="2">132</td><td rowspan="2">PID 下限</td><td rowspan="2">9999</td><td>0～100%</td><td colspan="3">下限值
测定值低于设定值范围的情况下输出 FDN 信号
测定值（端子 4）的最大输入（20 mA/SV/10 V）相当于 100%</td></tr>
<tr><td>9999</td><td colspan="3">无功能</td></tr>
<tr><td rowspan="2">133　*1</td><td rowspan="2">PID 动作目标值</td><td rowspan="2">9999</td><td>0～100%</td><td colspan="3">PID 控制时的目标值</td></tr>
<tr><td>9999</td><td colspan="3">端子 2 输入为目标值</td></tr>
</table>

续表

参数编号	名称	初始值	设定范围	内　容
134　*1	PID 微分时间	9999	0.01～10.00s	在偏差指示灯输入时，仅得到比例动作（P）的操作量所需要的时间（r_d） 随微分时间的增大，对偏差变化的反应也越大
			9999	无微分控制
575	输出中断检测时间	1s	0～3600s	PID 运算后的输出频率未满 Pr. 576 设定值的状态持续到 Pr. 575 设定时间以上时，中断变频器的运行
			9999	无输出中断功能
576	输出中断检测水平	0Hz	0～400Hz	设定实施输出中断处理的频率
577	输出中断解除水平	100%	900～1100%	设定解除 PID 输出中断功能的水平（Pr. 577～1000%）

参数设置的方法如下：

（1）变频器控制端子选择

① PID 控制端子选择设置。

PID 控制端子选择设置是指通过变频器的哪个端子来控制 PID 的接入。

设定 Pr. 182 = 14，选择变频器的 RT 端子为 PID 控制端子，当该端子所接开关闭合时选择 PID 闭环控制，断开时为不选择 PID 的开环控制。

② 反馈量输入端子选择。

反馈量输入端子选择是指当应用 PID 功能时，反馈量从哪个端子输入。

设定 Pr. 128 = 20，反馈量从变频器端子 4 输入，反馈量为 DC 电流，范围为 4～20mA。

（2）PID 的参数设置

PID 的参数设置主要包括比例增益，积分时间常数，微分时间常数的设定。

用 Pr. 129 设定比例增益的值。

用 Pr. 133 设定积分时间常数的值。

用 Pr. 134 设定微分时间常数的值。

（3）目标值的设定

PID 调节的根本依据是反馈量与目标值进行比较的结果。因此，准确地预置目标值是十分重要的。预置目标值有以下两种方法。

① 面板输入法。该方法是通过键盘输入目标值。目标值通常是被测量实际大小与反馈量程的百分数。例如，空气压缩机要求的压力（目标压力）为 6MPa，所用压力表的量程是 0～10MPa，则目标值设定为 60%。

② 外接给定的方法。该方法通过在变频器 2、5、10 端外接电位器预置，调整比较方便。

四、运行接线图

以恒压供水水泵为例，变频器 PID 控制的接线图如图 4.17 所示。4 端和 5 端是反馈信号输入端；利用压力传感器，将压力信号变为电压或电流信号；当水位低于标定水位时，利用水位开关，使变频器停止输出，只有在水位高于标定水位时，水位开关才能继续工作。工作时反馈值与目标值比较，并按预置的 PID 值调整变频器的给定信号，从而达到改变电动机转速的目的。

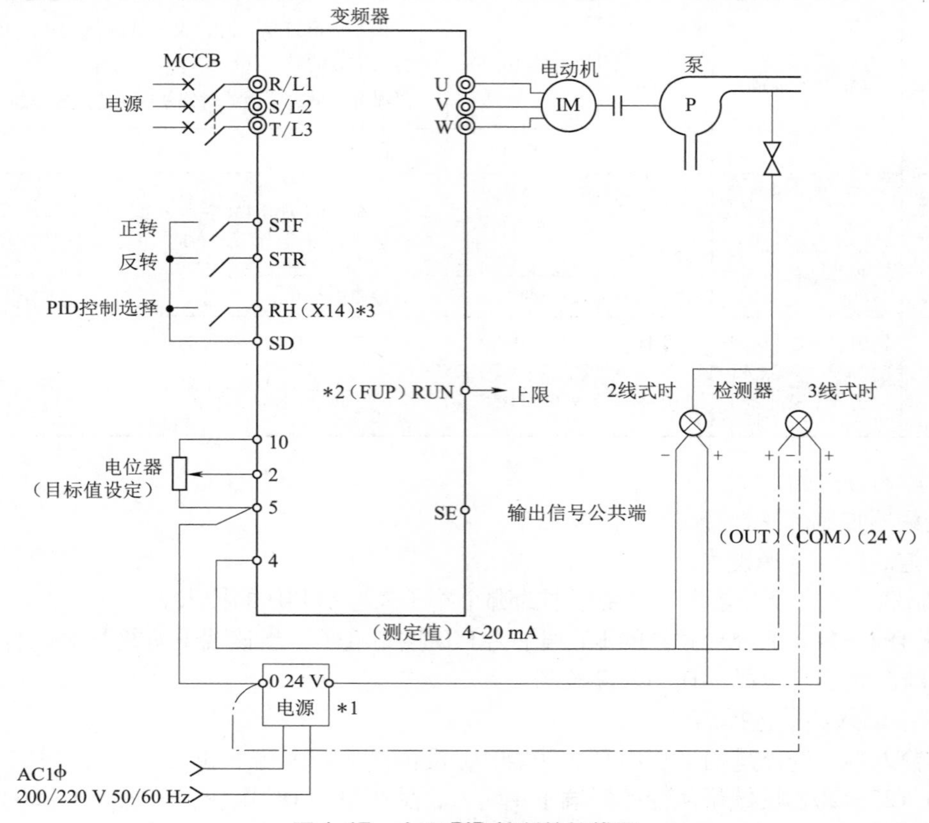

图 4. 17　水泵 PID 控制的接线图

五、操作步骤

操作步骤流程如图 4. 18 所示，控制流程图如图 4. 19 所示。

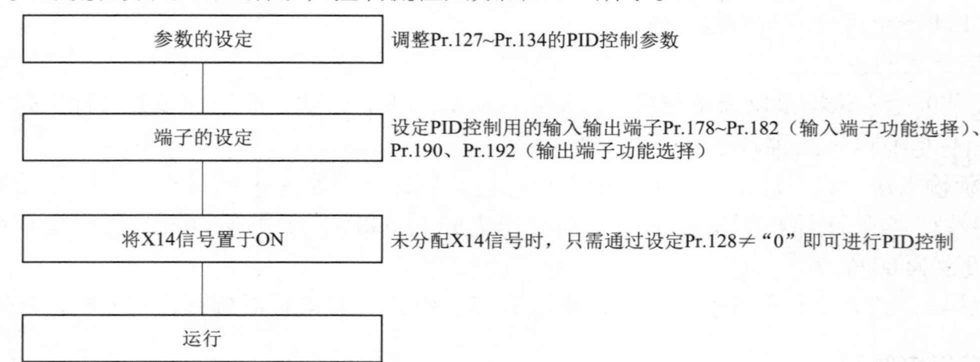

图 4. 18　操作步骤流程

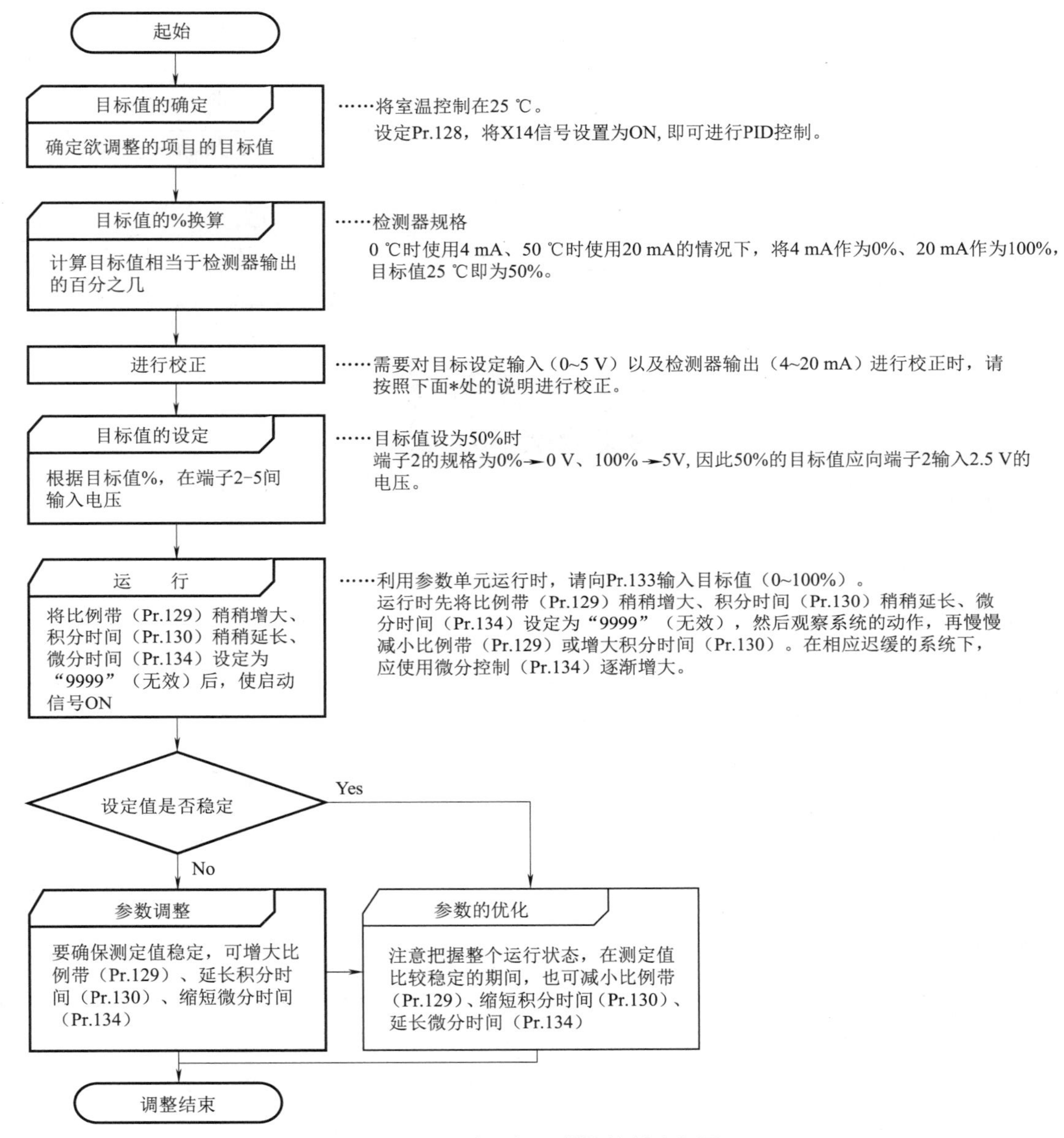

图4.19 房间恒温PID控制流程图

任务实施

1. 接线

按图4.17接线，为了便于测试将图中的电动机和水泵换成空调的主机。

2. 操作步骤

按照流程图4.18和图4.19所示在变频器面板上设置相关参数。

经教师检查通过后，开始通电试运行。

综合评价

完成任务后，对照下表，看看这些能力点是不是都掌握了，在相应的方框中打勾。

序号	能力点	掌握情况
1	基本参数设定	□是　□否
2	功能参数设定	□是　□否
3	PID 运行参数	□是　□否
4	模拟调试、运行结果	□是　□否

思考与练习

1. 简述 PID 闭环控制的原理。
2. 简述 PID 控制反馈信号的接入方法。
3. 画出 PID 控制变频器的接线图。
4. 简述 PID 控制的操作步骤。

任务 4　上位机对变频器的控制

任务描述

利用计算机实现对变频器的控制。

任务分析

三菱变频器有一个称为 PU 的接口，用于连接变频器的操作单元，在操作面板的后面，这个 PU 接口是个 RS-485 的接口，利用这个接口可以用通信电缆和计算机连接起来，通过在计算机上编制用户程序实现对变频器进行运行状态的监控、运行频率的设定、启动、停止等操作。

知识导航

随着现代化工业的不断发展和自动化技术的不断进步，现代化工厂中自动化控制系统普遍用计算机作为上位监控的监控终端，组态软件因其功能的不断完善和应用的简易性，已经广泛应用于工业生产的上位监控中。变频器除单独使用外，多数情况是作为工业自动化控制系统的一个组成部分，尤其是作为被监控的驱动终端存在。因此，在工业自动化系统中，上位机和作执行与检测器件的变频器之间可以相互配合，共同完成控制任务。计算机可以控制变频器的运行方式和给定频率，监控变频器的各个参数。

一、计算机与变频器之间的硬件连接

由于变频器的 PU 接口是一个 RS-485 接口，因此相应的计算机也必须有 RS-485 接口。计算机

作为主机只能是一台，可以连接多台变频器，连接的变频器应分配不同的站号，为了防止干扰影响，配线应尽可能短。计算机与变频器的标准连接采用 5 根线，带有 RS-485 的计算机与一台变频器的具体接线图如图 4. 20 所示。带有 RS-485 的计算机与多台变频器的具体接线图如图 4. 21 所示。

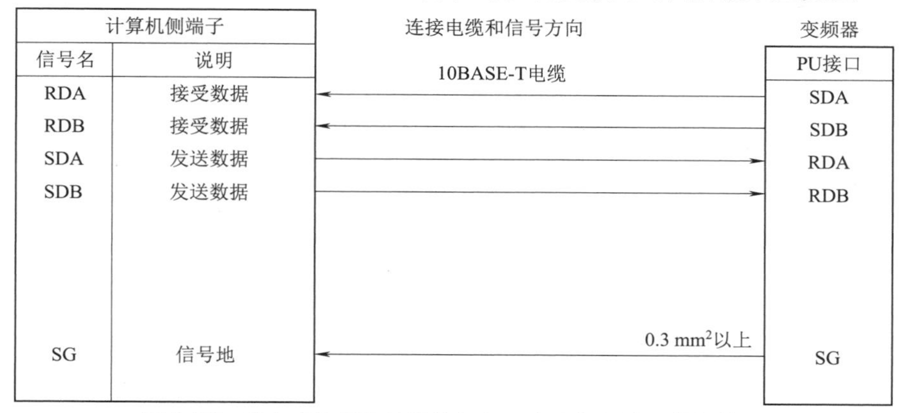

图 4. 20 带有 RS-485 的计算机与一台变频器的具体接线图

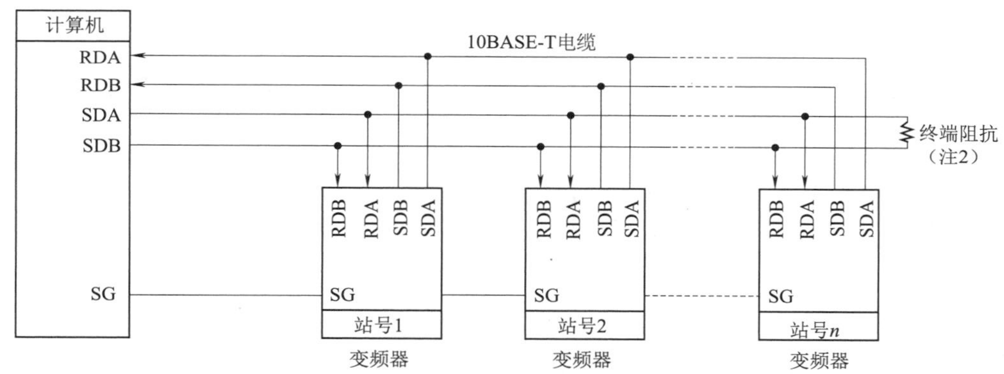

图 4. 21 带有 RS-485 接口的计算机与多台变频器组合的连接示意图

由于目前使用的计算机串行接口多采用 RS-232C，因而需外加 RS-232C 与 RS-485 的电平转换器。带有 RS-232C 接口的计算机与多台变频器组合的连接示意图如图 4. 22 所示。

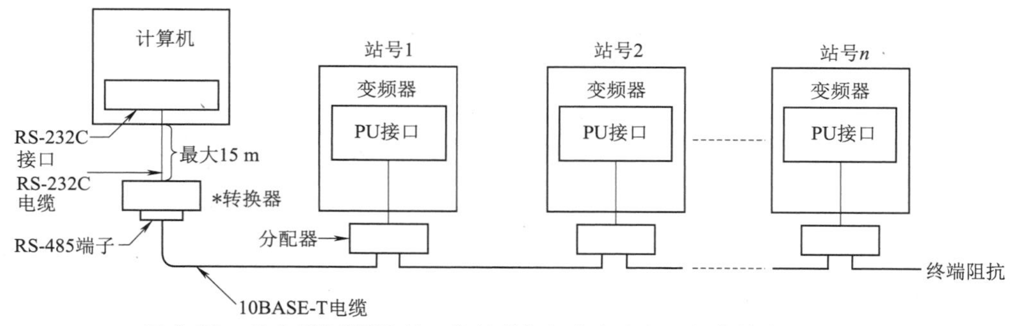

图 4. 22 带有 RS-232C 接口的计算机与多台变频器组合的连接示意图

二、计算机与变频器之间的通信规格

计算机与变频器之间进行通信，要按照一定的规格，见表 4. 5。

表 4.5　变频器与计算机的通信规格

<table>
<tr><th colspan="3">符合的标准</th><th>RS-485</th></tr>
<tr><td colspan="3">可连接的变频器数量</td><td>1：N（最多 32 台变频器）</td></tr>
<tr><td colspan="3">通信速率</td><td>可选择 19 200，9 600 和 4 800 bit/s</td></tr>
<tr><td colspan="3">控制协议</td><td>异步</td></tr>
<tr><td colspan="3">通信方式</td><td>半双工</td></tr>
<tr><td rowspan="6">通信规格</td><td colspan="2">字符方式</td><td>ASCII（7 位/8 位）可选</td></tr>
<tr><td colspan="2">停止位长</td><td>可在 1 位和 2 位之间选择</td></tr>
<tr><td colspan="2">结束</td><td>CR/LF（有/没有 可选）</td></tr>
<tr><td rowspan="2">校验方式</td><td>奇偶校验</td><td>可选择有（奇或偶）或无</td></tr>
<tr><td>总和校验</td><td>有</td></tr>
<tr><td colspan="2">等待时间设定</td><td>在有和无之间选择</td></tr>
</table>

三、变频器的初始化参数设定

计算机和变频器之间进行通信，必须在变频器的初始化中设定通信规格，如果没有设定或有或错误的设定，数据将不能通信，需要设定的参数见表 4.6。特别要注意的是：每次参数设定后，需复位变频器，确保设定的参数有效。

表 4.6　变频器初始化参数设定表

<table>
<tr><th>参数号</th><th>名称</th><th colspan="2">设定值</th><th>说　明</th></tr>
<tr><td>117</td><td>站号</td><td colspan="2">0～31</td><td>确定从 PU 接口通信的站号，当两台以上变频器接到一台计算机上时，就需要设定变频器站号</td></tr>
<tr><td rowspan="3">118</td><td rowspan="3">通信速率</td><td colspan="2">48</td><td>4 800 Bd（波特）</td></tr>
<tr><td colspan="2">96</td><td>9 600 Bd（波特）</td></tr>
<tr><td colspan="2">192</td><td>19 200 Bd（波特）</td></tr>
<tr><td rowspan="4">119</td><td rowspan="4">停止位长/字节长</td><td rowspan="2">8 位</td><td>0</td><td>停止位长 1 位</td></tr>
<tr><td>1</td><td>停止位长 2 位</td></tr>
<tr><td rowspan="2">7 位</td><td>10</td><td>停止位长 1 位</td></tr>
<tr><td>11</td><td>停止位长 2 位</td></tr>
<tr><td rowspan="3">120</td><td rowspan="3">奇偶校验有/无</td><td colspan="2">0</td><td>无</td></tr>
<tr><td colspan="2">1</td><td>奇校验</td></tr>
<tr><td colspan="2">2</td><td>偶校验</td></tr>
<tr><td rowspan="2">121</td><td rowspan="2">通信再试次数</td><td colspan="2">0～10</td><td>设定发生数据接收错误后允许的再试次数，如果错误连续发生次数超过允许值，变频器将报警停止</td></tr>
<tr><td colspan="2">9999
（65535）</td><td>如果通信错误发生，变频器没有报警停止，这时变频器可通过输入 MRS 或 RES 值号，变频器（电动机）滑行到停止。错误发生时，轻微故障信号（LF）送到集电极开路端子输出，用 Pr. 190 至 Pr. 195 中的任何一个分配给相应的端子（输出端子功能选择）</td></tr>
</table>

续表

参数号	名称	设定值	说　　明
122	通信校验时间间隔	0	不通信
		0.1～999.8	设定通信校验时间［s］间隔
		9999	如果无通信状态持续时间超过允许时间，变频器进入报警停止状态
123	等待时间设定	0～150 ms	设定数据传输到变频器和响应时间
		9999	用通信数据设定
124	CR，LF有/无选择	0	无 CR/LF
		1	有 CR
		2	有 CR/LF

四、计算机与变频器的通信过程

计算机与变频器之间的数据传输是自动以ASCII码式进行的。通信时计算机作为发送单元，启动通信过程，而变频器只能作为接收单元。计算机和变频器之间的通信比较复杂，根据实现功能不同，它们之间的通信过程也不相同。通信过程可分为三个阶段：通信请求阶段、变频器响应阶段和计算机对响应数据应答阶段（并不是所有功能都需三阶段）。具体三个阶段的执行过程描述如图4.23所示。

计算机发出数据请求后，变频器经过一定时间的数据处理，检查数据是否发生错误。如果变频器发现有数据错误就拒绝接收请求，并要求计算机执行再试操作，如果连续再试操作超过设定值，变频器就进入报警停止状态。计算机得到变频器的响应后，计算机再对返回的数据进行校验，如果校验到数据错误就要求变频器再返回一次响应数据，如果连续再试操作超过设定值，变频器就进入报警停止状态。当数据确认无误后通信有效。

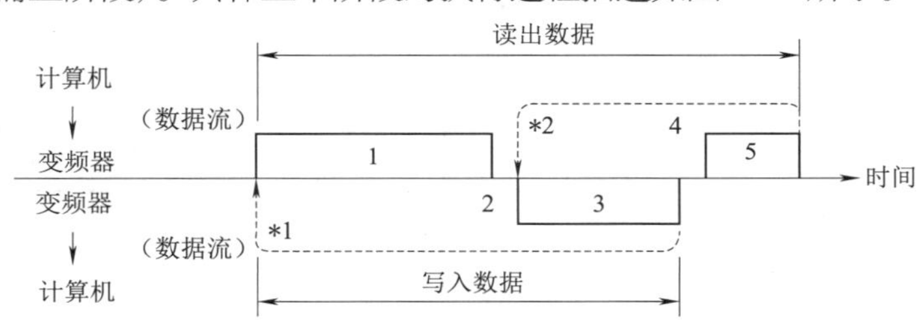

图4.23　计算机与变频器通信的执行过程图

图4.23中，∗1表示如果发现用户程序通信请求发送到变频器的数据有错误时，从用户程序通信执行再试操作。如果连续再试次数超过参数设定值，变频器进入报警停止状态。∗2表示发现从变频器返回的数据错误时，从变频器给计算机返回“再试数据3”。如果连续数据错误次数达到或超过参数设定值，变频器进入报警停止状态。图4.23中2为变频器数据处理时间，除变频器复位外，其他均有数据通信，4为计算机处理延迟时间，无通信操作，图中空白处均表示无通信操作。

五、计算机与变频器的通信数据格式

1. 数据格式类型（见表4.7）

表4.7　数据格式类型

编号	操作	运行指令	运行频率	参数写入	变频器复位	监视	参数读出
1	根据用户程序通信请求发送到变频器	A′	A	A	A	B	B
2	变频器数据处理时间	有	有	有	无	有	有

续表

编号	操作		运行指令	运行频率	参数写入	变频器复位	监视	参数读出
3	从变频器返回的数据（检查数据1的错误）	没有错误 接受请求	C	C	C	无	E E′	E
		有错误 拒绝请求	D	D	D	无	F	F
4	计算机处理延迟时间		无	无	无	无	无	无
5	计算机根据返回数据3的应答（检查数据3的错误）	没有错误 不处理	无	无	无	无	G	G
		随着错误 数据3输出	无	无	无	无	H	H

2. 具体通信数据格式

数据在上位计算机与变频器上位机之间通信的数据使用ASCII码传输。

（1）从计算机到变频器的通信请求数据格式，如图4.24所示。

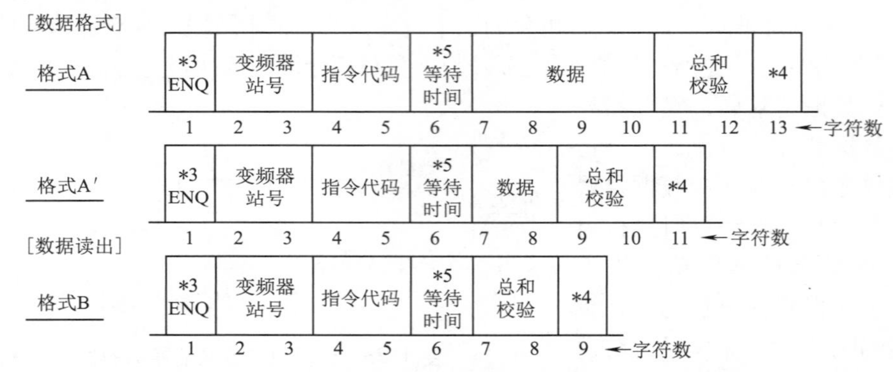

图4.24　从计算机到变频器的通信请求数据格式示意图

（2）数据写入时从变频器到上位计算机的应答数据格式，如图4.25所示。

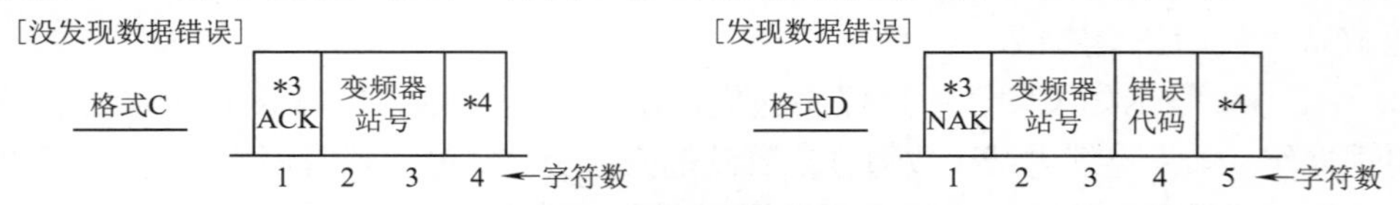

图4.25　数据写入时从变频器到计算机的应答数据格式示意图

（3）读出数据时从变频器到计算机的应答数据格式，如图4.26所示。

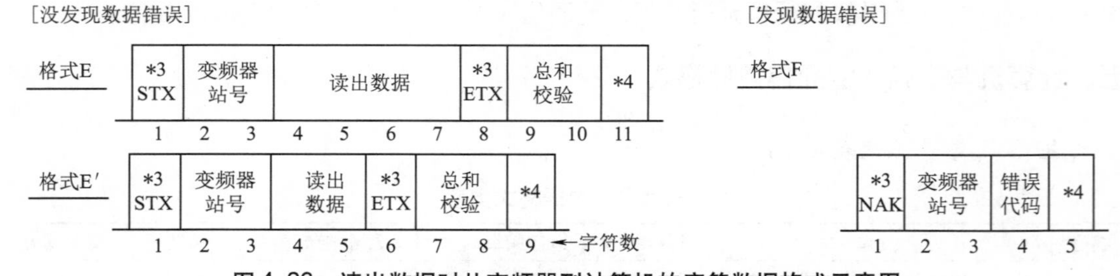

图4.26　读出数据时从变频器到计算机的应答数据格式示意图

（4）读出数据时从计算机到变频器的发送数据格式，如图4.27所示。

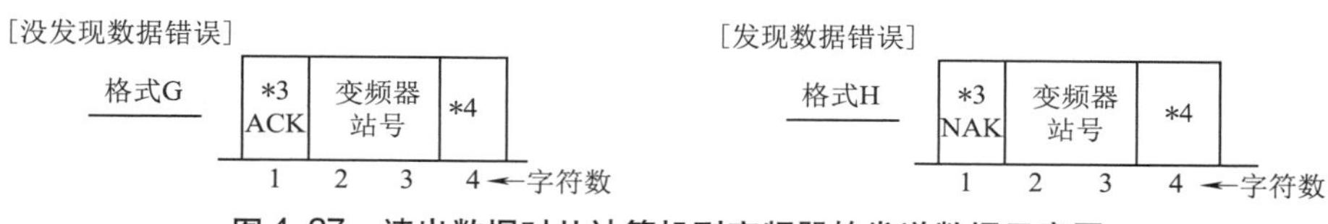

图4.27 读出数据时从计算机到变频器的发送数据示意图

3. 数据格式中的数据定义

（1）数据格式中的“＊3”表示控制代码，各控制代码的定义见表4.8。

表4.8 控制代码

信号	ASCII码	说 明
STX	H02	正文开始（数据开始）
ETX	H03	正文结束（数据结束）
ENQ	H05	查寻（通讯请求）
ACK	H06	承认（没发现数据错误）
LF	H0A	换行
CR	H0D	回车
NAK	H15	不承认（发现数据错误）

（2）变频器站号。规定与计算机通信的站号，变频器站号范围在H00～HIF（00～31）之间设定。

（3）指令代码。指令代码由计算机发给变频器，指明程序工作（如运行、监视）状态。因此，通过响应指令代码，变频器可工作在运行和监视等状态。指令代码的定义见表4.9。

表4.9 指令代码的定义

指令代码	指令定义	对应的ASCII码
HFA	正转	H02
HFA	反转	H04
HFA	停止	H00
HED	频率写入	H0000～H2EF0
H6F	频率输出	H0000～H2EF0
H71	电流输出	H0000～HFFF
H72	电压输出	H0000～HFFF

（4）数据。数据表示与变频器传输的数据，例如，频率和参数等。依照指令代码，确认数据的定义和设定范围。

（5）等待时间。等待时间规定为变频器从接收到计算机来的数据到传输应答数据之间的等待时间。根据计算机的响应时间在0～150ms之间来设定等待时间，最小设定单位为10ms。若设定值为1，则等待时间为10ms；若设定值为2，则等待时间为20ms，如图4.28所示。

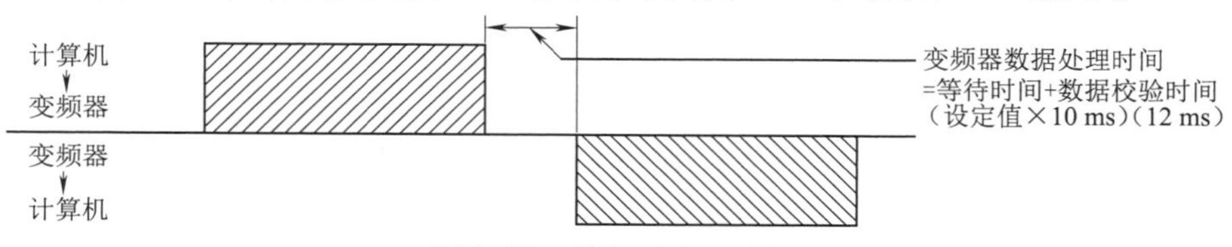

图4.28 等待时间示意图

（6）总和校验。总和校验是指被校验的 ASCII 码数据的总和。它的求法是：将从“站号”到“数据”的 ASCII 码按十六进制加法求总和，再对和的低两位进行 ASCII 编码。总和校验计算示例如图 4. 29 所示。

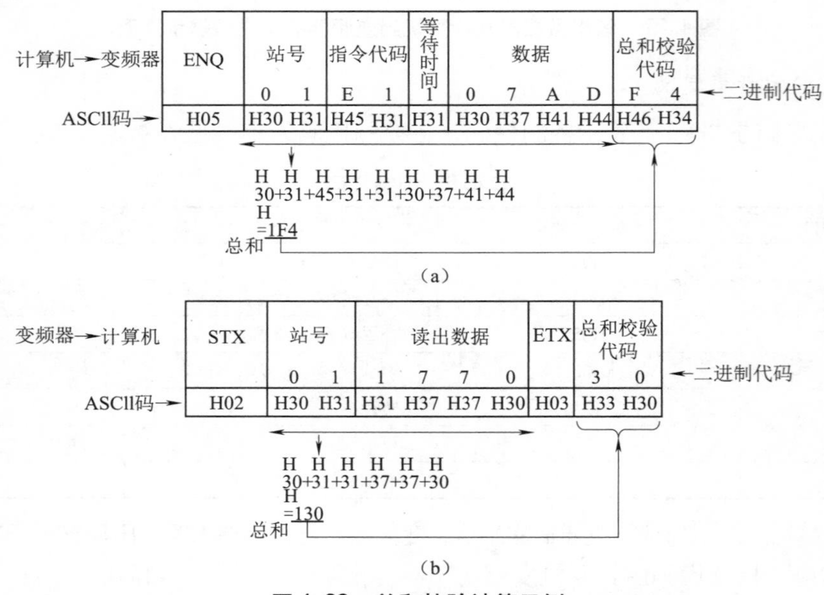

图 4. 29　总和校验计算示例

4. 编程

计算机对变频器控制编程常用 VB、VC 和汇编等语言，程序中主要包括：数据编码，求取效验和，成帧，发送数据，接收数据的奇偶效验，超时处理，出错重发处理等。

任务实施

1. 按照图 4. 20 把计算机与变频器连接好

系统采用 FX2N 系列 PLC 一台、FX2N-485-BD 通信模板、FX2N-CNV-BD 板一块、FX2N-ROM-E1 功能扩展存储盒一块（安装在 PLC 本体内）、带 RS-485 通信接口的三菱变频器八台。安装 FX2N-485-BD 通信模板和 FX2N-ROM-E1 功能扩展存储器时，用 RJ45 电缆分别将其连接在变频器的 PU 端，在网络末端变频器的信号接收端 RDA、RDB 之间连接一只 100Ω 终端电阻，以消除由信号反射的影响而造成的通信障碍。

2. 变频器通信参数的设置。

为了正确地建立通信，必须为变频器设置与通信相关的参数，如“站号”“通信速率”“停止位长/字长”“奇偶校验”等。按照表 4. 6 对三菱变频器通信参数进行设置。参数的设定通过操作面板或变频器设置软件 FR－SW1－SETUP－WE 在 PU 接口进行。

3. 复位变频器确保设定的参数有效。

4. 编写通信程序，实现通信。

计算机通过 RS-485 通信控制变频器运行的参考汇编语言程序为：

```
0  LD M8002
1  MOV H0C96 D8120
```

```
6   LD X001
7   RS D10 D26 D30 D49
16   LD M8000
17   OUT M8161
19   LD X001
20   MOV H5   D10
25   MOV H30 D11
30   MOV H31 D12
35   MOV H46 D13
40   MOV H41 D14
45   MOV H31 D15
50   MPS
51   ANI X003
52   MOV H30 D16
57   MPP
58   ANI X003
59   MOV H34 D17
64   LDP X002
66   CCD D11 D28 K7
73   ASCI D28 D18 K2
80   MOV K10 D26
85   MOV K0 D49
90   SET M8122
92   END
```

以上程序运行时，计算机通过 RS-485 正转启动变频器。

综合评价

完成任务后，对照下表，看看这些能力点是不是都掌握了，在相应的方框中打勾。

序号	能力点	掌握情况
1	计算机与变频器的连接	□是　　□否
2	变频器参数的设置	□是　　□否
3	程序调试	□是　　□否
4	拆线整理	□是　　□否

思考与练习

1. 画出一台计算机对五台变频器控制的电路图。
2. 为了实现变频器与计算机之间的通信，哪些变频器的参数需要初始化设置？
3. 变频器的参数初始化设置后，为什么每次都需复位变频器？
4. 计算机和变频器通信的数据格式有哪些类型？其具体的格式为？

项 目 实 训

实训 9 基于 PLC 数字量方式多段速控制

一、实训目标

（1）了解变频器外部控制端子的功能。
（2）掌握外部运行模式下变频器的操作方法。
（3）熟悉 PLC 的编程。
（4）掌握变频器运行状态监视的操作。

二、实训器材

（1）三菱变频器（FR-D700 系列）。 1 台
（2）电工（变频调速系统）实训台。 1 套
（3）FX 系列 PLC。 1 台
（4）三相鼠笼型异步电动机。 1 台
（5）计算机（带编程软件）。 1 台
（6）连接导线。 若干

三、控制要求

（1）通过 PLC 控制变频器实现多段速运行。打开开关“K1”，变频器每过一段时间自动变换一种输出频率，关闭开关“K1”，电动机停止；开关“K2”“K3”“K4”“K5”按不同的方式组合，可选择 15 种不同的输出频率。
（2）正确设置变频器输出的额定频率、额定电压、额定电流、额定功率以及额定转速。
（3）运用操作面板改变电动机启动的点动运行频率和加减速时间。

四、参数功能表及接线图

1. 参数功能表

序号	变频器参数	出厂值	设定值	功能说明
1	P1	120	50	上限频率（50Hz）
2	P2	0	0	下限频率（0Hz）
3	P7	5	5	加速时间（5s）
4	P8	5	5	减速时间（5s）
5	P9	2.5	0.35	电子过电流保护（0.35A）

续表

序号	变频器参数	出厂值	设定值	功能说明
6	P160	9999	0	扩张功能显示选择
7	P79	0	3	操作模式选择
8	P179	61	8	多段速运行指令
9	P180	0	0	多段速运行指令
10	P181	1	1	多段速运行指令
11	P182	2	2	多段速运行指令
12	P4	50	5	固定频率 1
13	P5	30	10	固定频率 2
14	P6	10	15	固定频率 3
15	P24	9999	18	固定频率 4
16	P25	9999	20	固定频率 5
17	P26	9999	23	固定频率 6
18	P27	9999	26	固定频率 7
19	P232	9999	29	固定频率 8
20	P233	9999	32	固定频率 9
21	P234	9999	35	固定频率 10
22	P235	9999	38	固定频率 11
23	P236	9999	41	固定频率 12
24	P237	9999	44	固定频率 13
25	P238	9999	47	固定频率 14
26	P239	9999	50	固定频率 15

2. 变频器外部接线图

变频器外部接线图如图 4.30 所示。

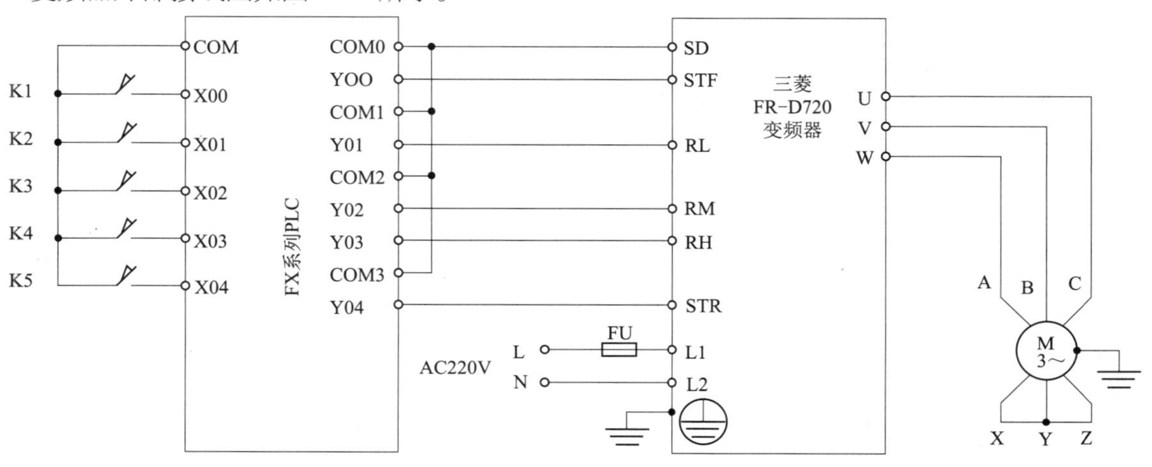

图 4.30 变频器外部接线图

五、操作步骤

（1）检查实训设备中器材是否齐全。

（2）按照变频器外部接线图完成变频器的接线，认真检查，确保正确无误。

（3）打开电源开关，按照参数功能表正确设置变频器参数。

（4）打开示例程序或用户自己编写的控制程序，进行编译，有错误时根据提示信息修改，直至无误，用SC-09通信编程电缆连接计算机串口与PLC通信口，打开PLC主机电源开关，下载程序至PLC中，下载完毕后将PLC的“RUN/STOP”开关拨至“RUN”状态。

（5）打开开关“K1”，观察并记录电动机的运转情况。

（6）关闭开关“K1”，切换开关“K2”“K3”“K4”“K5”的通断，观察并记录电动机的运转情况。

六、能力评价

完成任务后，对照下表，对每个学生进行项目考核。

序号	考核项目	掌握情况
1	变频器与PLC的电路连接是否正确	□是　　□否
2	变频器的功能参数设置	□是　　□否
3	PLC程序的编制是否正确	□是　　□否
4	实时监视变频器的运行状态	□是　　□否

实训10　基于PLC模拟量方式变频恒压供水模拟控制

一、实训目标

（1）了解恒压供水的工作原理及系统的结构。

（2）掌握PLC、变频器的综合应用。

（3）掌握PLC、变频器和外部设备的电路设计及综合布线。

（4）能运用PLC、变频器等新器件解决工程实际问题。

二、实训器材

（1）可编程控制器。　　1台

（2）电工实训台。　　1台

（3）FR-D700系列变频器。　　1台

（4）电工工具。　　1套

（5）连接导线。　　若干

三、控制要求

（1）正确设置变频器输出的额定频率、额定电压、额定电流、额定功率、额定转速。

（2）通过外部端子控制电动机启动/停止、打开“K1”电动机正转启动。

（3）反馈压力信号通过外部调节旋钮（电位器）给定范围0～+5DCV标准信号进行模拟，同时用直流电压表监视输入电压的大小，与系统设定的恒定压力相比较。在系统反馈信号大约在1.25V以下的时候，由电动机M1、M2、M3和变频器给系统供水；当压力反馈信号大于1.25V小于2.5V的时候，由电动机M1、M2和变频器给系统供水；当压力反馈信号大于2.5V小于3.75V的时候，由电动机M1和变频器给系统供水；当压力反馈信号大于3.75V小于5V的时候，由变频器给系统供水。

四、变频器参数设置

序号	变频器参数	出厂值	设定值	功能说明
1	P1	120	50	上限频率（50Hz）
2	P2	0	0	下限频率（0Hz）
3	P7	5	5	加速时间（5s）
4	P8	5	5	减速时间（5s）
5	P9	2.5	0.35	电子过电流保护（0.35A）
6	P160	9999	0	扩张功能显示选择
7	P79	0	2	操作模式选择
8	P182	2	4	端子4输入

五、系统接线

根据控制要求及I/O分配，设计其电路图及接线，如图4.31所示。

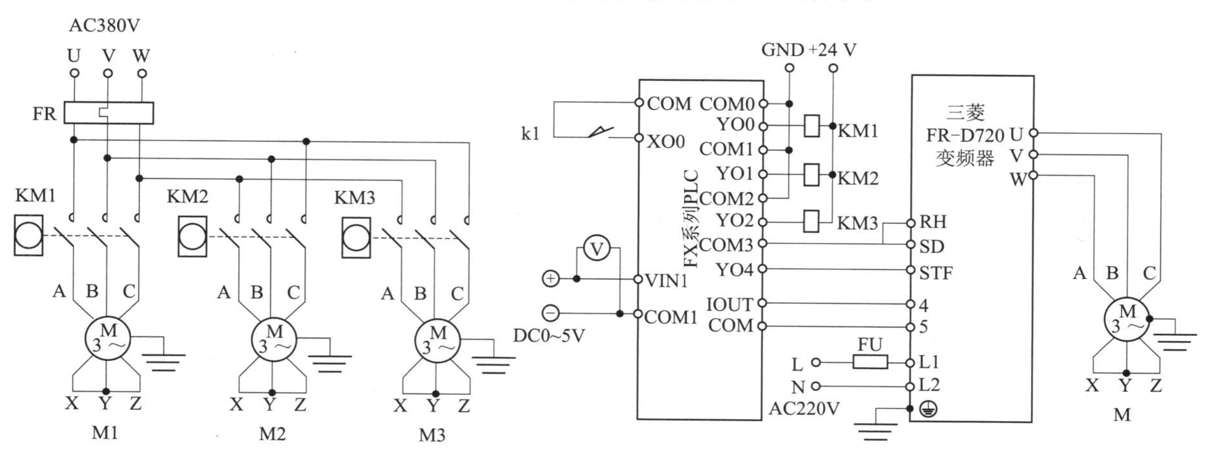

图4.31 电路图及接线

六、操作步骤

（1）检查实训设备中器材是否齐全。

（2）按照变频器外部接线图完成变频器的接线，认真检查，确保正确无误（KM1、KM2、KM3 由发光二极管模拟）。

（3）打开电源开关，按照参数功能表正确设置变频器参数（具体步骤参照实训 1）。

（4）打开示例程序或用户自己编写的控制程序，进行编译，有错误时根据提示信息修改，直至无误，用 SC-09 通信编程电缆连接计算机串口与 PLC 通信口，打开 PLC 主机电源开关，下载程序至 PLC 中，下载完毕后将 PLC 的“RUN/STOP”开关拨至“RUN”状态。

（5）打开开关“K1”，调节 PLC 输入电压观察记录电动机运行情况。

七、能力评价

完成任务后，对照下表，对每个学生进行项目考核。

序号	考核项目	掌握情况
1	变频器面板的操作	□是　　□否
2	PLC 编程	□是　　□否
3	变频器参数设置	□是　　□否
4	实时监视变频器的运行状态	□是　　□否
5	电路接线	□是　　□否
6	系统调试	□是　　□否

实训 11　基于 PLC 模拟量方式变频开环调速控制

一、实训目的

了解变频器外部控制端子的功能，掌握外部运行模式下变频器的操作方法。

二、实训设备

（1）可编程控制器。　　1 台

（2）电工实训台。　　1 台

（3）FR－D700 系列变频器。　　1 台

（4）电工工具。　　1 套

（5）连接导线。　　若干

三、控制要求

（1）正确设置变频器输出的额定频率、额定电压、额定电流、额定功率以及额定转速。

（2）通过外部端子控制电动机启动/停止、打开“K1”电动机正转启动。调节输入电压，电动机转速随电压增加而增大。

四、参数功能表及接线图

1. 参数功能表

序号	变频器参数	出厂值	设定值	功能说明
1	P1	120	50	上限频率（50Hz）
2	P2	0	0	下限频率（0Hz）
3	P7	5	5	加速时间（5s）
4	P8	5	5	减速时间（5s）
5	P9	2.5	0.35	电子过电流保护（0.35A）
6	P160	9999	0	扩张功能显示选择
7	P79	0	2	操作模式选择
8	P182	2	4	端子4输入

注：设置参数前先将变频器参数复位为工厂的缺省设定值。

2. 变频器外部接线图（见图4.32）

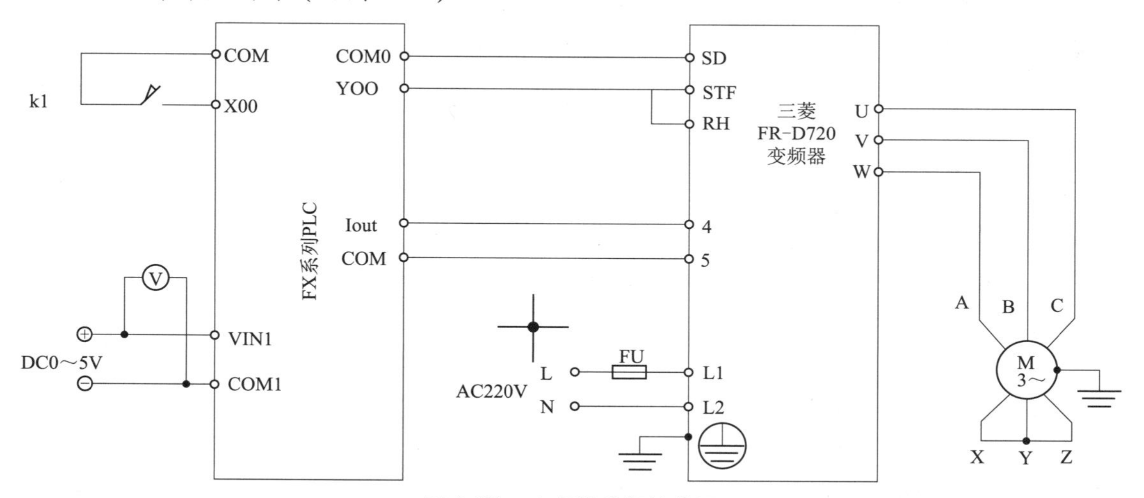

图4.32　变频器外部接线图

五、操作步骤

（1）检查实训设备中器材是否齐全。

（2）按照变频器外部接线图完成变频器的接线，认真检查，确保正确无误。

（3）打开电源开关，按照参数功能表正确设置变频器参数。

（4）打开示例程序或用户自己编写的控制程序，进行编译，有错误时根据提示信息修改，直至无误，用SC-09通信编程电缆连接计算机串口与PLC通信口，打开PLC主机电源开关，下载程序至 PLC 中，下载完毕后将 PLC 的“RUN/STOP”开关拨至“RUN”状态。

（5）打开开关“K1”，调节 PLC 模拟量模块输入电压，观察并记录电动机的运转情况。

六、实训总结

（1）总结 PLC 控制变频器的开环调速的操作方法。

（2）记录变频器与电动机控制线路的接线方法及注意事项。

实训 12 基于 PLC 通信方式的速度闭环定位控制

一、实训目的

（1）掌握速度闭环定位控制系统的接线、调试、操作。

（2）掌握 PLC 与变频器之间通信的实现方法。

二、实训设备

（1）可编程控制器。 1 台

（2）电工实训台。 1 台

（3）FR－D700 系列变频器。 1 台

（4）电工工具。 1 套

（5）连接导线。 若干

三、控制要求

（1）总体控制要求：PLC 根据输入端的控制信号及脉冲信号，经过程序运算后由通信端口控制变频器运行设定的行程。

（2）电动机运行到减速值后开始减速。

（3）电动机运行到设定值后停止运行并锁定。

四、程序流程图（见图 4.33）

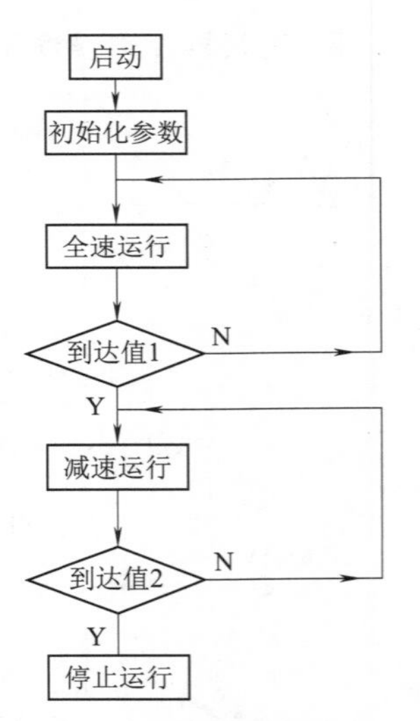

图 4.33 程序流程图

五、端口分配及接线图

1. 端口分配及功能表

序号	PLC 地址（PLC 端子）	电气符号（面板端子）	功能说明
1	X01	脉冲输入	编码器脉冲输入
2	X02	启动开关	程序开始运行
3	转速盒 M、主机 COM 接电源 GND	—	电源负端

2. PLC 外部接线图（见图 3.34）

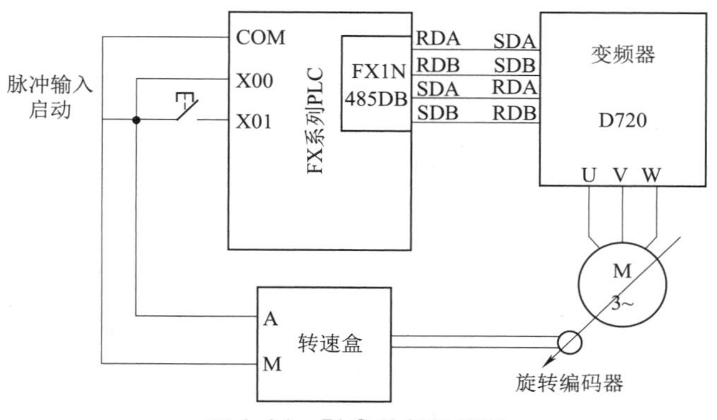

图 4.34　PLC 外部接线图

六、参数功能表

P8	P160	P30	P79	P117	P118	P119	P120	P121	P122	P123	P124	P340
0	0	1	0	1	48	10	0	9999	9999	9999	0	1

七、操作步骤

（1）检查实训设备中器材及调试程序。

（2）按照 I/O 端口分配表或接线图完成 PLC 与实训模块之间的接线，认真检查，确保正确无误。

（3）打开示例程序或用户自己编写的控制程序，进行编译，有错误时根据提示信息修改，直至无误，用 SC-09 通信编程电缆连接计算机串口与 PLC 通信口，打开 PLC 主机电源开关，下载程序至 PLC 中，下载完毕后，将通信编程电缆从 PLC 通信口上取下，再将通信电缆连接在变频器通信口与 PLC 通信口上。最后将 PLC 的“RUN/STOP”开关拨至“RUN”状态。

（4）根据参数表设置变频器参数。

（5）打开启动开关，变频器启动开始运行，带动电动机运转。

（6）电动机在运转过程中带动旋转编码器，经过转速盒的处理后输出脉冲信号到 PLC 的高速计数器输入端。

（7）当计数值达到减速值时，PLC 控制变频器降低输出频率，电动机减速运行。

（8）当计数值达到设定值时，PLC 控制变频器输出短暂直流电压加到电动机上，电动机停止运行，并锁定当前位置，完成定位控制。

八、实训总结

（1）总结 PLC 与变频器通信的操作方法。

（2）记录 PLC 与外部设备的接线过程及注意事项。

项目5

变频器的选用、安装及维护

项目描述

在变频器的使用中，由于变频器选型、使用和维护不当，往往会引起变频器不能正常运行，甚至引发设备故障，导致生产中断，带来不必要的损失。为此，本项目将介绍变频器的选择、安装和维护方法等内容。

项目目标

1. 知识目标

（1）掌握变频器的选择方法。

（2）掌握变频器容量的计算。

（3）了解变频器的安装条件和安装方法。

2. 能力目标

（1）能够进行变频器的选用和安装。

（2）能够进行变频器的日常维护与检修。

任务1 变频器的选用

任务描述

某一恒定转矩连续运行设备，笼型交流异步电动机的主要参数如下：额定功率：22 kW；额定电压：380 V；额定电流：42 A；额定转速：1 470 r/min；额定频率：50 Hz。试选用合适容量的变频器。

任务分析

合理地选择一台适合生产的变频器，是生产工程中非常必要的。选择变频器时如果选型不当会使变频器不能充分发挥其作用，甚至给生产带来一定的安全隐患。变频器的选用一般除了与电动机的结构形式及容量有关，还与电动机所带负载的类型有关。一般来说，生产机械的特性分为恒转矩负载、恒功率负载和风机、泵类负载转矩等二次方律负载三种类型。

从任务的描述中可以看出，电动机所带负载为恒转矩负载，如采用普通功能型变频器，要实现恒转矩调速，常采用加大电动机和变频器容量的办法，以提高低速转矩；如采用具有转矩控制功能的高性能变频器来实现恒转矩调速，则更理想，因为这种变频器低速转矩大，静态机械特性硬度大，不怕负载冲击，具有挖土机特性。这里选择通用型变频器即可满足设备运行。

知识导航

目前，市场上各个厂家的变频器种类繁多，而只有合适的变频器才能使机械设备电控系统既能长期正常、安全可靠地运行，又能实现最佳性价比，变频器的正确选用是使用好变频器的第一步，那么我们又该如何选用变频器?

一、变频器类型的选择

根据控制功能等综合考虑，可以将变频器按实际情况分为：

(1) 普通功能型 u/f 控制变频器。

(2) 具有转矩控制功能的 u/f 控制变频器。

(3) 矢量控制高性能型变频器。

对于恒转矩类负载，如挤压机、搅拦机、传送带、厂内运输电车、起重机构等分为两种类型：

1. 采用普通功能型

为了实现恒转矩调速，常采用加大电动机和变频器容量的办法来提高低速转矩。

2. 采用具有转矩控制功能的高功能型

用此变频器实现恒转矩负载的恒速运行，是较理想的。这种变频器的低速转矩大，静态机械特性硬度大，不怕冲击负载，具有挖土机特性，性价比十分令人满意。

对于要求精度高、机械特性和动态性能好、速度响应快的生产机械，如造纸机、注塑机、轧钢机等负载，通常指具有矢量控制功能的高性能变频器，且能进行四象限运行的变频器，主要用于对动态响应较高的场合。

对于恒功率负载，如车床、刨床、鼓风机等，由于没有恒功率特性的变频器，可依靠 u/f 控制方式来实现恒功率。

对于风机、泵类负载，由于负载转矩与转速的二次方成正比即二次方律负载，此类负载低速时负载转矩较小，通常可选择专用或普通功能型通用变频器。此类变频器有以下特点：

1. 过载能力较低

因为风机和水泵等在运行过程中很少发生过载。

2. 具有闭环控制和 PID 调节功能

水泵在具体运行时常常需要进行闭环控制，如在供水系统中，要求进行恒压供水控制；在中央空调系统中，要求恒温控制、恒温差控制，故此类变频器设置 PID 调节功能。

3. 具有“1”控“X”的切换功能

为了减少设备投资，常常采用由一台变频器控制若干台水泵的控制方式，为此许多变频器专门设置了切换功能。必须指出，有些通用型变频器对三种负载都可适用，除此之外还有以下几种类型。

（1）具有电源再生功能的变频器

当变频器中直流母线上的直流电压过高时，能将再生的直流电逆变成三相电流反馈给电源，主要用于电动机长时间处于再生状态的场合，如起重机的吊钩电动机。

（2）其他专用变频器

如电梯专用变频器，纺织专用变频器，张力控制专用变频器，等等。

二、变频器容量的计算

采用变频器驱动异步电动机调速。在异步电动机确定后，通常应根据异步电动机的额定电流来选择变频器，或者根据异步电动机实际运行中的电流值（最大值）来选择变频器。当运行方式不同时，变频器容量的计算方式和选择方法不同，变频器应满足的条件也不一样。选择变频器容量时，变频器的额定电流是一个关键量，变频器的容量应按运行过程中可能出现的最大工作电流来选择。变频器的运行一般有以下几种方式。

1. 连续恒载运转时所需的变频器容量的计算

由于变频器传给电动机的是脉冲电流，其脉动值比工频供电时电流要大，因此须将变频器的容量留有适当的余量。此时，变频器应同时满足以下三个条件：

$$P_{CN} \geqslant \frac{kP_M}{\eta\cos\varphi} \quad (\text{kV}\cdot\text{A}) \tag{5-1}$$

$$I_{CN} \geqslant kI_M \quad (\text{A}) \tag{5-2}$$

$$P_{CN} \geqslant k\sqrt{3}U_M I_M \times 10^3 \quad (\text{kV}\cdot\text{A}) \tag{5-3}$$

式中：P_M、η、$\cos\varphi$、U_M、I_M 分别为电动机输出功率、效率（取 0.85）、功率因数（取 0.75）、电压（V）、电流（A）。

k——电流波形的修正系数（PWM 方式取 1.05～1.1）；

P_{CN}——变频器的额定容量（kV · A）三维网；

I_{CN}——变频器的额定电流（A）。

式中 I_M 如按电动机实际运行中的最大电流来选择变频器时，变频器的容量可以适当缩小。

2. 加减速时变频器容量的选择

变频器的最大输出转矩是由变频器的最大输出电流决定的。一般情况下，对于短时的加减速而言，变频器允许达到额定输出电流的130% ~150%（视变频器容量），因此，在短时加减速时的输出转矩也可以增大；反之，如只需要较小的加减速转矩时，也可降低选择变频器的容量。由于电流的脉动原因，此时应将变频器的最大输出电流降低10%后再进行选定。

3. 频繁加减速运转时变频器容量的选定

根据加速、恒速、减速等各种运行状态下的电流值，按式（5-4）确定：

$$I_{1CN}=\left[\frac{I_{1t1}+I_{2t2}+\cdots I_{5t5}}{t_1+t_2+\cdots+t_5}\right]\times k_0 \tag{5-4}$$

式中：I_{1CN}——变频器额定输出电流（A）；

I_1、I_2、$\cdots I_5$——各运行状态平均电流（A）；

t_1、t_2、$\cdots t_5$——各运行状态下的时间；

k_0——安全系数（运行频繁时取1.2，其他条件下为1.1）。

4. 一台变频器传动多台电动机并联运行，即成组传动时，变频器容量的计算

用一台变频器使多台电动机并联运转时，对于一小部分电动机开始启动后，再追加投入其他电动机启动的场合，此时变频器的电压、频率已经上升，追加投入的电动机将产生大的启动电流，因此，变频器容量与同时启动时相比需要大些。

以变频器短时过载能力为150%，1min以内为例计算变频器的容量，此时若电动机加速时间在1min内，则应满足以下两式

$$1.5P_{CN}\geqslant\frac{kP_m}{\eta\cos\varphi}\left[n_t+n_s(k_s-1)\right]=P_{CN1}\left[1+\frac{n_s}{n_t}(k_s-1)\right]$$

$$P_{CN}\geqslant\frac{2}{3}\frac{kP_m}{\eta\cos\varphi}\left[n_t+n_s(k_s-1)\right]=\frac{2}{3}P_{CN1}\left[1+\frac{n_s}{n_t}(k-1)\right]$$

即

$$P_{CN}\geqslant\frac{2}{3}P_{CN1}\left[1+\frac{n_s}{n_t}(k_S-1)\right] \tag{5-5}$$

$$I_{CN}\geqslant\frac{2}{3}n_t\left[1+\frac{n_s}{n_t}(k_S-1)\right] \tag{5-6}$$

若电动机加速在1min以上时，

$$P_{CN}\geqslant P_{N1}\left[1+\frac{n_s}{n_t}(k_S-1)\right] \tag{5-7}$$

$$I_{CN}\geqslant n_tI_M\left[1+\frac{n_s}{n_t}(k_S-1)\right] \tag{5-8}$$

式中：n_t——并联电动机的台数；

n_s——同时起动的台数为3；

P_{CN}——连续容量（kV·A），$P_{CN1}=KP_M/\eta\cos\varphi$；

P_M——电动机输出功率；

η——电动机的效率（约取0.85）；

$\cos\varphi$——电动机的功率因数（常取0.75）；

k_s——电动机启动电流/电动机额定电流；

I_M——电动机额定电流；

P_{CN}——变频器容量（kV·A）；

I_{CN}——变频器额定电流（A）。

变频器驱动多台电动机，但其中可能有一台电动机随时挂接到变频器或随时退出运行。此时变频器的额定输出电流可按式（5-9）计算。

$$I_{1CN} \geqslant K\sum_{i=1}^{j} I_{MN} + 0.9I_{MQ} \tag{5-9}$$

式中：I_{1CN}——变频器额定输出电流（A）；

I_{MN}——电动机额定输入电流（A）；

I_{MQ}——最大一台电动机的启动电流（A）；

K——安全系数，一般取1.05～1.10；

j——余下的电动机台数。

5. 电动机直接启动时所需变频器容量的计算

通常，三相异步电动机直接用工频启动时，启动电流为其额定电流的5～7倍，对于功率小于10kW的电动机直接启动时，可按式（5-10）选取变频器。

$$I_{1CN} \geqslant I_K/K_g \tag{5-10}$$

式中：I_K——在额定电压、额定频率下电动机启动时的堵转电流（A）；

K_g——变频器的允许过载倍数$K_g=1.3\sim1.5$。

在运行中，如果电动机电流不规则变化，此时不易获得运行特性曲线，这时可使电动机在输出最大转矩时的电流限制在变频器的额定输出电流内进行选定。

6. 大惯性负载启动时变频器容量的计算

通过变频器过载容量通常多为125%、60s或150%、60s。需要超过此值的过载容量时，必须增大变频器的容量。这种情况下，一般按式（5-11）计算变频器的容量。

$$P_{CN} \geqslant \frac{Kn_M}{9550\eta\cos\varphi}\left[T_L + \frac{GD^2}{375}\cdot\frac{n_M}{t_A}\right] \tag{5-11}$$

式中：GD^2——换算到电动机轴上的转动惯量值（N·m²），其中GD^2表示飞轮转矩，$GD^2=4gJ$单位：N·m²，$J=m\rho^2$，ρ为物体的回转半径，所以，$GD^2=4gm\rho^2$或$GD^2=\frac{-T_L\ (t_2-t_1)}{(n_2-n_1)}$；

T_L——负载转矩（N·m）。

η，$\cos\varphi$，n_M分别为电动机的效率（取0.85），功率因数（取0.75），额定转速（r/min）。

t_A——电动机加速时间（s）由负载要求确定。

K——电流波形的修正系数（PWM方式取1.05～1.10）。

P_{CN}——变频器的额定容量（kV·A）。

7. 轻载电动机时变频器的选择

电动机的实际负载比电动机的额定输出功率小时，多认为可选择与实际负载相称的变频器容量，但是对于通用变频器，即使实际负载小，使用比按电动机额定功率选择的变频器容量小的变频器并不理想，主要有以下原因：

（1）电动机在空载时也流过额定电流的30%～50%的励磁电流。

（2）启动时流过的启动电流与电动机施加的电压、频率相对应，而与负载转矩无关，如果变频器容量小，此电流超过过流容量，则往往不能启动。

（3）电动机容量大，则以变频器容量为基准的电动机漏抗百分比变小，变频器输出电流的脉动增大，因而过流保护容量动作，往往不能运转。

（4）电动机用通用变频器启动时，其启动转矩同用工频电源启动相比多数变小，根据负载的启动转矩特性，有时不能启动。另外，在低速运转区的转矩有比额定转矩减小的倾向，用选定的变频器和电动机不能满足负载所要求的启动转矩和低速区转矩时，变频器和电动机的容量还需要再加大。

以上介绍的是几种不同情况下变频器的容量计算与选择方法，具体选择容量时，既要充分利用变频器的过载能力，又要不至于在负载运行时使装置超温。有些制造厂还备有确定装置定额软件，只要用户提出明确的负载图就可以确定装置的输出定额。

三、变频器的外围设备及其选择

选定好变频器后，下一步就应该根据需要选择与变频器相配合的各种外围设备了。

1. 选择目的

（1）保证变频器驱动系统能够正常工作；

（2）提供对变频器和电动机的保护；

（3）减少对其他设备的影响。

2. 设备的配件选择

外围设备通常是选购配件，分为常规配件和专用配件。图 5.1 中 1、2、3、4、9 和 10 为常规配件，5、6、7、8 和 L 是专用配件，下面将部分配件进行介绍。

1）常规配件

是指一般设备通用的元件。若发生损坏需要更换，则随时可以买到或更换，无特殊要求。

（1）电源变压器——1。

其作用是将供电电网的高压电源转换为变频器所需要的电压等级（200 V 或 400 V），我们所用的是降压变压器：由变电所 10 kV——降至所需电网工频电压。

确定变压器容量的方法有经验值和计算值之分。从经验值来看，一般变压器容量为变频器容量的 1.5 倍左右。具体计算公式：

$$变压器容量=\frac{变频器的输出功率}{变频器输入功率因数\times变频器效率}$$

变频器输入功率因数在有交流电抗器时，取 0.8～0.85；没有交流电抗器时，取 0.6～0.85；变频器效率一般取 0.9～0.95。

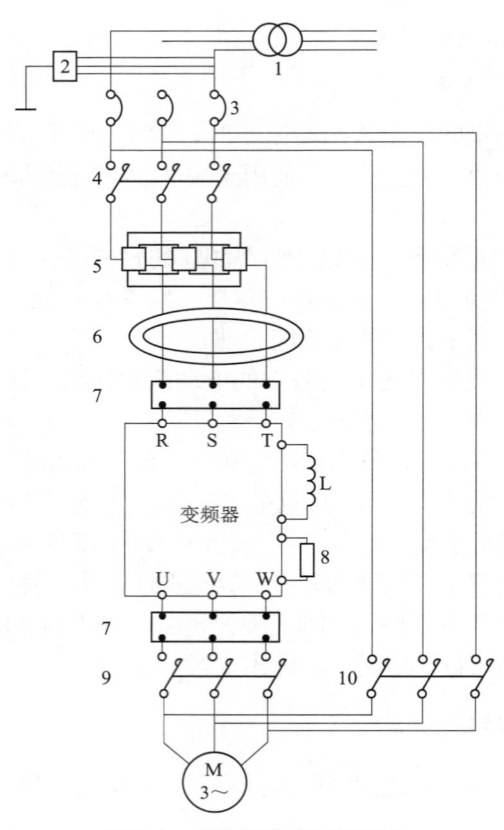

图 5.1　变频器及其外围设备

（2）避雷器——2。

其作用是吸收由电源侵入的感应雷击浪涌电压泄入大地，保护与电源相连接的全部机器（30 kW以上）。

（3）电源侧断路器——3。

其作用是用于变频器、电动机与电源回路的通断，并且在出现过流或短路事故时能自动切断变频器与电源的联系，以防止事故扩大。一般其额定电流可按变频器的额定电流来选用。若直接接电动机，要按电动机的启动电流进行选择。

（4）电源侧交流接触器——4。

其作用是自动切断变频器与电源的连线，以便保护设备及人身安全。在使用上应注意以下专项：不用其频繁启动或停止、不用其停止变频器。

（5）电动机侧交流接触器——9。

其作用是自动切断变频器与电动机的连线，以便保护设备及人身安全。

使用时需注意：在变频器运转中请勿将输出侧的电磁接触器从 OFF→ON，即在闭合接触器时，先要将变频器输出侧的 9 号元件闭合以后，才能将变频器输入侧的 4 号元件合上。（若先将 4 号元件合上，变频器运转，变频器输出端有触电危险）；而且此时变频器运转以后，会有很大的冲击电流，会因产生过电流异常而停机。

（6）工频电网切换用接触器——10。

用于保证设备持续供电，在变频器有故障时，自动切换为电网工频供电。

（7）热继电器。

它是一种过载保护元件。变频器的过载保护元件是电子热敏保护。使用时需要注意：在以下状态运行时，必须要用热继电器作过载保护。

① 10 Hz 以下或 60 Hz 以上连续运行。

② 一台变频器驱动多台电动机时。

2）专用配件

（1）电抗器。属于抗干扰器件，有交流电抗器和直流电抗器两种。

① 交流电抗器。其结构为三相铁芯上绕制三相线圈，特点是导线截面积足够大，线圈导线的匝数少。其结构如图 5.2 所示：它用于交流电路，用途如下：

- 输入侧交流电抗器：
  - 实现电源与变频器的匹配
  - 改善功率因数
  - 减小高次谐波的不良影响
- 输出侧交流电抗器：
  - 降低电动机噪声
  - 降低高次谐波的不良影响

②直流电抗器。其结构为单相铁芯上绕制单相线圈，特点是线圈导线截面积小，线圈导线的匝数多。其结构如图 5.3 所示。主要用于变频器直流电路改善功率因数。

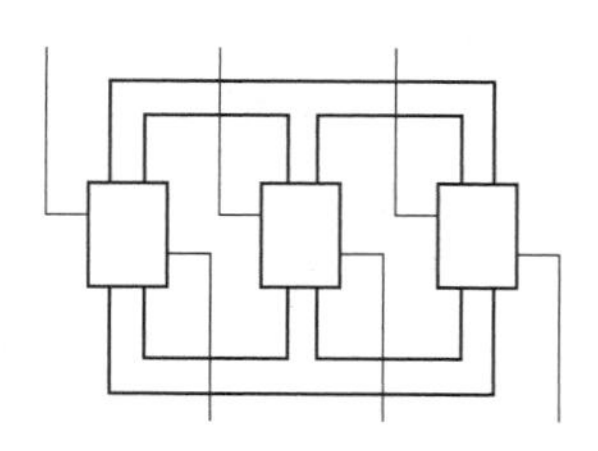

图 5.2　交流电抗器结构图

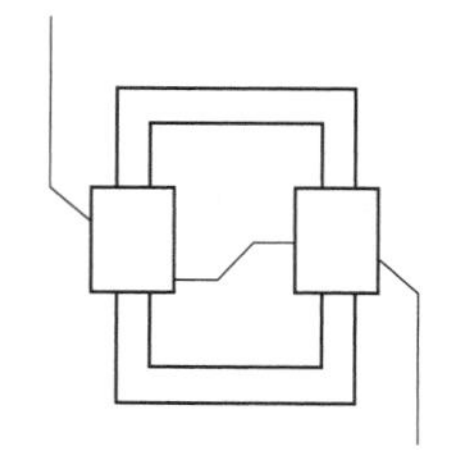

图 5.3　直流电抗器结构图

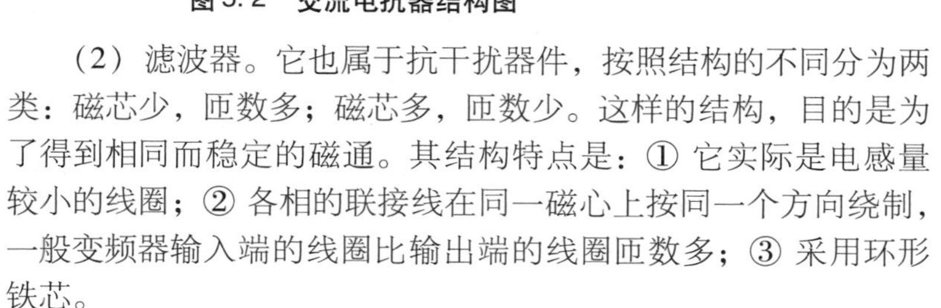

（2）滤波器。它也属于抗干扰器件，按照结构的不同分为两类：磁芯少，匝数多；磁芯多，匝数少。这样的结构，目的是为了得到相同而稳定的磁通。其结构特点是：① 它实际是电感量较小的线圈；② 各相的联接线在同一磁心上按同一个方向绕制，一般变频器输入端的线圈比输出端的线圈匝数多；③ 采用环形铁芯。

它的工作原理总结为：当三相进线一起穿过磁芯时，电流基波分量的合成磁通为零，

故对电流的基波分量并无影响。但谐波分量的合成磁通不为零，故能起到削弱谐波分量的作用。其结构如 5.4 图所示。

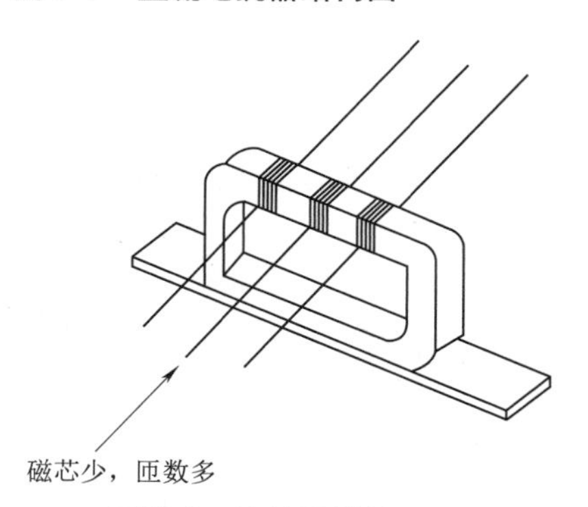

图 5.4　滤波器结构图

任务实施

（1）根据电动机所带负载类型选择变频器的类型。由于电动机是恒转矩负载，故可选用通用型变频器。

（2）根据电动机额定电流和运行情况等计算变频器的容量。属于控制单台电动机且连续运转，故变频器的额定输出电流计算如下：

$$I_{CN} \geqslant 1.1\quad I_M = 1.1 \times 42 = 46.2\ (A)$$

因此，可以选择三菱 FR-D740 系列变频器。

综合评价

完成任务后，对照下表，看看这些能力点是不是都掌握了，在相应的方框中打勾。

序号	能力点	掌握情况
1	负载的类型与输出技术分析	□是　　□否
2	变频器类型的选择	□是　　□否
3	容量的计算	□是　　□否
4	工具的使用	□是　　□否

拓展内容

电动机与变频器的正确选择对于控制系统的正常运行是非常关键的。对于一般用途大多采用通用变频器，不需要选择变频器类型，只需要根据负载类型进行设置即可。人们在实践中常将生产机械分为三种类型：恒转矩负载、恒功率负载和风机、水泵负载。负载转矩 T_L 与转速 n 无关，任何转速下 T_L 总保持恒定或基本恒定。例如传送带、搅拌机，挤压机等摩擦类负载以及吊车、提升机等位能负载都属于恒转矩负载。变频器拖动恒转矩性质的负载时，低速下的转矩要足够大，并且有足够的过载能力。如果需要在低速下稳速运行，应该考虑标准异步电动机的散热能力，避免电动机的温升过高。机床主轴和轧机、造纸机、塑料薄膜生产线中的卷取机、开卷机等要求的转矩，大体与转速成反比，这就是所谓的恒功率负载。当速度很低时，受机械强度的限制，T_L 不可能无限增大，在低速下转变为恒转矩性质。负载的恒功率区和恒转矩区对传动方案的选择有很大的影响。电动机在恒磁通调速时，最大允许输出转矩不变，属于恒转矩调速；而在弱磁调速时，最大允许输出转矩与速度成反比，属于恒功率调速。如果电动机的恒转矩和恒功率调速的范围与负载的恒转矩和恒功率范围相一致时，即所谓“匹配”的情况下，电动机的容量和变频器的容量均最小。在各种风机、水泵、油泵中，随叶轮的转动，空气或液体在一定的速度范围内所产生的阻力大致与速度 n 的 2 次方成正比。随着转速的减小，转矩按转速的 2 次方减小。这种负载所需的功率与速度的 3 次方成正比。当所需风量、流量减小时，利用变频器通过调速的方式来调节风量、流量，可以大幅度地节约电能。由于高速时所需功率随转速增长过快，与速度的三次方成正比，所以通常不应使风机、泵类负载超工频运行。用户可以根据自己的实际工艺要求和运用场合选择不同类型的变频器。选择电动机容量的基本原则是：能带动负载，在生产工艺所要求的各个转速点长期运行不过热。在旧设备改造时，尽量保留原有设备的电动机。

思考与练习

1. 常见的负载有几种类型？
2. 简述变频器类型、容量的选择方法。
3. 电抗器的作用是什么？
4. 滤波器的作用是什么？

任务 2　变频器的安装、布线及抗干扰措施

任务描述

某酿酒厂污水处理站驱动用的一台三菱变频器，由于负载惯量较大，启动转距大，设备启动时频率只能上升到 5Hz 左右就再也上不去，并且报故障［E. CPU］。

任务分析

经现场检查分析，这种故障是因为主控板出问题造成的，因为用户在安装的过程中没有严格遵循 EMC 规范，强弱电没有分开布线、接地不良并且没有使用屏蔽线，致使主控板的 I/O 口被烧毁。后来工程师去现场维修，更换了一块主控板问题便解决了。

知识导航

一、变频器对安装环境的要求

变频器属于电子器件装置，为了确保变频器安全、可靠地稳定运行，变频器的安装环境应满足以下要求。

1. 环境温度

对安装在机壳内的变频器来说，温度是影响变频器寿命及可靠性的重要因素，一般要求为 $-10\sim+45$℃。如散热条件好（当除去变频器的壳体时），所允许的环境温度有时也可以放宽为 $-10\sim+50$℃。如果变频器长期不用，存放温度最好为 $-10\sim+30$℃。如果无法满足这些要求，应安装冷却装置。

在环境温度较高的场所，必须采用安装冷却装置和避免日光直晒等措施，保证环境温度控制在厂家要求的范围之内，从而保证变频器能够正常工作。

此外，在进行定期保养维修时还应及时清扫控制柜的空气过滤器，检查冷却风扇是否正常工作。

2. 环境湿度

按照厂家的要求采取各种必要的措施，尤其是要保证变频器内部不出现结露的情况，一般相对

湿度不超过90%（无结露现象）。对于新建厂房和在阴雨季节，每次开机前，应检查变频器是否有结露现象，以避免变频器发生短路故障。

3. 振动

根据产品说明书的要求，对于传送带和冲压机械等振动较大的设备，必要时应采取安装减震橡胶等措施，并进行定期的检查、维护和加固等工作。而对于由于机械设备的共振而造成的振动来说，则可以利用变频器的频率跳跃功能，使机械系统避开这些共振频率，以达到降低振动的目的。

4. 安装场所

在海拔高度1 000 m以下使用。如果海拔高度超过1 000 m，则变频器的散热能力下降，变频器最大允许输出电流和电压都要降低使用，降低的百分率与变频器的具体型号有关。例如，某变频器在海拔高度1 000 m以下，最大允许输出电流和电压分别为500 A和400 V，如果将此变频器安装在海拔高度为3 000 m的场所，此变频器的生产厂家规定最大允许输出电流和电压为465 A和360 V。

5. 对环境空气的要求

在室内使用，变频器本体应设置在无直射阳光、无腐蚀性气体和无易燃、易爆气体，没有油滴或水珠溅到以及尘埃和铁粉较少的场所。在必要时，可以对变频器的壳体进行涂漆处理和采用防尘结构，这是因为潮湿、腐蚀性气体及尘埃是造成变频器内部电子器件生锈、接触不良、绝缘性能降低的重要因素。对于有导电性尘埃的场所（如碳纤维生产厂），要采用封闭式结构。对有可能产生腐蚀性气体的场所，应对控制板进行防腐处理。

6. 其他条件

如果变频器长期不用，变频器内的电解电容会发生劣化现象，当实际运行时会出现由于电解电容的耐压降低和漏电增加而引发故障。因此，最好每隔半年通电一次，通电时间保持30～60 min，使电解电容自我修复，以改善劣化特性。

二、安装变频器的具体方法和要求

1. 墙挂式安装

由于变频器本身具有较好的外壳，故一般情况下，允许直接靠墙安装，称为墙挂式（如图5.5所示）。

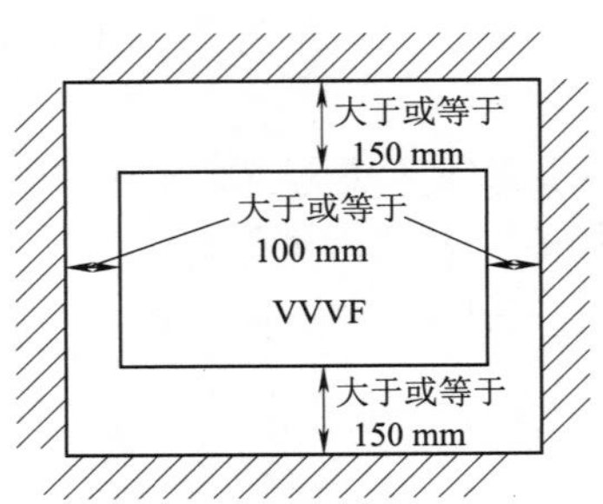

图5.5　墙挂式安装

为了保持良好的通风，变频器与周围阻挡物之间的距离应符合以下要求：

（1）两侧大于或等于 100 mm。

（2）上、下方大于或等于 150 mm。

为了改善冷却效果，所有变频器都应垂直安装。此外，为了防止异物掉在变频器的出风口而阻塞风道，最好在变频器出风口的上方加装保护网罩。

2. 柜式安装

当周围的尘埃较多时，或和变频器配用的其他控制电器较多而需要和变频器安装在一起时，应采用柜式安装。具体的安装方法如下：

（1）在比较洁净、尘埃较少时，尽量采用柜外冷却方式，如图 5.6（a）所示。

（2）如果采用柜内冷却时，应在柜顶加装抽风式冷却风扇。冷却风扇的位置应尽量在变频器的正上方，如图 5.6（b）所示。

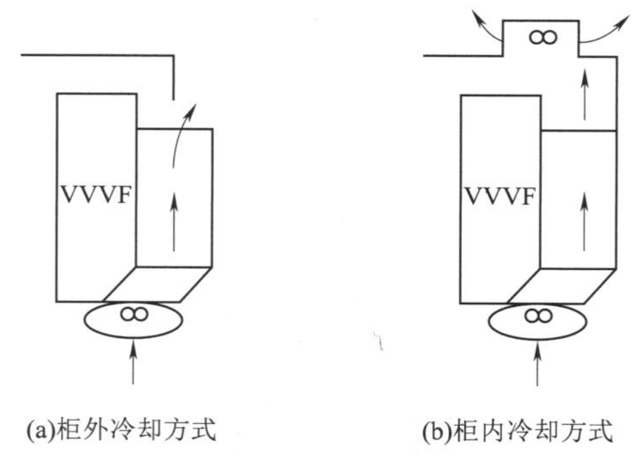

图 5.6　单台变频器的柜式安装

当一台控制柜内装有两台或两台以上变频器时，应尽量并排安装（横向排列），如图 5.7（a）所示；若必须采用纵向排列时，则应在两台变频器间加一块隔板，以避免下面变频器出来的热风直接进入到上面的变频器内，如图 5.7（b）所示。

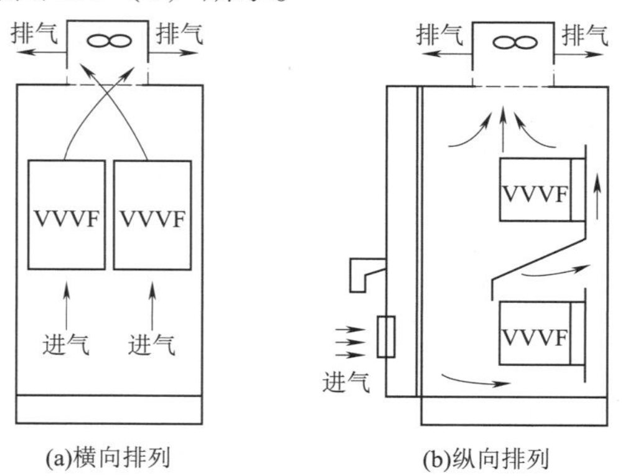

图 5.7　两台变频器在电气柜中的安装方法

变频器在控制柜内请勿上下颠倒或平放安装，变频控制柜在室内的空间位置，要便于变频器的定期维护。

三、变频器的接线

1. 主电路配线与接线

首先，应检查一下电缆的线径是否符合要求，然后注意将主电路和控制电路的配线分开，分别走不同的路线。在不得不经过同一接线口时也应在两种电缆之间设置隔离壁，以防动力线的噪音侵入控制线，造成变频器异常。其次，变频器主电路的基本接线和实物图如图 5.8 和 5.9 所示。变频器的输入端和输出端是绝对不允许接错的。万一将电源进线接到了 U，V，W 端，则不管哪个逆变管导通，都将引起两相间的短路而将逆变管迅速烧坏，如图 5.10 所示。

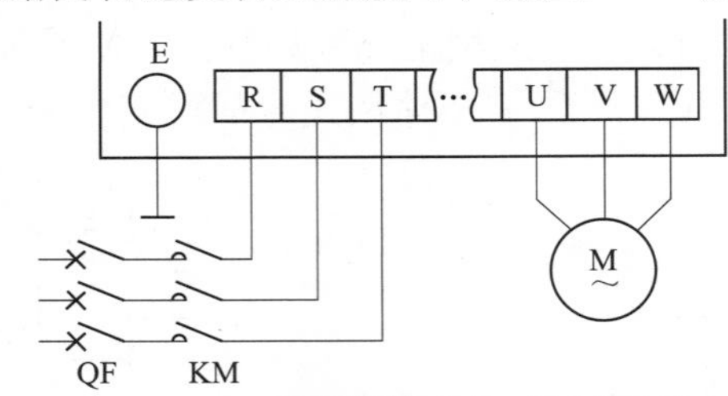

图 5.8　变频器主电路的基本接线

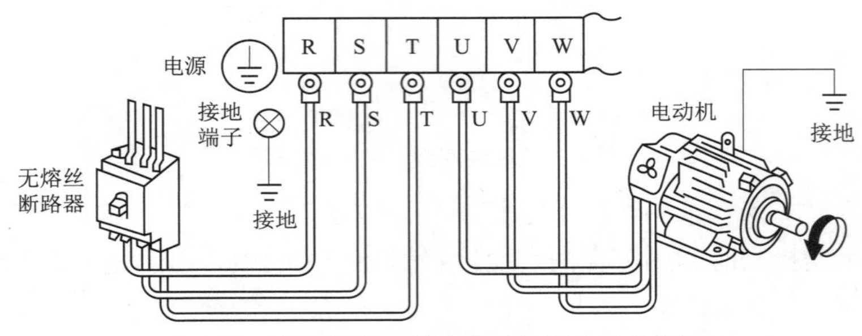

图 5.9　通用变频器的主电路接线端子实物图

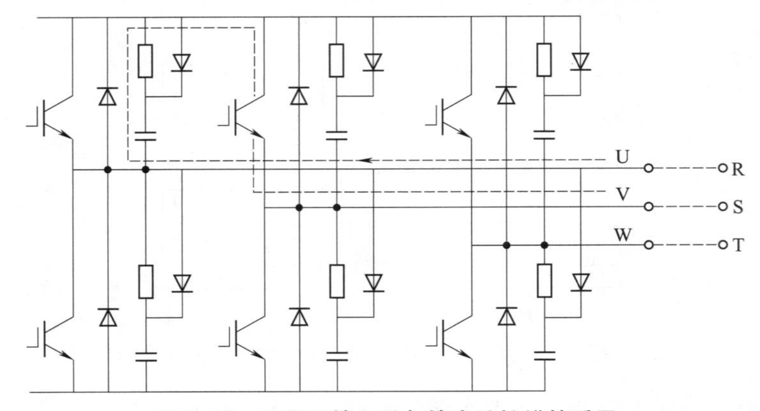

图 5.10　变频器输入端与输出端接错的后果

注意： 不能用接触器 KM 的触头来控制变频器的运行和停止，应该使用控制面板上的操作键或接线端子上的控制信号；变频器的输出端不能接电力电容器或浪涌吸收器；电动机的旋转方向如果和生产工艺要求不一致，最好用调换变频器输出相序的方法，不要用调换控制端子 FWD 或 REV 的控制信号来改变电动机的旋转方向。

另外，接触器、电磁继电器的线圈及其他各类电磁铁的线圈都具有很大的电感。在接通和断开的瞬间，由于电流的突变，它们会产生很高的感应电动势，因而在电路内会形成峰值很高的浪涌电压，导致内部控制电路的误动作。所以，在所有电感线圈的两端，必须接入浪涌电压吸收电路。在大多数情况下，可采用阻容吸收电路，如图 5.11（a）所示；在直流电路的电感线圈中，也可以只用一个二极管，如图 5.11（b）所示。

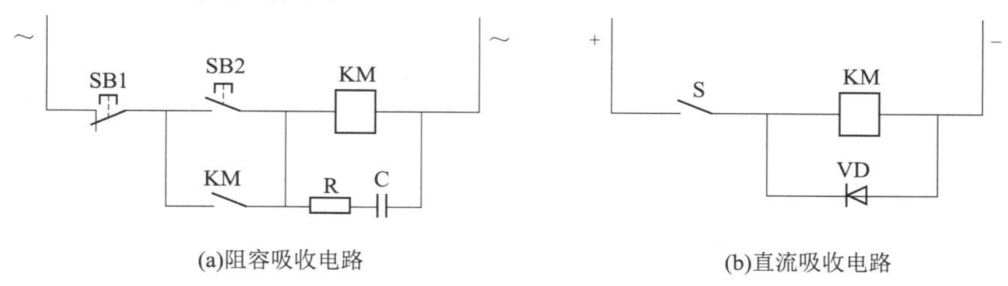

(a)阻容吸收电路　　(b)直流吸收电路

图 5.11　浪涌电压吸收电路

2. 接地线布线

为了防止操作者触电，必须保证变频器的接地端接地可靠。应注意以下几点：

（1）应按照规定的施工要求进行布线或参考变频器使用说明书；

（2）绝对避免同电焊机、动力机械、变压器等强电设备共用接地电缆或接地极；

（3）布线时也应与强电设备的接地电缆分开；

（4）尽可能缩短接地电缆的长度；

（5）在存在多台变频器时，其接地电缆应按照图 5.12 所示进行布线

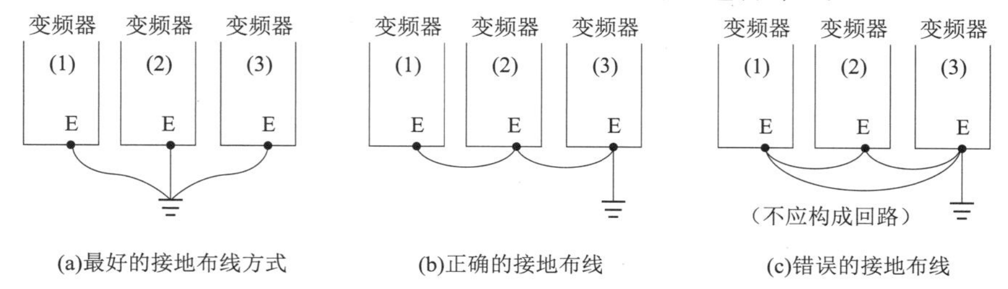

(a)最好的接地布线方式　　(b)正确的接地布线　　(c)错误的接地布线

图 5.12　多台变频器的接地布线要领

3. 控制电路布线

一般来说，控制电路布线应特别注意以下几点：

（1）控制电路的布线应和主电路及其他动力线分开。

（2）因变频器的故障信号和多功能接点输出信号等有可能同高压继电器相连，所以应该将其连线与控制电路的其他端子和接点分开。

（3）模拟量控制线。模拟量控制线主要包括：

① 输入侧的给定信号线和反馈信号线。

② 输出侧的频率信号线和电流信号线。

模拟量信号的抗干扰能力较低，为了避免因干扰信号造成误动作，在对控制电路进行布线时应

采用屏蔽线或双绞线或者加装屏蔽层。靠近变频器的一端，应接控制电路的公共端（COM），而不要接到变频器的地端（E）或大地，如图 5. 13 所示。屏蔽层的另一端应该悬空。）

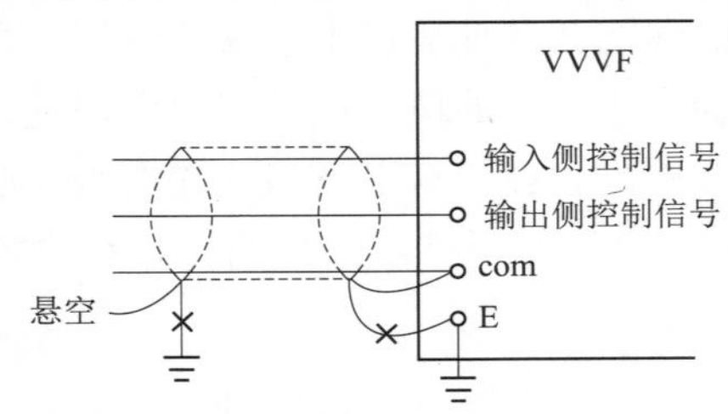

图 5. 13　屏蔽层的一般接法

布线时还应该遵循以下原则：

① 尽量远离主电路 100 mm 以上。

② 尽量不和主电路交叉，如果必须交叉时，应采取垂直交叉的方式。

（4）在连线时应充分注意模拟信号线的极性。

（5）在检查控制电路连线时不要使用万用表的蜂鸣功能。因为万用表的蜂鸣挡一般电阻值很小，这样内部电源电压会很大，会损坏到变频器内部的电子元器件。

图 5. 14 为屏蔽线的连接方式。

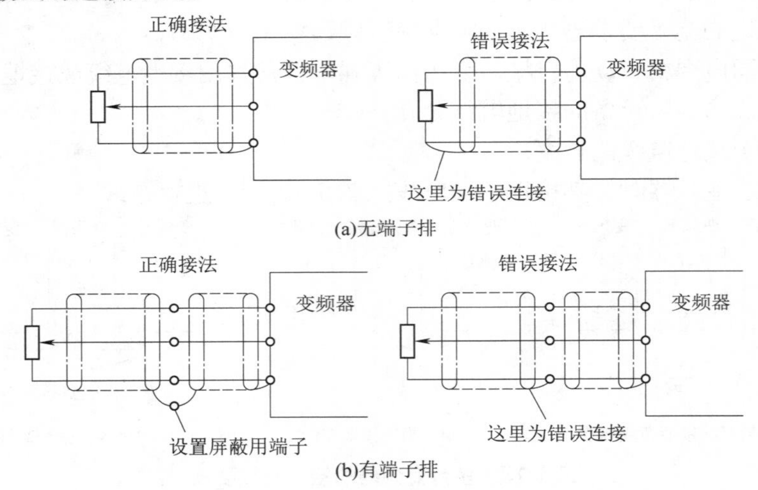

图 5. 14　屏蔽线与变频器的连接

四、变频器的抗干扰

1. 外界对变频器的干扰

外界对变频器的主要干扰来源是电源的进线，主要类型为构成电源无功损耗的低次谐波。

（1）电源侧的补偿电容——(即变频器的输入端接入的电容)引起电压峰值过高，使电压发生畸变［见图 5. 15（a）］，最终导致变频器主回路中整流部分的整流二极管承受过高的反向电压而损坏。

（2）电网内有电容量较大的晶闸管作为换向设备时，引起的电压凹凸且不连续，使电压发生断续［见图5.15（b）］，最终导致变频器主回路中整流部分的整流二极管有可能因承受过大的反向恢复电压而受到损坏。

总之，外部对变频器的干扰主要是使变频器整流部分的整流二极管损坏。

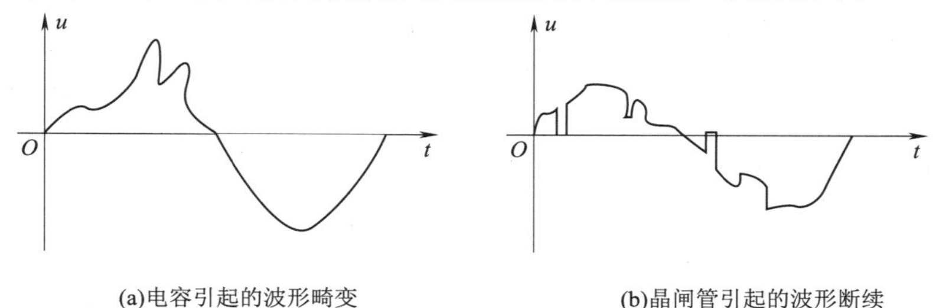

图5.15 外界对变频器的干扰

采取的抗干扰措施：输入电路中接入交流电抗器。

2. 变频器对外界的干扰

1）干扰产生的原因

由于变频器中的逆变管部分是通过高速半导体开关来产生一定宽度和极性的SPWM控制信号，这种具有陡变沿的脉冲信号会产生很强的电磁干扰，尤其是输出电流，它们将以各种方式把自己的能量传播出去，形成对其他设备的干扰，严重地超出电磁兼容性标准的极限要求。

2）干扰信号主要是频率很高的谐波成分（见图5.16）

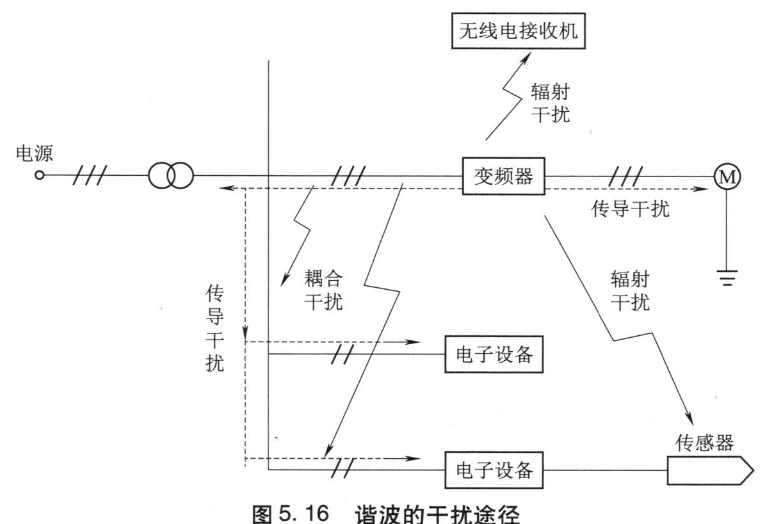

图5.16 谐波的干扰途径

3）干扰信号的传播方式及途径

（1）空中辐射方式：即以电磁波的方式向外辐射。

（2）电磁感应方式：即通过线间电感感应。

（3）静电感应方式：即通过线间电容感应。

（4）线路传播方式：即主要通过电源网络传播。

4）抗干扰措施

变频器输入侧采用的抗干扰措施有：

(1) 对于空中辐射方式：通过吸收的方式来削弱，通常采用并联电容的方法，如图5.17所示(无线电抗干扰滤波器)。

(2) 对于通过感应方式（静电或电磁）：通过正确的布线和采用屏蔽线来削弱，屏蔽线的接法见图5.14屏蔽线与变频器的连接。

(3) 对于线路传播方式：主要通过增大线路在干扰频率下的阻抗来削弱，实际相当于串联一个小电感，见图5.18，其作用是：在基频时，它的阻抗是微不足道的，但对于在频率较高时的谐波电流，却呈现出很高的阻抗，起到有效的抑制作用。

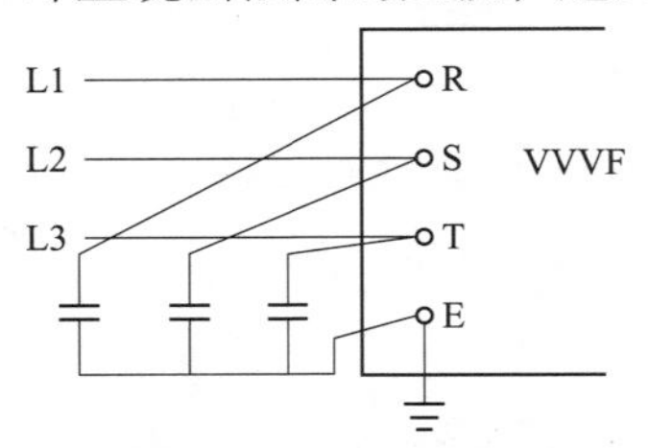

图5.17　变频器抗空中辐射方式干扰原理

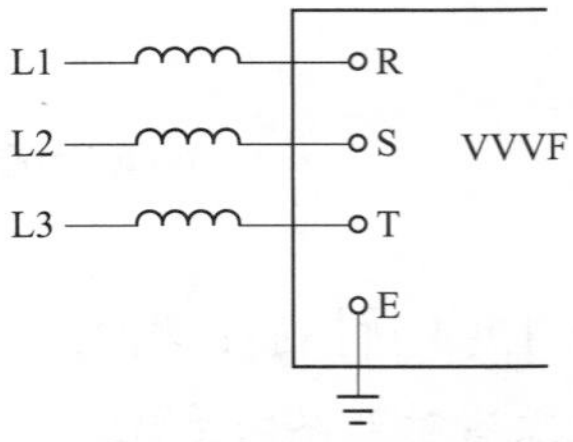

图5.18　变频器抗感应方式干扰原理

变频器输出侧采用的抗干扰措施有：

在变频器输出侧回路中串入电抗器，见图5.19，串入滤波电抗器可以削弱输出电流中的谐波成分，此方法不但起到了抗干扰作用，还削弱了电动机中由于谐波电流引起的附加转矩，改善电动机运行特性。

特别要注意：变频器输出侧是绝对不允许用电容来吸收谐波电流的（如图5.20）。这是因为：逆变管在导通的瞬间，并接的电容会出现峰值很大的充电电流（放电电流），导致逆变器件损坏。

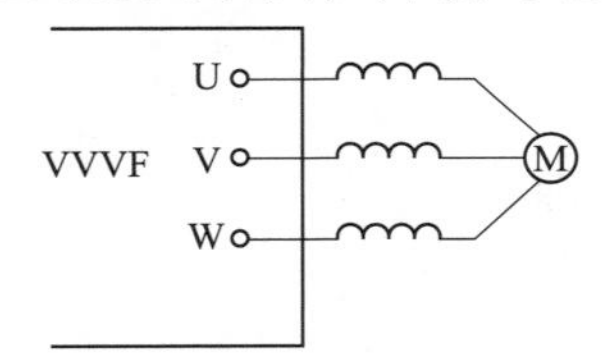

图5.19　变频器输出侧抗干扰原理

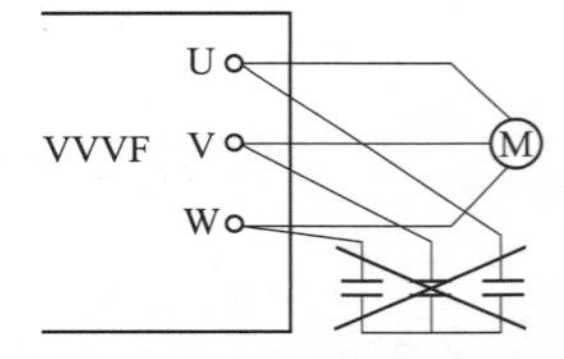

图5.20　变频器输出侧严禁并接电容

仪器侧采用的抗干扰措施有：

(1) 电源隔离法。变频器输入侧的谐波电流为干扰源，可以接隔离变压器来抗干扰，如图5.21所示。隔离变压器的特点是：一、二次侧绕组的匝数相等，即一、二次侧之间无变压的功能，但一、二次侧之间应由金属薄膜进行良好的隔离，一、二次电路中都可介入电容器。其屏蔽层作用原理是：对正常的频率信号没有阻碍作用，只有传递的功用，而对于谐波干扰信号，则起到阻碍消除作用。

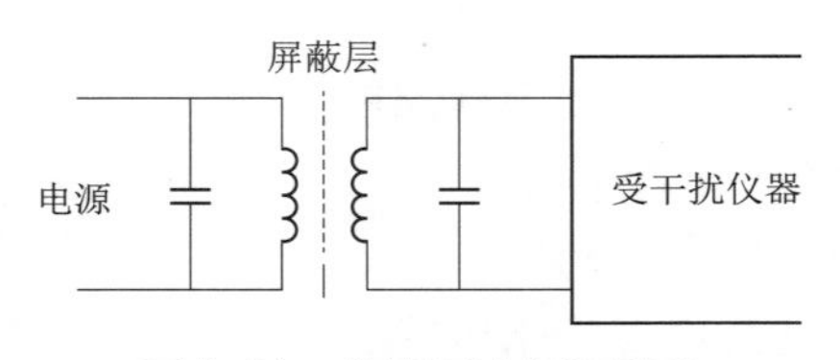

图5.21　仪器侧电源隔离法

(2) 信号隔离法。对于长距离传输或线路较长并采用电流信号的场合，采用光耦合器（光隔）

进行隔离，如图 5.22 所示。

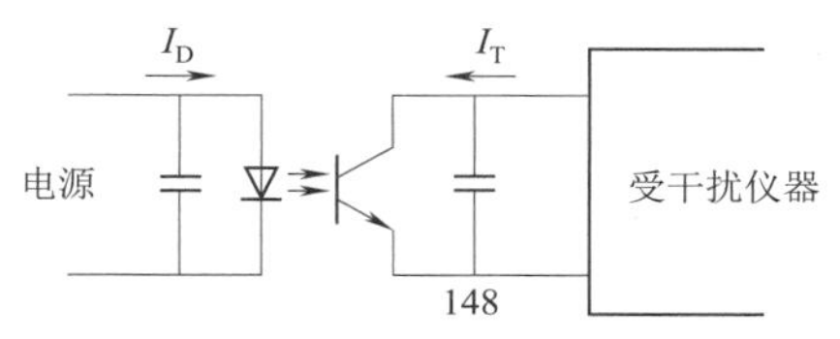

图 5.22 仪器侧信号隔离法

任务实施

一、元器件布置图

设备、电气控制柜、操纵台上的元器件布置位置与安装方法应通过元器件布置图明确。元器件布置图的总体要求、设计标准与常规电气控制系统相同。

在布置元器件时，应重点注意以下事项。

(1) 元器件布置图应标明所有元器件的具体安装部位、尺寸和要求。

(2) 元器件布置图应完整、清晰地反映控制系统全部元器件的实际安装情况。

(3) 图纸可以指导、规范现场生产与施工，并为今后系统的安装、调试和维修提供帮助。

二、电气接线图

电气接线图是用来表明电气设备之间相互连接关系的图纸，设计要求如下：

(1) 电气接线图应能准确、完整、清晰地反映系统中全部元器件相互间的连接关系；能正确指导、规范现场生产与施工，并为安装、调试、维修提供帮助。

(2) 为了方便施工，在必要时可以通过插头连接表等形式，直接、清晰地反映控制系统各单元之间的相互连接关系。

(3) 电气接线图的元器件名称、代号等必须与原理图相符，且能够反映出各元器件的实际连接要求，如线号、线径、导线的颜色等。

(4) 电气接线图要逐一标明设备上每一走线管、走线槽内的连接线（包括备用线）的数量、规格、长度；所采用的防护措施（如采用金属软管型号、规格、长度等）；所需要的标准件（如软管接头及管夹的数量、型号、规格等）、连接件（如采用插头的型号、规格）等。

三、内部连接要求

系统连接线的布置必须合理、规范，以减少、消除线路中的干扰，提高可靠性。连接线、电缆原则上应根据电压等级与信号的类型，采用“分层敷设”等方法进行隔离；通过金属屏蔽密封。当输入与输出连线无法与动力线“分层敷设”时，应尽可能采用屏蔽电缆，并将屏蔽层接地；同时，输入信号与输出信号不宜布置在同一电缆内，应采用单独的连接电缆。

不同电压、不同类型的信号线或动力线与信号线，应尽量避免在同一接线端子排、同一插接件上连接；在无法避免时，应通过备用端子、备用引脚将其隔离，以防止连接线间的短路，并减小线路间的相互干扰。

用于系统模拟量输入/输出、脉冲输入/输出的连接线必须采用“双绞”屏蔽线，在有条件的场合，最好使用“双绞双屏蔽”的电缆进行连接。采用隔离变压器时，隔离变压器到变频器与交流伺服驱动器之间的连线应尽可能地短，以减小线路中的干扰。

变频器与交流伺服驱动器的电源连接线应有足够的线径，以减小线路的压降；电源进线应进行绞接处理，防止高频干扰。信号电缆是容易受到干扰的部位，应保证它与动力线的距离在 30 ~ 50mm 以上。

系统的接地系统必须完整、规范、合理，连接线应有足够的线径，设备的各控制部分应采用独立的接地方式，不能使用公共地线。控制系统使用的屏蔽线，应通过标准电缆夹等器件，将屏蔽层进行良好的接地。

四、外部连接要求

变频电动机、伺服电动机的电枢连接线，应尽可能采用屏蔽电缆进行连接，以减小其对其他设备的干扰。

控制系统的电气柜与设备间的连线应有良好的防护措施，应用接地良好的金属软管、屏蔽电缆、金属走线槽等进行外部防护，使之既有机械强度、损伤防护措施，又有良好屏蔽作用。

电气柜与设备间的连接电缆、走线管、走线槽等必须使用安装螺钉、软管接头、管夹等部件进行良好的固定。

系统电气柜与设备间的连接应考虑到运输、拆卸等的需要，对于设备中的独立附件，应通过安装插接件、分线盒等措施，保证这些独立附件与主机间分离的需要。

综合评价

完成任务后，对照下表，看看这些能力点是不是都掌握了，在相应的方框中打勾。

序号	能力点	掌握情况
1	主电路和控制电路导线的选择	□是 □否
2	变频器的布置合理、紧固	□是 □否
3	布线规范、整洁	□是 □否
4	工具的使用	□是 □否
5	确保人身和设备安全	□是 □否

思考与练习

1. 变频器与电源、电动机连接时需要注意哪些事项？
2. 变频器的干扰途径有哪些？

任务 3 变频器的保护功能

任务描述

有一台变频器通电后显示正常，一运行即显示过流“[E. OC1]（FR－D740）”。即使空载也一样，一般这种现象说明 IGBT 模块损坏或驱动板有问题，需更换 IGBT 模块并仔细检查驱动部分后才能再次通电，不然可能因为驱动板的问题造成 IGBT 模块再次损坏。

任务分析

经现场检查分析，这种故障是因为变频器多次过载或电源电压波动较大（特别是偏低）使得变频器脉动电流过大主控板 CPU 来不及反映并采取保护措施所造成的。

知识导航

变频器具有十分完善的保护功能，保证电动机、变频器在工作不正常或发生故障时，及时地做出处理，以确保拖动系统的安全。各种不同类型的变频器所具有的保护功能不完全相同，这里将最常见的几种保护功能介绍如下：

一、过电流保护

这里的过电流是指变频器的输出电流峰值，超过了变频器的容许值。由于变频器的过载能力很差，大多数变频器的过载能力都只有 150%，允许持续时间为 1 min。因此变频器的过电流保护，就显得尤为重要。

1. 过电流的原因

过电流的原因很多，大致可以分为以下两种：一种就是在加速、减速过程中，由于加、减速时间设置过短而产生的过电流；另一种是在恒速运行时，由于负载或变频器的工作异常而引起的过电流。如电动机遇到了冲击，变频器输出短路等。

2. 变频器对过电流的处理

在大多数的拖动系统中，由于负载的变动，短时间的过电流是不可避免的。为了避免频繁跳闸给生产带来不便，一般的变频器都设置了失速防止功能（即防止跳闸功能），只有在该功能不能消除过电流或过电流峰值过大时，变频器才会跳闸，停止输出。

3. 失速防止功能

用户根据电动机的额定电流 I_N 和负载的情况，给定一个电流限值 I_{set}，（通常该电流给定为 150%I_N）。

如果过电流发生在加、减速过程中，当电流超过 I_{set} 时，变频器暂停加、减速（即维持 f_x 不变），待过电流消失后再行加、减速，如图 5. 23 所示。

如果过电流发生在恒速运行时，变频器会适当降低其输出频率，待过电流消失后再使输出频率返回原来的值，如图 5. 24 所示。

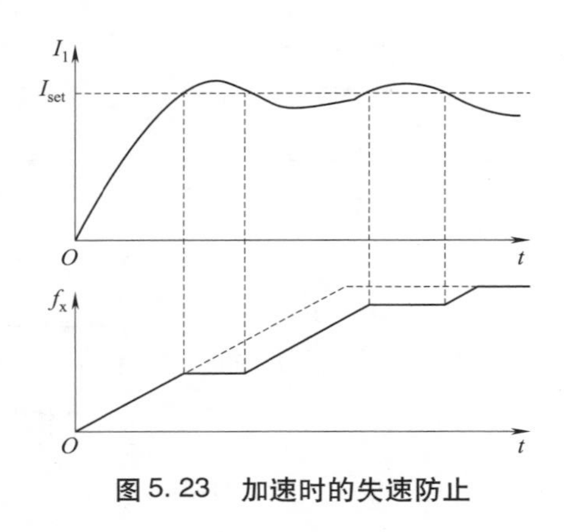

图 5.23　加速时的失速防止

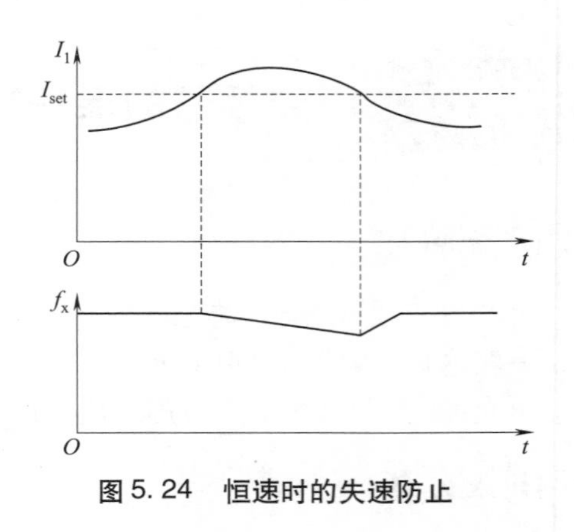

图 5.24　恒速时的失速防止

二、对电动机的过载保护

在传统的电力系统中，通常采用热继电器对电动机进行过载保护。热继电器具有反时限特性，即电动机的过载电流越大，电动机的升温增加越快，允许电动机持续运行的时间就越短，继电器的跳闸也越快。

采用微处理器作为变频器的主控单元，可以很方便地实现热继电器的反时限特性。通过检测变频器的输出电流，并和存储单元中的保护特性进行比较。当变频器的输出电流大于过载保护电流时，微处理器将按照反时限特性进行计算，算出允许电流持续时间 t，如果在此时间内过载情况消失，变频器工作依然是正常的，但若超过此时间过载电流依然存在，则变频器将跳闸，停止输出，如图 5.25 所示。使用变频器的该功能，只适用于一个变频器带动一台电动机。

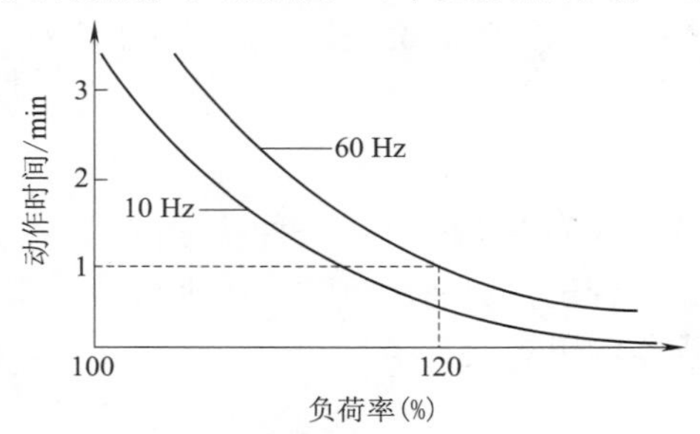

图 5.25　电动机的反时限保护特性

如果一个变频器带有多台电动机，则由于电动机的容量比变频器小得多，变频器将无法对电动机的过载进行保护，通常在每个电动机上再加装一个热继电器。

图中横坐标是热继电器的过载倍数，过载 1.2 倍时，允许持续时间是 1 min，也就是说超过 1 min,变频器将会跳闸。

三．过电压保护

1. 产生过电压的原因

产生过电压的原因，大致可分为两大类：一类是在减速制动过程中，由于电动机处于再生制动状态，若减速时间设置得太短，因再生能量来不及释放，引起变频器中间电路的直流电压升高而产生的过电压；另一类是由于电源系统的浪涌电压引起的过电压。

2. 过电压时的保护

对于在减速过程中出现的过电压，也可以采用暂缓减速的方式来防止变频器跳闸。可以由用户给定一个电压的限值 U_{set}，在减速的过程中若出现直流电压 $U_D > U_{set}$时，则暂停减速，等待 U_D 回落后，再继续减速，如图5.26所示。

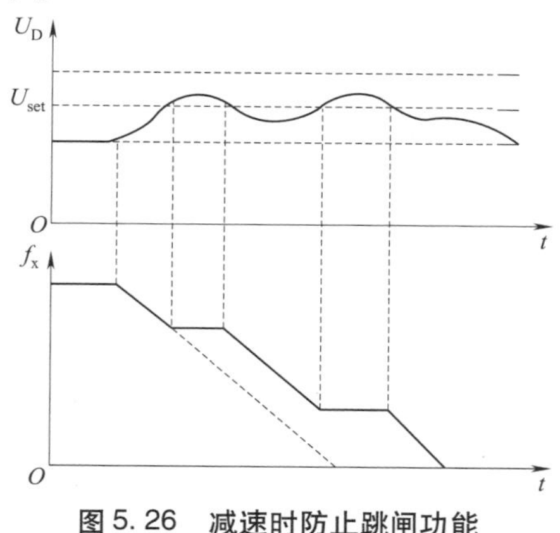

图5.26 减速时防止跳闸功能

对于电源过电压情况，变频器规定：电源电压的上限一般不能超过电源电压的10%。如果超过该值，变频器将会跳闸。

四、欠电压保护和瞬间停电的处理

当电网电压过低时，会引起变频器中间直流电路的电压下降，从而使变频器的输出电压过低并造成电动机输出转矩不足和过热现象。而欠电压保护的作用，就是在变频器的直流电路出现欠电压时，使变频器停止输出。

当电源出现瞬间停电时，直流中间电路的电压也将下降，并可能出现欠压现象。为了使系统在出现这种情况时，仍然继续正常工作而不停车，现代的变频器大部分都提供了瞬时停电再启动功能，这个功能可根据下面几种情况进行不同的处理。

（1）停电时间小于瞬间停电设定时间 t_d 时，保护功能没能被激活，变频器继续输出。

（2）停电时间若 $t_d < t_o < t_c$ 时，t_c 为惯性运行时间设定值，按瞬间停电再启动处理。

五、其他保护功能

1. 散热片过热保护

变频器正常工作时，其主回路的电流是很大的，为了帮助变频器散热，在变频器内部均装有风扇。如果风扇发生故障，散热片就会过热，此时装在散热片上的热敏继电器将动作，使变频器停止工作或给出报警信号。

由于逆变模块是变频器内的主要发热元件，因此，在逆变模块的散热板上也配置了过热保护元件，一旦过热就给予过热保护。

2. 制动电路异常保护

当变频器检测到制动单元晶体管出现异常或者制动电阻过热，就会给出报警信号，并使变频器停止工作。

3. 变频器内部工作错误保护

由于变频器所处的环境恶劣，使变频器的 CPU 或存储器 EEPROM 受外界干扰严重而发生非正常运行。或者是检测部分发生错误，变频器也将停止输出。

4. 外部报警输出功能

该功能是为了使变频器能够和周边设备配合构成可靠的系统而设置的，周边设备的故障报警信号可以通过变频器的控制端子输入，当周边设备出现故障时，给出报警信号，变频器将停止工作。这些周边设备主要有：电动机的热继电器和来自生产机械的保护信号等。

任务实施

变频器的故障诊断

当变频器发生故障时，可以根据不同情况，按照步骤进行检查。

1. 变频器不能正常启动与旋转

当变频器无报警但是不能正常启动与旋转时，需要进行主回路、输入控制信号、变频器参数与机械传动部件等方面的综合检查。

（1）主回路检查包括以下内容：

①检查电源电压是否已经正常加入到变频器；

②检查电动机电枢线是否已经正确连接；

③检查直流母线连接是否脱等。

（2）控制信号检查包括以下内容：

①检查变频器的源、汇点输入选择设定是否正确；

②检查转向信号 STR/STF 是否为“1”（STR/STF 同时为“1”时电动机不能旋转）；

③检查变频器的 STOP 信号是否为“1”；

④检查频率给定是否为“0”，极性是否连接正确；当使用模拟电流输入时，还需要检查信号 AU 是否为“1”；

⑤检查变频器输出关闭信号 MRS 是否为“0”；

⑥检查变频器复位信号是否为“0”；

⑦检查断电再启动信号 CS 是否为“1”；

⑧检查编码器是否连接正确（闭环控制运行时）等。

（3）参数检查包括以下内容：

①检查转矩提升参数 Pr. 0 的设定是否正确（u/f 控制时）；

②检查参数 Pr. 79 的操作模式是否选择正确；

③检查参数 Pr. 78 的转向禁止设定是否正确；

④检查参数 Pr. 13 的启动频率设定是否过大；

⑤检查参数 Pr. 1 的上限频率设定是否为“0”；

⑥检查多速运行的运行频率设定是否正确（多速运行方式）；

⑦检查参数 Pr. 15 的点动频率设定是否正确（点动运行时）；
⑧检查参数 Pr. 359 的编码器计数方向设定是否正确（闭环控制运行时）；
⑨检查参数 Pr. 902 ~ Pr. 905 的增益与偏置设定是否正确等。
（4）机械传动部件检查包括以下内容：
①检查负载是否太重；
②检查机械制动装置是否已经松开；
③检查机械传动部件是否可以灵活转动；
④检查机械连接件是否脱落等。

2. 电动机噪声过大

电动机运行时的噪声与以下因素有关。
①PWM 频率不合适，可以通过 Pr. 72 选择柔性 PWM 频率控制功能；
②速度调节器增益设定过大，调整参数 Pr. 820/830、Pr. 824/834 降低速度调节器比率增益；
③参数 Pr. 71 的电动机类型选择不合理等。

3. 电动机电流过大、发热严重

电动机发热与以下因素有关：
①电动机负载过重或散热不良；
②电动机额定电流参数设定错误；
③参数 Pr. 71 的电动机类型选择不合理；
④参数 Pr. 14 的负载类型选择不合理；
⑤转矩提升参数 Pr. 0 设定过大；
⑥电动机未进行自动调整；
⑦电动机内部局部短路；
⑧电动机额定频率（参数 Pr. 3）、额定电压（参数 Pr. 19）设定错误等。

4. 速度偏差过大或不能调速

如果在电动机启动后出现速度偏差过大或速度不能改变的情况，可以按照下列步骤进行相关检查。

①检查频率给定输入或设定是否正确；

②检查变频器操作模式选择是否正确（如是否工作于 JOG 模式、多级变速模式等）；

③检查开关量输入控制信号是否正确（如是否将转向信号、停止信号定义成了 JOG 模式、多级变速模式的输入信号等）；

④检查上限频率（参数 Pr. 1、参数 Pr. 18）、下限频率（参数 Pr. 2）、额定电压（参数 Pr. 19）的设定是否正确；

⑤检查模拟量输入增益、偏移设定参数 Pr. 902 ~ Pr. 905 的增益与偏置设定是否正确；

⑥检查负载是否过重；

⑦检查频率跳变区域的设定（参数 Pr. 31 ~ Pr. 36）是否合适，变频器是否已在跳变区工作；

⑧检查制动电阻与直流母线的连接（P/+、Pl 等）是否正确等。

5. 加减速不稳定

当电动机出现加减速不稳定时，可能的原因如下：

①加减速时间设定（参数 Pr. 7、Pr. 8）不合理；

②在 u/f 控制时，转矩提升设定（参数 Pr. 0、Pr. 46、Pr. 112）不合理；

③负载过重等。

6. 转速不稳定

当电动机出现转速不稳定时（如果采用矢量控制，变频器的输出频率在 2Hz 之内的波动属正常现象），可能的原因如下：

①负载变化过于频繁；

②频率给定输入波动或受到干扰；

③给定滤波时间常数设定不合适（参数 Pr. 74、Pr. 822）；

④接地系统与屏蔽线连接不良或给定输入未使用屏蔽线；

⑤矢量控制时电动机极数（参数 Pr. 80）、容量（参数 Pr. 81）设定错误；

⑥变频器到电动机的电枢连接线过长或连接不良；

⑦矢量控制时未进行电动机的自动调整；

⑧u/f 控制方式的电动机额定电压（参数 Pr. 19）设定错误等。

综合评价

完成任务后，对照下表，看看这些能力点是不是都掌握了，在相应的方框中打勾。

序号	能力点	掌握情况
1	故障现象的判断	□是　　□否
2	故障的处理	□是　　□否
3	参数的修改	□是　　□否

思考与练习

1. 若变频器拖动的负载为笼型电动机，选择变频器时应考虑哪些问题？
2. 变频器出故障时如何处理？

项目实训

实训 13　变频器应用能力测试

一、实训目标

（1）提高编写 PLC 程序的能力。
（2）提高对变频器操作的能力。
（3）进一步掌握变频器、PLC、电动机等设备之间的线路连接。
（4）掌握变频器调速系统联机调试方法。

二、实训器材

（1）三菱交流变频调速器。	1 台
（2）电工（变频调速系统）实训台。	1 台
（3）三相鼠笼式异步电动机。	1 台
（4）电工工具。	1 套
（5）连接导线。	若干

三、实训步骤

（1）工业变频洗衣机用变频器实现电动机的开环变频调速，要求电动机按照图 5.27 所示的运行曲线运行。

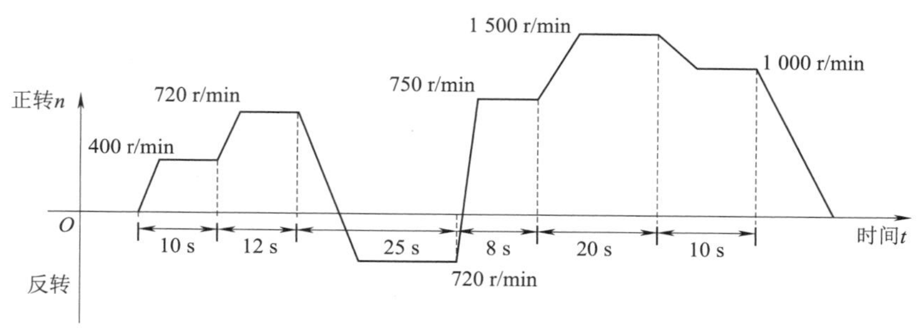

图 5.27　电动机运行曲线

（2）根据工业变频洗衣机控制要求，列出输入输出元件与 PLC 地址对照表，编写梯形图；
（3）根据速度控制要求和电动机参数设定变频器的功能参数；
（4）对开环系统模拟调试直至符合设计要求。

四、能力评价

完成任务后，对照下表，对每个学生进行项目考核。

序号	考核项目	掌握情况
1	PLC 的输入输出是否符合被控设备要求	□是　　□否
2	PLC 与变频器、电动机之间电路连接	□是　　□否
3	编写的 PLC 程序是否正确	□是　　□否
4	设定变频器的功能代码及参数设置	□是　　□否
5	对开环系统模拟调速是否达到设计要求	□是　　□否

项目6

变频器的工程应用

项目描述

变频调速技术是20世纪80年代发展起来的新技术，具有节能、易操作、便于维护、控制精度高等优点，近年来在多个领域已得到了广泛应用。本项目以恒压供水、风机的变频调速、变频器在中央空调节能改造中的应用以及变频器在车床的变频调速几个应用实例介绍实际生活中如何应用变频器的。

学习目标

1. 知识要求

（1）了解变频技术的应用方面，即为了节能需要而进行的变频和为了满足生产工艺调速的要求而进行的变频应用。

（2）了解节能泵、风机、压缩机等变频调速技术的应用。

2. 能力要求

（1）熟悉变频器在工业生产中的应用技术。

（2）掌握变频调速技术应用的分析方法

任务1 变频器在节能供水系统中的应用

任务描述

某居民小区共有10栋楼，均为7层建筑，总居住560户，每户都有给水卫生器具，并有淋浴设备，为了能够保证用户出水口压力稳定，试设计恒压供水变频调速系统。

任务分析

在实际的生产、生活中，用户用水的多少是经常变动的，因此，供水不足或供水过剩的情况时有发生。而用水和供水之间的不平衡集中反映在供水的压力上，即用水多而供水少，则压力小；用水少而供水多，则压力大。保持供水压力的恒定，可使供水和用水之间保持平衡，即用水多时供水也多，用水少时供水也少，从而提高了供水的质量。

城市自来水管网的水压一般规定保证6层以下楼房的用水，其余上部各层均须“提升”水压才能满足用水要求。传统的恒压供水方式是采用水塔、高位水箱、气压罐等设施实现的，但它们都必须由水泵以高出实际用水高度的压力来“提升”水量，其结果增大了水泵的轴功率和能耗。

利用变频调速技术，与PID控制、PLC控制、单片机控制有机结合，构成变频器控制的恒压供水系统，根据用户用水量调节水泵转速从而调节供水流量，实现恒压供水。

知识导航

我国长期以来在城市供水、高层建筑供水、工业生产循环供水等方面技术一直比较落后，工业自动化程度低。传统调节供水压力的方式，多采用频繁启/停电动机控制和水塔二次供水调节的方式，前者产生大量能耗，而且对电网中其他负荷造成影响，设备不断启停会影响设备寿命；后者则需要大量的占地与投资。而变频调速没有频繁的启停现象，启动方式为软启动，设备运行十分平稳，避免了电气、机械冲击，也没有水塔供水所带来的二次污染的危险。由此可见，变频调速恒压供水系统具有供水安全、节约能源、节省钢材、节省占地、节省投资、调节能力大、运行稳定可靠的优势，具有广阔的应用前景和明显的经济效益与社会效益。

一、恒压供水的意义

对供水系统进行的控制，是为了满足用户对流量的需求。所以，流量是供水系统的基本控制对象。而如上述，流量的大小又取决于扬程，但扬程难以进行具体测量和控制。考虑到在动态情况下，管道中水压的大小与供水能力和用水流量之间的平衡情况有关：

供水能力QG > 用水流量QU，则压力上升；

供水能力QG < 用水流量QU，则压力下降；

供水能力QG = 用水流量QU，则压力不变。

这里所说的供水能力，是指水泵能够提供的流量，故用流量符号QG来表示，其大小取决于水泵的泵水能力及管道的管阻情况；而用水流量QU则是用户实际使用的流量，取决于用户。由于在同一个管道里，流量具有连续性，并不存在“供水流量”与“用水流量”的差别。因此，供水能力与用水流量之间的差异具体反映在流体压力的变化上。从而，压力就成为了用来作为控制流量大小的参变量。就是说，保持供水系统中某处压力的恒定，也就保证了使该处的供水能力和用水流量处于平衡状态，恰到好处地满足了用户所需的用水流量，这就是恒压供水所要达到的目的。

二、变频节能原理

1. 交流电动机转速特性

水泵电动机多采用三相异步电动机，而其转速公式（6-1）为

$$n = \frac{60f}{p}(1 - s) \tag{6-1}$$

式中：f——电源频率；

p——电动机极对数；

s——转差率。

从上式可知，三相异步电动机的调速方法有：

（1）改变电源频率；

（2）改变电动机极对数；

（3）改变转差率。

改变电动机极对数调速的调控方式控制简单，投资省，节能效果显著，效率高，但需要专门的变极电动机，是有级调速，而且级差比较大，即变速时转速变化较大，转矩也变化大，因此只适用于特定转速的生产机器。改变转差率调速为了保证其较大的调速范围，一般采用串级调速的方式，其最大优点是它可以回收转差功率，节能效果好，且调速性能也好，但由于线路过于复杂，增加了中间环节的电能损耗，且成本高而影响它的推广价值。下面重点分析改变电源频率调速的方法及特点。

根据公式可知，当转差率变化不大时，异步电动机的转速 n 基本上与电源频率 f 成正比。连续调节电源频率，就可以平滑地改变电动机的转速。但是，单一地调节电源频率，将导致电动机运行性能恶化。随着电力电子技术的发展，已出现了各种性能良好、工作可靠的变频调速电源装置，它们促进了变频调速的广泛应用。

2. 节能分析

供水系统的扬程特性是以供水系统管路中的阀门开度不变为前提，表明水泵在某一转速下扬程 H 与流量 Q 之间的关系曲线，如图 6.1 所示。由于在阀门开度和水泵转速都不变的情况下，流量的大小主要取决于用户的用水情况，因此，扬程特性所反映的是扬程 H 与用水流量 Q_u 间的关系 $H=f(Q_u)$。而管阻特性是以水泵的转速不变为前提，表明阀门在某一开度下扬程 H 与流量 Q 之间的关系曲线，如图 6.1 所示。管阻特性反映了水泵的能量用来克服泵系统的水位及压力差、液体在管道中流动阻力的变化规律。由于阀门开度的改变，实际上是改变了在某一扬程下，供水系统向用户的供水能力。因此，管阻特性所反映的是扬程与供水流量 Q_c 之间的关系 $H=f(Q_c)$。扬程特性曲线和管阻特性曲线的交点，称为供水系统的工作点，如图 6.1 中 A 点。在这一点，用户的用水流量 Q_u 和

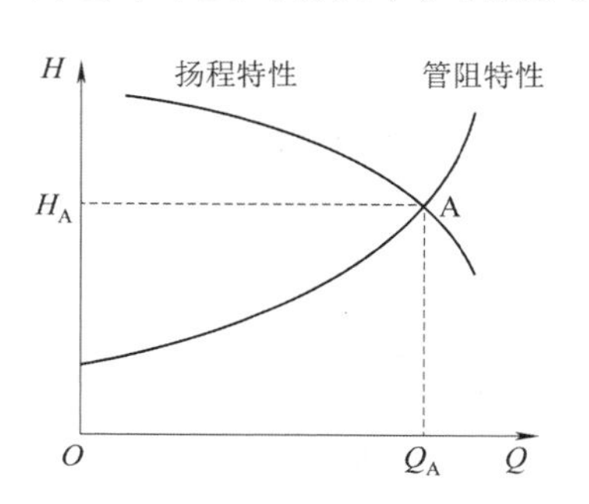

图 6.1　恒压供水系统的基本特征

供水系统的供水流量 Q_c 处于平衡状态，供水系统既满足了扬程特性，也符合了管阻特性，系统稳定运行。

变频恒压供水系统的供水部分主要由水泵、电动机、管道和阀门等构成。通常由异步电动机驱动水泵旋转来供水，并且把电动机和水泵做成一体，通过变频器调节异步电动机的转速，从而改变水泵的出水流量而实现恒压供水。因此，供水系统变频的实质是异步电动机的变频调速。异步电动机的变频调速是通过改变定子供电频率来改变同步转速而实现调速的。

在供水系统中，通常以流量为控制目的，常用的控制方法为阀门控制法和转速控制法。阀门控制法是通过调节阀门开度来调节流量，水泵电动机转速保持不变。其实质是通过改变水路中的阻力大小来改变流量，因此，管阻将随阀门开度的改变而改变，但扬程特性不变。由于实际用水中，需水量是变化的，若阀门开度在一段时间内保持不变，必然要造成超压或欠压现象的出现。转速控制法是通过改变水泵电动机的转速来调节流量，而阀门开度保持不变，是通过改变水的动能改变流量。因此，扬程特性将随水泵转速的改变而改变，但管阻特性不变。变频调速供水方式属于转速控制。其工作原理是根据用户用水量的变化自动地调整水泵电动机的转速，使管网压力始终保持恒定，当用水量增大时电动机加速，用水量减小时电动机减速。

由流体力学可知，水泵给管网供水时，水泵的输出功率 P（式 6-2）与管网的水压 H 及出水流量 Q 的乘积成正比；水泵的转速 n（式 6-3）与出水流量 Q 成正比；管网的水压 H（式 6-4）与出水流量 Q 的平方成正比。由上述关系有，水泵的输出功率 P（式 6-5）与转速 n 三次方成正比，即

$$P = k_1 HQ \tag{6-2}$$

$$n = k_2 Q \tag{6-3}$$

$$H = k_3 Q^2 \tag{6-4}$$

$$P = kn^3 \tag{6-5}$$

式中，k、k_1、k_2、k_3 为比例常数。

由图 6.2 管网及水泵的运行特性曲线可知，当用阀门控制时，若供水量高峰水泵工作在 E 点，流量为 Q_1，扬程为 H_0，当供水量从 Q_1 减小到 Q_2 时，必须关小阀门，此时阀门的摩擦阻力变大，阻力曲线从 b_3 移到 b_1，扬程特性曲线不变。而扬程则从 H_0 上升到 H_1，运行工况点从 E 点移到 F 点，此时水泵的输出功率正比于 $H_1 \times Q_2$。当用调速控制时，若采用恒压（H_0），变速泵（n_2）供水，管阻特性曲线为 b_2，扬程特性变为曲线 n_2，工作点从 E 点移到 D 点。此时水泵输出功率正比于 $H_0 \times Q_2$，由于 $H_1 > H_0$，所以当用阀门控制流量时，有正比于（$H_1 - H_0$）$\times Q_2$ 的功率被浪费掉，并且随着阀门的不断关小，阀门的摩擦阻力不断变大，管阻特性曲线上移，运行工况点也随之上移，于是 H_1 增大，而被浪费的功率要随之增加。所以调速控制方式要比阀门控制方式供水功率要小得多，节能效果显著。

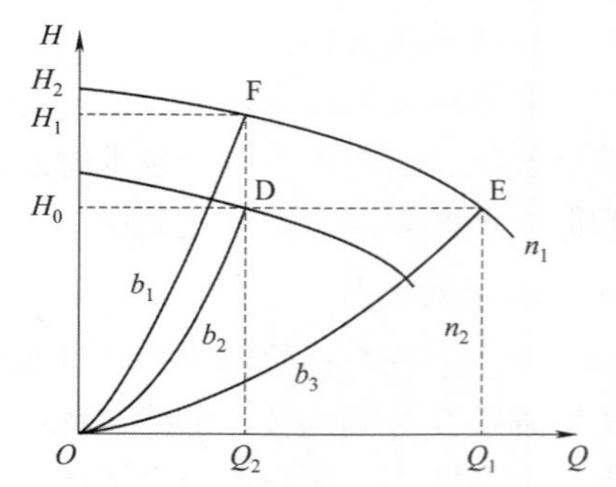

图 6.2　管网及水泵的运行特性曲线

三、变频恒压供水系统的组成及原理图

PLC 控制变频恒压供水系统主要有可编程控制器、变频器、水泵机组和压力变送器一起组成一个完整的闭环调节系统，该系统的控制流程图如图 6.3 所示。

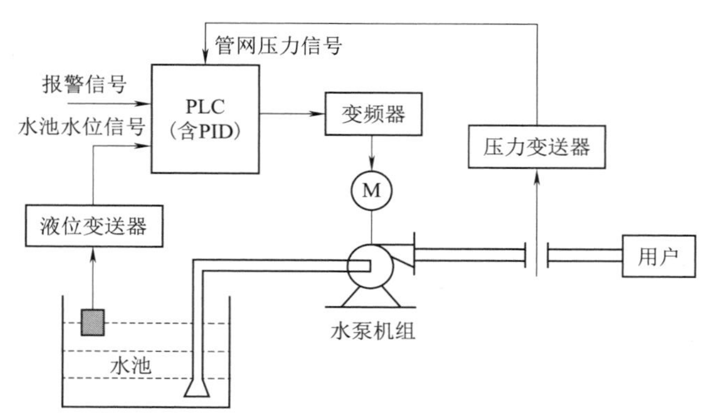

图 6.3 变频恒压供水系统控制流程图

从图中可看出，系统可分为：执行机构、信号检测机构、控制机构三大部分。

（1）执行机构：执行机构是由一组水泵组成，它们用于将水供入用户管网，其中由一台变频泵和两台工频泵构成，变频泵是由变频调速器控制、可以进行变频调整的水泵，用以根据用水量的变化改变电动机的转速，以维持管网的水压恒定；工频泵只运行于启、停两种工作状态，用以在用水量很大（变频泵达到工频运行状态都无法满足用水要求时）的情况下投入工作。

（2）信号检测机构：在系统控制过程中，需要检测的信号包括管网水压信号、水池水位信号和报警信号。管网水压信号反映的是用户管网的水压值，它是恒压供水控制的主要反馈信号。此信号是模拟信号，读入 PLC 时，需进行 A/D 转换。另外为加强系统的可靠性，还需对供水的上限压力和下限压力用电接点压力表进行检测，检测结果可以送给 PLC，作为数字量输入；水池水位信号反映水泵的进水水源是否充足。信号有效时，控制系统要对系统实施保护控制，以防止水泵空抽而损坏电动机和水泵。此信号来自安装于水池中的液位传感器；报警信号反映系统是否正常运行，水泵电动机是否过载、变频器是否有异常，该信号为开关量信号。

（3）控制机构：供水控制系统一般安装在供水控制柜中，包括供水控制器（PLC 系统）、变频器和电控设备三个部分。供水控制器是整个变频恒压供水控制系统的核心。供水控制器直接对系统中的压力、液位、报警信号进行采集，对来自人机接口和通信接口的数据信息进行分析、实施控制算法，得出对执行机构的控制方案，通过变频调速器和接触器对执行机构（即水泵机组）进行控制；变频器是对水泵进行转速控制的单元，其跟踪供水控制器送来的控制信号改变调速泵的运行频率，完成对调速泵的转速控制。

根据水泵机组中水泵被变频器拖动的情况不同，变频器有两种工作方式即变频循环式和变频固定式，变频循环式即变频器拖动某一台水泵作为调速泵，当这台水泵运行在 50Hz 时，其供水量仍不能达到用水要求，需要增加水泵机组时，系统先将变频器从该水泵电动机中脱出，将该泵切换为工频的同时用变频去拖动另一台水泵电动机；变频固定式是变频器拖动某一台水泵作为调速泵，当这台水泵运行在 50Hz 时，其供水量仍不能达到用水要求，需要增加水泵机组时，系统直接启动另一台恒速水泵，变频器不做切换，变频器固定拖动的水泵在系统运行前可以选择。

变频恒压供水系统以供水出口管网水压为控制目标，在控制上实现出口总管网的实际供水压力跟随设定的供水压力。设定的供水压力可以是一个常数，也可以是一个时间分段函数，在每一个时段内是一个常数。所以，在某个特定时段内，恒压控制的目标就是使出口总管网的实际供水压力维持在设定的供水压力上。变频恒压供水系统的结构框图如图 6.4 所示。

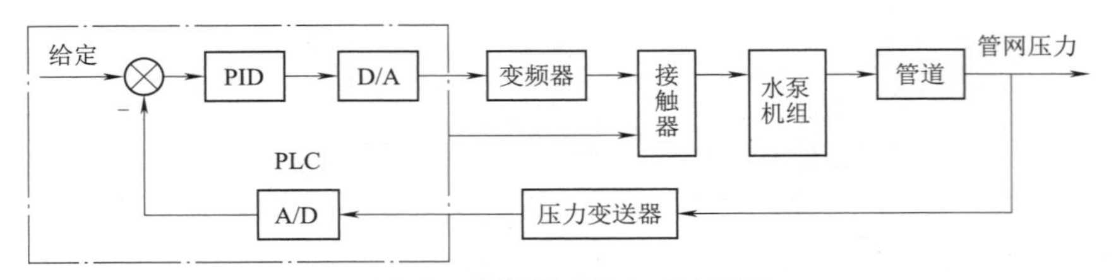

图 6.4　变频恒压供水系统框图

恒压供水系统通过安装在用户供水管道上的压力变送器实时地测量参考点的水压，检测管网出水压力，并将其转换为 4～20 mA 的电信号，此检测信号是实现恒压供水的关键参数。由于电信号为模拟量，故必须通过 PLC 的 A/D 转换模块才能读入并与设定值进行比较，将比较后的偏差值进行 PID 运算，再将运算后的数字信号通过 D/A 转换模块转换成模拟信号作为变频器的输入信号，控制变频器的输出频率，从而控制电动机的转速，进而控制水泵的供水流量，最终使用户供水管道上的压力恒定，实现变频恒压供水。

四、供水设备的选择原则

在做供水系统时，应先选择水泵和电动机，选择依据是供水规模（供水流量）。而供水规模和住宅类型以及用户数有关。

1. 不同住宅类型的用水标准

不同住宅类型的用水标准，根据《城市居民生活用水标准》GB/T 50331—2002，节录如表 6.1。

表 6.1　不同住宅类型的用水标准

住宅类型	给水卫生器具完善程度	用水标准（m^3/人·日）	小时变化系数
1	仅有给水龙头	0.04～0.08	2.5～2.0
2	有给水卫生器具，但无淋浴设备	0.085～0.13	2.5～2.0
3	有给水卫生器具和淋浴设备	0.13～0.19	2.5～1.8
4	有给水卫生器具无淋浴设备但有集中热水供应	0.17～0.25	2.0～1.6

2. 供水规模换算表

不同住宅类型的用水标准，根据《城市居民生活用水标准》GB/T 50331—2002，节录如表 6.2。上面一行为用水标准（m^3/人·日），中间数据为用水规模（m^3/h）。

表 6.2　供水规模换算表

户　数	用水标准（m^3/人·日）			
	0.10	**0.15**	**0.20**	**0.25**
450	39.40	59.00	78.70	98.40
500	43.80	65.60	87.50	109.40
600	52.50	78.80	105.00	131.30
700	61.30	91.90	122.50	153.10
800	70.00	105.00	140.00	175.00
1 000	87.50	131.30	175.00	218.80

3. 根据供水量和高度确定水泵型号和台数，并对电动机进行选型（见表6.3）

表6.3　水泵、电动机和变频器选型表

用水量/(m^3/h)	扬程/m	水泵型号	电动机功率/kW	配用变频器/kW
$36\times N$	40	65LG36-20×2	7.5	7.5
	60	65LG36-20×3	11	11
	80	65LG36-20×4	15	15
	100	65LG36-20×5	18.5	18.5
	120	65LG36-20×6	22	22
$50\times N$	40	80LG50-20×2	11	11
	60	80LG50-20×3	15	15
	80	80LG50-20×4	18.5	18.5
	100	80LG50-20×5	22	22
	120	80LG50-20×6	30	30

注：N为水泵台数

4. 设定供水压力经验数据

每平方供水压力$P=0.12$ MPa；楼房供水压力

$$P=(0.08+0.04\times 楼层数)\ \text{MPa} \tag{6-6}$$

5. 系统设计遵循的原则

（1）蓄水池容量应大于每小时最大供水量；

（2）水泵扬程应大于实际供水高度；

（3）水泵流量总和应大于实际最大供水量。

任务实施

一、设备选用

（1）根据表6.1，确定用水量标准为0.19 m^3/人日。

（2）根据表6.2，确定每小时最大用水量为105 m^3/h。

（3）根据7层楼高度可确定设置供水压力值为0.36 MPa。

（4）根据表6.3，确定水泵型号为65LG36-20×2共3台，水泵自带电动机功率为7.5 kW。

（5）变频器的选型与控制方式。

因为水泵也属于二次方律负载，因此变频器的类型可选u/f控制方式三菱FR-D740的变频器，容量为7.5 kW，其变频器的u/f线可选“负补偿”程度较轻的曲线（如图6.5中的02曲线）

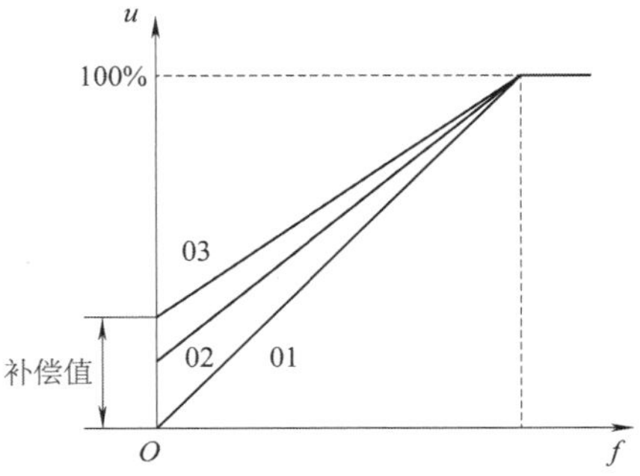

u
100%
03
02
01
补偿值
O
f

图6.5　变频器的u/f控制线

二、电路原理图设计

根据要求，小区恒压供水系统电路原理图，如图6.6所示。

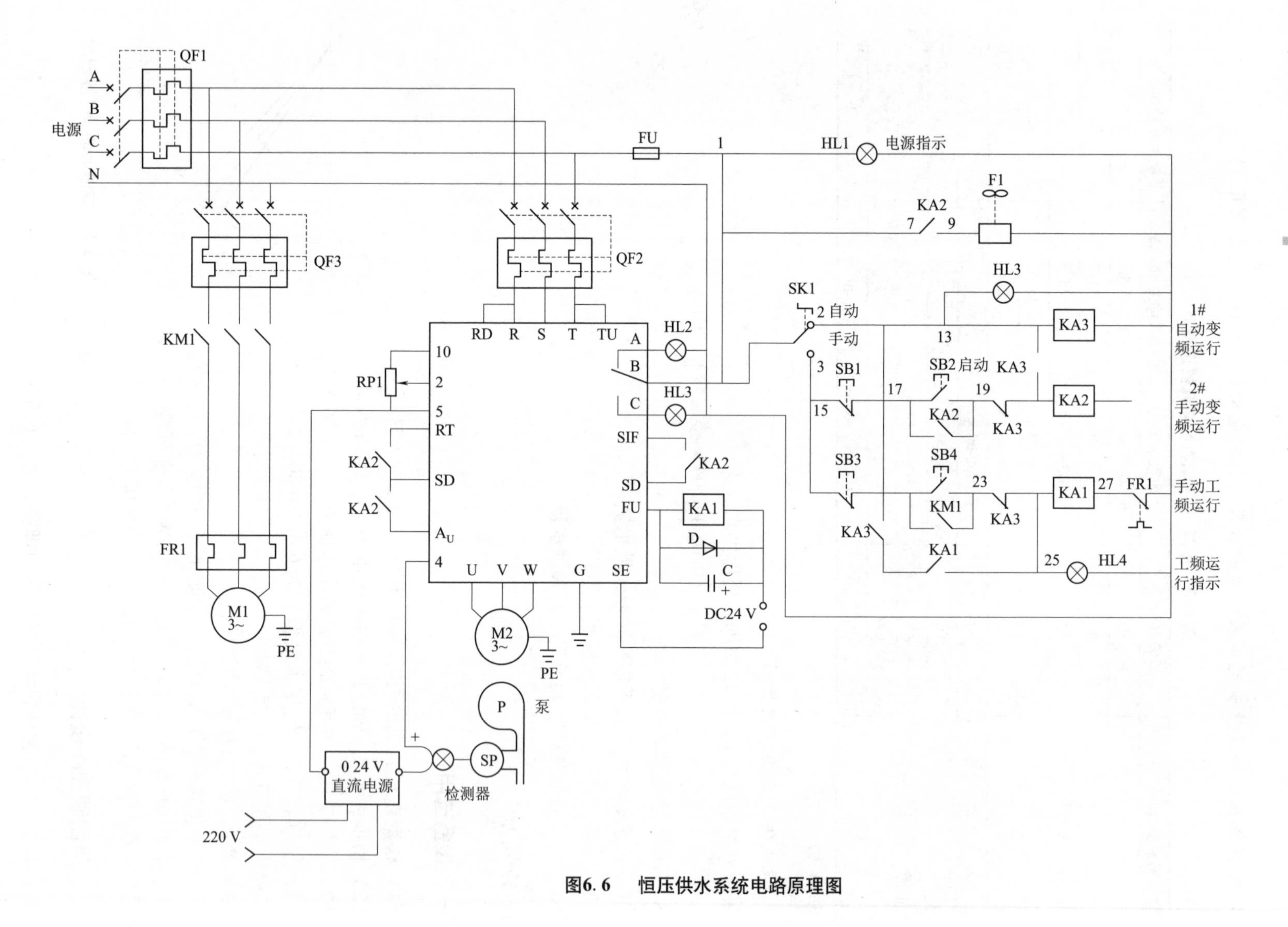

图6.6　恒压供水系统电路原理图

1. 主电路

该装置主电路采用变频常用泵和工频备用泵自动与手动双重运行模式。由于管道设计采取了易分解结构，各泵可以独立运行、检修。两台水泵中一台变频运行，当用户用水量增加、变频调速达到上限值时，自动切换到工频备用泵运行，原变频常用泵继续以较低频率运行，以满足用户用水量的需要。途中M2为主泵电动机，M1为备用泵电动机，QF1、QF2、QF3为低压断路器，KM1为接触器，FR1为热继电器。

2. 控制电路

控制电路由三菱FR-D740变频器和外围继电器控制电路组成。

(1) 控制电路可以实现变频、工频、一用一备自动与手动转换控制运行，通过内置的频率信号变化范围，设定开关量输出，控制主泵电动机和备用泵电动机之间的相互切换。

(2) 压力的目标值给定通过电位器RP1实现，水泵的压力范围为0～1 MPa，实际压力为0.36 MPa，因此压力的目标值用百分数表示应为36%。压力传感器SP的输出电流范围为4～20 mA，即水压为0 MPa时压力传感器SP输出4 mA，水压为1 MPa时压力传感器SP输出20 mA。

(3) 利用变频器内置的PID控制，比较给定压力信号和反馈信号的大小，输出相应的0～5 V电压控制信号，自动控制水泵进行调速。

(4) 控制系统的各控制参数可通过变频器的面板显示。

(5) 具有短路、过电流、过载等保护功能。

3. 系统主要电器的选择

(1) 断路器QF2的选择。

断路器具有隔离、过电流及欠电压等保护功能，当变频器的输入侧发生短路或电源电压过低等故障时，可迅速进行保护。考虑变频器允许的过载能力为150%，1 min。所以为了避免误动作，断路器QF2的额定电流I_{QN}应选

$$I_{QN} \geqslant (1.3 \sim 1.4) I_N = (1.3 \sim 1.4) \times 16.4\ \text{A} = 23\ \text{A}$$

QF2选30 A

式中，I_N为变频器的输出电流，$I_N = 16.4$ A。

(2) 断路器QF1的选择。

在电动机要求实现工频和变频切换驱动的电路中，断路器应按电动机在工频下的启动电流来考虑，断路器QF1的额定电流I_{QN}应选

$$I_{QN} \geqslant 2.5 I_{MN} = 2.5 \times 13.6\ \text{A} = 34\ \text{A}$$

QF1选40 A

式中，I_{MN}为电动机的额定电流，$I_{MN} = 13.6$ A。

(3) 接触器KM1的选择。

接触器的选择应考虑到电动机在工频下的启动情况，其触点电流通常可按电动机的额定电流再加大一个挡次来选择，由于电动机的额定电流$I_{MN} = 13.6$ A，所以接触器的触点电流选20 A即可。

4. 安装与配线注意事项

(1) 变频器的输入端R、S、T和输出端U、V、W是绝对不允许接错的，否则将引起两相间

的短路而将逆变管迅速烧坏。

(2) 变频器都有一个接地端子“E”，用户应将此端子与大地相接。当变频器和其他设备，或多台变频器一起接地时，每台设备都必须分别和地线相接，不允许将一台设备的接地端和另一台设备的接地端相接后再接地。

(3) 在进行变频器的控制端子接线时，务必与主动力线分离，也不要配置在同一配线管内，否则有可能产生误动作。

(4) 压力设定信号线和来自压力传感器的反馈信号线必须采用屏蔽线，屏蔽线的屏蔽层与变频器的控制端子 ACM 连接；屏蔽线另一端的屏蔽层悬空。

三、变频器的功能参数设置

1. 变频器的基本功能参数预置

1) 最高频率

水泵属二次方律负载，变频器的工作频率是不允许超过额定频率的，其最高频率只能与额定频率相等，即 $f_{max}=f_N=50$ Hz。

2) 上限频率

变频调速系统若在 50 Hz 运行时不如直接在工频下运行好，所以可将上限频率预置为 49 Hz 或 49. 5 Hz。

3) 下限频率

在供水系统中，转速过低，会出现水泵“空转”的现象，即水泵的全扬程小于实际扬程，所以通常情况下，下限频率应设定为 30～35 Hz。

4) 启动频率

水泵在启动前，其叶轮全部在水中，启动时，存在着一定的阻力。在从零开始启动时的一段频率内，实际上转不起来，应适当预置启动频率，使其在启动瞬间有一点冲力，也可采用手动或自动转矩补偿功能。当启动电流为额定电流 15% 时，启动转矩可达额定转矩的 20% 左右，现场设置应视具体情况而定。

5) 升速与降速时间

对于水泵它不属于频繁地启动与制动的负载，其升、降速时间的长短并不涉及生产效率问题。因此，可将升、降时间预置得长一些，通常确定升降速时间的原则是，在启动过程中其最大启动电流接近或等于电动机的额定电流，升、降速时间相等即可。

6) 暂停（睡眠与苏醒）功能

在日常供水系统中，夜间的用水量常常是很少的，即使水泵在下限频率下运行，供水压力仍能超过目标值，这时，可使主水泵暂停运行。

2. 变频器的端子定义功能参数预置

变频器的端子定义功能参数见表 6. 4。

表 6.4　变频器的端子定义功能参数预置

参数号	作　用	功　能
Pr. 183 = 14	将 RT 端子设定为 PID 的功能	RT 端子功能选择
Pr. 184 = 4	反馈值为电流	电流输入选择
Pr. 192 = 16	从 IPF 端子输出正反转信号	IPF 端子功能选择
Pr. 193 = 14	从 OL 端子输出下限信号	OL 端子功能选择
Pr. 194 = 15	从 FU 端子输出上限信号	FU 端子功能选择

3. 变频器的 PID 运行参数预置见表 6.5

表 6.5　变频器的 PID 运行参数预置

参数号	作　用	功　能
Pr. 128 = 20	检测值从端子 4 输入	选择 PID 对压力信号的控制
Pr. 129 = 30	确定 PID 的比例调节范围	PID 的比例范围常数设定
Pr. 130 = 10	确定 PID 的积分时间	PID 的积分时间常数设定
Pr. 131 = 100%	设定上限调节值	上限值设定参数
Pr. 132 = 0%	设定下限调节值	下限值设定参数
Pr. 133 = 50%	外部操作时设定值由端子 2 ~ 5 端子间的电压确定，在 PU 或组合操作时控制值大小的设定	PU 操作下控制设定值的确定
Pr. 134 = 3 s	确定 PID 的微分时间	PID 的微分时间常数设定

4. PID 控制模拟调试

1）手动模拟调试

在系统运行前，可以先将图 6.6 中的 SP 反馈拆除，用手动模拟方法对 PID 功能进行初步调试，PID 功能手动模拟调试如图 6.7 所示。

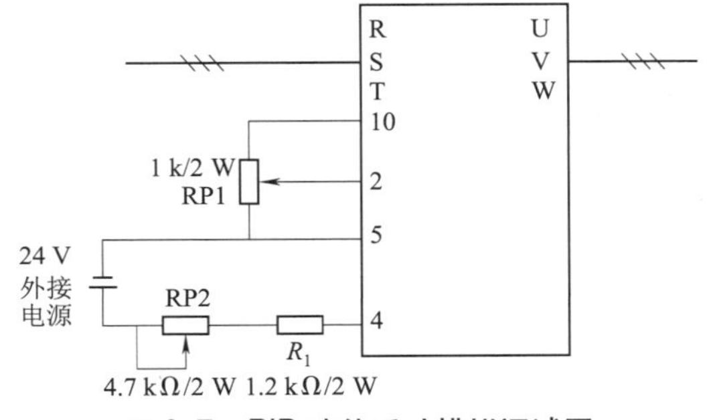

图 6.7　PID 功能手动模拟调试图

（1）模拟量确定。

设定 Pr. 73 = 5，使“0 ~ 5 V/0 ~ 10 V”选择为 0 ~ 5 V 输入，即模拟量电压 0 ~ 5 V。0 V 对应于设定输出值为 0%；5 V 对应于设定输出值为 100%。

频率 50 ~ 0 Hz 控制运转频率范围，实际频率设定为 30 Hz 左右。

压力 0 ~ 1 MPa，实际控制压力设定为 0.36 MPa。

(2) 给定电压范围是0～5 V，目标值设定为0.36 MPa，对应的电压为1.8 V，设定量为36%。

2) 反馈信号确定

(1) 模拟量选择：电压外接0～24 V。

(2) 模拟电流信号范围。

电流变化随R_{P2}的阻值变化而变化，最小值为24 V/（4.7+1.2）kΩ=0.004 1 A，最大为24 V/1.2 kΩ=0.02 A；4 mA对应于传感器的输出值为0%，20 mA对应于传感器的输出值为100%。

3) 执行量信号调整范围

选择的流量传感器型号为DG1300-BZ-Z-2-2，量程为0～1 MPa，输出4～20 mA的模拟信号，流量传感器压力与输出电流的变化关系曲线如图6.8所示，对应的总电阻值变化关系如表6.6所示。

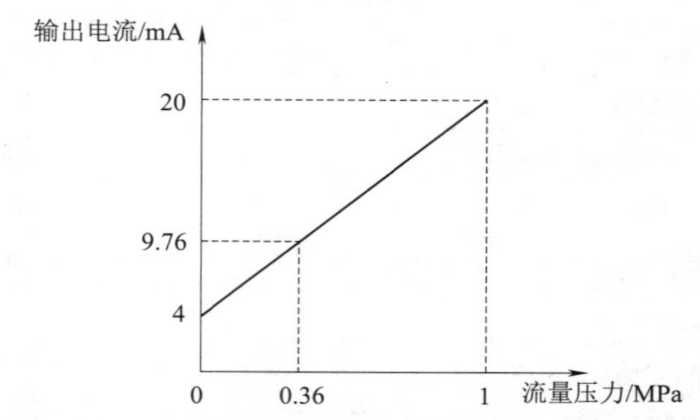

图6.8　流量传感器压力与输出电流的变化关系曲线

表6.6　流量传感器压力、电流对应的总电阻值变化关系

压　力	百　分　数	输出电流	对应的总阻值
0 MPa	0%	4 mA	5.9 kΩ
0.36 MPa	36%	9.76 mA	2.45 kΩ
1 MPa	100%	20 mA	12 kΩ

将目标值预置为实际数值，即调节图6.7中R_{P1}，将给定电压设置为1.8 V左右，将一个手控的电压或电流信号（参看图6.7中调节R_{P2}电阻值为2.45 kΩ左右）接至变频器的反馈信号输入端子4。

缓慢地调节反馈信号，当反馈信号超过目标信号时，变频器的输入频率将不断上升，直至最高频率；反之，当反馈信号低于目标信号时，变频器的输入频率将不断下降，直至频率为下限或0 Hz，上升或下降的快慢反映了积分时间的大小。

四、系统调试

由于PID的取值与系统的惯性大小有很大关系，在调试过程中，首先将微分功能D调为0，即无微分控制。在许多要求不高的控制系统中，微分功能可以不用，将比例放大和积分时间可设定较大一点或保持变频器出厂设定值不变，使系统运行起来，观察其工作情况。

如果在压力下降或上升后难以恢复，说明反应太慢，则应加大比例增益K_P，修正Pr.129参数，直至比较满意为止。在增大K_p后，反应虽然快了，却容易在目标值附近波动，说明系统有振荡，应该加大积分时间（即修正Pr.130参数），直至不振荡为止。

总之，在调试过程中反应太慢应增大 K_P，或减小积分时间；在发生振荡时，应调小 K_p 或加大积分时间，最后调整微分时间，使 D 微微增大，使过程控制更加稳定。至此调试结束。

综合评价

完成任务后，对照下表，看看这些能力点是不是都掌握了，在相应的方框中打勾。

序号	能力点	掌握情况
1	根据电路图安装接线	□是　　□否
2	变频器参数设定	□是　　□否
3	系统调试并记录测量	□是　　□否
4	安全操作	□是　　□否

思考与练习

1. 变频恒压供水与传统的水塔供水相比，具有什么优点？
2. 如何选择变频恒压供水的水泵和变频器？
3. 恒压供水系统中变频器需要设置哪些参数？

任务 2 风机的变频调速

任务描述

某锅炉风机系统有引风机一台，采用变频调速，整个系统由变频器和压力变送器配合，实现炉膛保持稳定的微负压。其具体控制要求为：

（1）按设计要求鼓风机恒速运行，引风机由变频器调频驱动，实现炉膛负压的调节。

（2）当炉膛负压高于上限压力时，变频器调高输出频率，加速引风机运行速度，迫使炉膛压力下调；当炉膛负压低于下限压力时，变频器调低输出频率，减小引风机运行速度，使炉膛压力上升。

（3）参考指针式压力表的实际压力，炉膛压力目标值通过调节变频器操作面板上的（▲▼）键来设定；PID 反馈信号由压力变送器检测。

（4）通过变频器的 PID 调节功能，配合压力变送器检测的反馈信号，使炉膛负压保持恒定。

任务分析

通常工业锅炉上的鼓风机、引风机、给水泵都是电动机以定速运转，再通过改变风机入口的挡板开度来调节风量，以及通过改变水泵出口管路上的调节阀开度来调节给水量。这种调节方式，不仅控制精度受到限制，而且还造成大量的能源浪费和设备损耗，进而导致生产成本增加，设备使用寿命缩短，设备维护、维修费用高居不下。而风机和水泵的最大特点是负载转矩与转速的平方成正比，轴功率与转速的立方成正比。因此，如果将电动机的定速运转改为根据需要的流量来调节电动机的转速就可节约大量的电能。交流电动机的调速方式有多种，变频调速是高效的最佳调速方案，它可以实现风机的无级调速，并可方便地组成闭环控制系统，实现恒压、恒温或恒风量控制。本任务就是利用变频器对风机的运行速度进行调速控制，从而达到节能的效果。

知识导航

从消耗电能的角度讲，各类风机在工矿企业中所占的比例是所有生产机械中最大的，达33%。大多数风机属于二次方律负载，采用变频调速后节能效果极好，可节电风机应用广泛，但常用的方法则是调节风门或挡板开度的大小来调整受控对象，这样，就使得能量以风门、挡板的节流损失消耗掉了。因此采用变频调速可以节能30%～60%。

负载转矩 T_L 和转速 n_L 之间的关系可用式（6-7）表示：

$$T_L = T_0 + K_T n_L^2 \tag{6-7}$$

则功率 P_L 和转速 n_L 之间的关系为：

$$P_L = P_0 + K_P n_L^3 \tag{6-8}$$

式中：P_L、T_L——分别为电动机轴上的功率和转矩；

K_T、K_P——分别为二次方律负载的转矩常数和功率常数。

从图6.9所示可以看出，当被控对象所需风量减少时，采用变频器降低风机的转速 n，会使电动机的功率损耗大大降低。

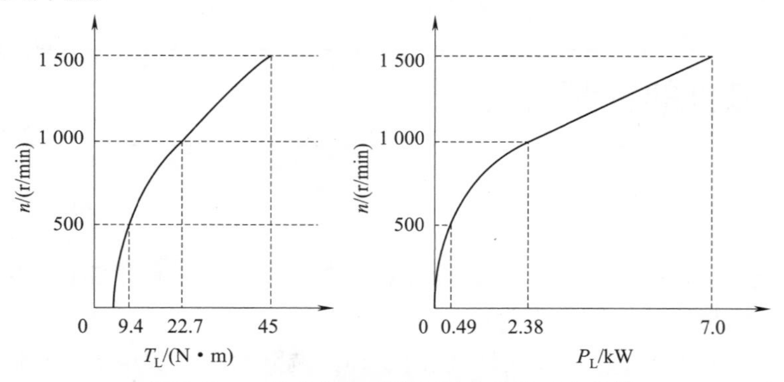

图6.9　二次方律负载的机械特性和功率特性

（1）引风机：引风机是热电厂重要的辅助设备之一，锅炉引风机是锅炉助燃的主要部分，它是将锅炉燃烧产生的高温烟气经水磨除尘、静电除尘器，再经烟囱排出的动力设备。锅炉燃烧时，负荷发生变化，为保证炉堂负压，烟气含氧量及相应气温、气压的相对稳定，需要及时的调整引风机的吸风量，并靠挡板的开度来调节风量的大小。

（2）压力变送器：压力变送器被测介质的两种压力通入高、低两压力室，作用在敏感元件的两侧隔离膜片上，通过隔离片和元件内的填充液传送到测量膜片两侧。测量膜片与两侧绝缘片上的电极各组成一个电容器。当两侧压力不一致时，致使测量膜片产生位移，其位移量和压力差成正比，故两侧电容量就不等，通过振荡和解调环节，转换成与压力成正比的信号。

（3）调速系统工作原理：锅炉燃烧时，负荷发生变化。为保证炉堂负压，烟气含氧量及相应气温、气压的相对稳定，需要及时的调整引风机的吸风量。根据压力变送器的实时反馈，调节变频器的运行频率，可以实时的调整引风机的吸风量。根据条件，可利用实际锅炉作为实施任务的载体，控制系统主要由压力变送器、变频器、控制器（PID 调节器）、引风机组成，形成压力闭环回路，自动控制引风机的转速，使炉膛保持稳定的微负压。

（4）PID 控制：PID 控制是闭环控制中的一种常见形式。反馈信号取自拖动系统的输出端，当输出量偏离所要求的给定值时，反馈信号成比例变化。在输入端，给定信号与反馈信号相比较，存在一个偏差值。对该偏差值，经过 P、I、D 调节，变频器是通过改变输出频率，迅速、准确地消除拖动系统的偏差，回复到给定值，振荡和误差都比较小。

一、风机变频调速系统设计

1. 风机容量选择

风机容量的选择，主要依据被控对象对流量或压力的需求，可查阅相关的设计手册。在对现有的风机进行风机变频调速技术改造，风机的容量应当是现成的。

2. 变频器的容量选择

风机在运转过程中，其阻转矩一般不会发生变化，只要转速不超过额定值，电动机也不会过载。所以变频器的容量只需按照说明书上标明的“配用电动机容量”进行选择即可。

3. 变频器的运行控制方式选择

依据风机在低速时，由于阻转矩很小，不存在低频时能否带动的问题，故采用 u/f 控制方式已经足够。并且，从节能的角度考虑，u/f 线可选最低的。多数生产厂都生产了比较价廉的专用于风机、水泵的变频器，可以选用。操作人员可以通过调节安装在工作台上的按钮或电位器调节风机的转速，操作十分简单。

4. 变频器的参数预置

（1）上限频率。因为风机的机械特性具有二次方律特性，所以，一旦转速超过额定转速时，阻转矩将增大很多，容易使电动机和变频器处于过载状态，因此，上限频率 f_H 不应超过额定频率 f_N。

（2）下限频率。从特性或工作状况来说，风机对下限频率 f_L 没有要求，但转速太低时，风量太小，在多数情况下无实际意义。故一般可预置为：$f_L \geqslant 20$ Hz。

（3）加、减速时间。风机的惯性很大，加速时间过短，容易产生过电流；减速时间过短，容易引起过电压。一般风机启动和停止的次数很少，启动和停止时间不会影响正常生产。因此，加、减速时间可以设置长些，具体时间可根据风机的容量大小而定。通常是风机容量越大，加、减速时间设置越长。

（4）加、减速方式。风机在低速时阻转矩很小，随着转速的增高，阻转矩增大得很快；反之，在停机开始时，由于惯性的原因，转速下降较慢。所以，加、减速方式以半 S 方式比较适宜。

（5）回避频率。风机在较高速运行时，由于阻转矩较大，较容易在某一转速下发生机械谐振。遇到机械谐振时，极易造成机械事故或设备损坏，因此必须考虑设置回避频率。可采用试验的方法进行预置，先缓慢地在设定的频率范围内反复进行调节，观察产生谐振的频率范围，然后进行回避频率设置。

（6）启动前的直流制动。为保证电动机在零速状态下启动，许多变频器具有“启动前的直流制动”功能设置。这是因为风机在停机状态下，其风叶常常因自然风而反转，此时风机启动会使电动机处于反接制动状态，从而产生很大的冲击电流。为避免此类情况出现，在启动前首先要进行“启动前的直流制动”功能设置，以保证电动机能够在“零速”的状态下启动。

二、变频器在冷却塔风机控制中的应用（闭环控制）

在中央空调水冷式机组中，使用循环冷却水是最常用的方法之一。为了使机组中加热了的水再降温冷却，重新循环使用，常使用冷却塔。风机为机械通风冷却塔的关键部件，通常都采用户外立式冷却塔专用电动机，具有效率高、节能、防水性能好等特点。水在冷却塔纱滴下时，冷却风机使之与空气较充分的接触，将热量传递给周围空气，将水温降下来。

由于冷却塔的设备容量是根据在夏天最大热负载的条件下选定的，也就是考虑到最恶劣的条件，然而在实际设备运行中，由于季节、气候及工作负载的等效热负载等诸多因素都决定了机组设备经常是处于较低热负载的情况下运行，所以机组的耗电常常是不必要的和浪费的。因此，使用变频调速控制冷却风机的转速，在夜间或在气温较低的季节气候条件下，通过调节冷却风机的转速和冷却风机的开启台数，节能效果就非常显著。冷却水系统能耗是空调系统总能耗的重要组成部分之一。采用截止阀对冷却水流量进行调节将导致能量无谓的浪费，在部分负载时固定冷却水流量以及不对冷却塔风机电动机进行控制也将浪费大量电能。但如果采用变频调速技术对冷却水系统进行控制，则节能可达60%。具有显著的节能效益。特别对于宾馆、饭店、商场等工作期较长的中央空调系统以及南方地区空调运行期长的其他建筑物空调系统，采用变频节能的空调冷却水系统的投资回收期一般在1~2年，具有非常显著的经济效益。

在典型的冷却塔风机控制系统中，变频器可以利用内置功能，组成以温度为控制对象的闭环控制。图6.10所示为典型的冷却塔风机变频控制原理，冷却塔风机的作用是将出水温度降到一定的值，其降温的效果可以通过变频器的速度调整来进行。被控量（出水温度）与设定值的差值经过变频器内置的PID控制器后，送出速度命令并控制PWM输出，最终调节冷却塔风机的转速。

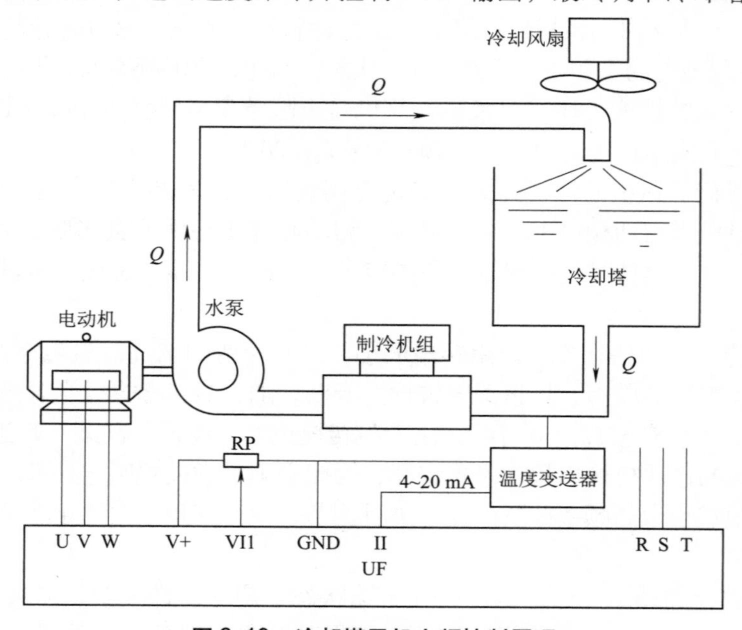

图6.10　冷却塔风机变频控制原理

在这里，温度信号给定量通过变频器操作面板的参数进行设定，温度反馈量通过出水管路中的温度检测以电流的形式反馈输入，然后通过设置合理的参数就可以获得满意的闭环控制。冷却塔风机采用变频调速控制，还应注意以下几点：

由于冷却塔风机拖动部分的转动惯量一般都较大，所以给定加减速时间要长一些。在实际运转中经常出现由于外界风力作用下，冷却塔风机会自转，此时如果启动变频器，电动机会进入再生状态，就会出现跳闸故障，对于变频器应该将启动方式设为转速跟踪再启动。这样一来，变频器在启动前，可通过检测电动机的转速和方向，实施对旋转中电动机的平滑无冲击启动。

由于采用普通电动机，因此应该设置最低运转频率，以保持电动机合适的温升，一般频率下限为 $f_L \geqslant 20$ Hz。

任务实施

操作方法和步骤：

1. 按系统要求接线

（1）开环控制模式。

系统开环控制框图与电路分别如图 6.11、图 6.12 所示。

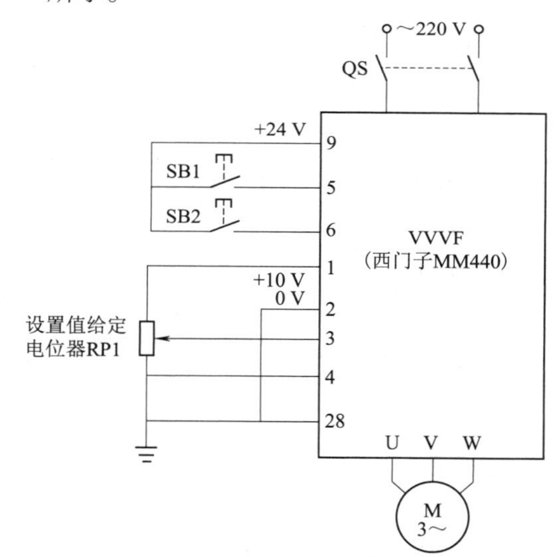

图 6.11 系统开环控制框图

图 6.12 系统开环控制电路

（2）闭环系统模式。

本任务主要是对闭环模式进行训练。系统闭环控制框图与电路分别如图 6.13、图 6.14 所示。

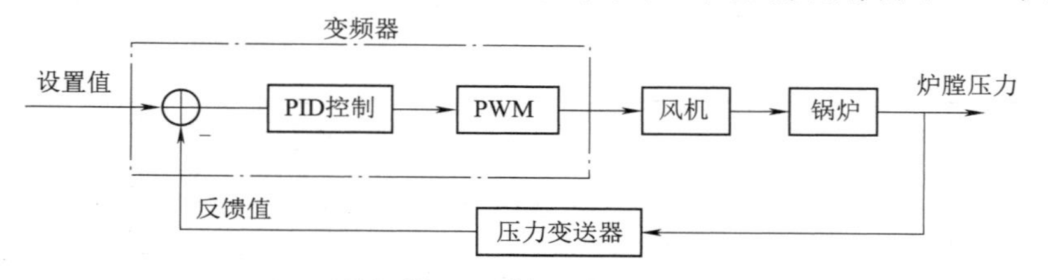

图 6.13 系统闭环控制框图

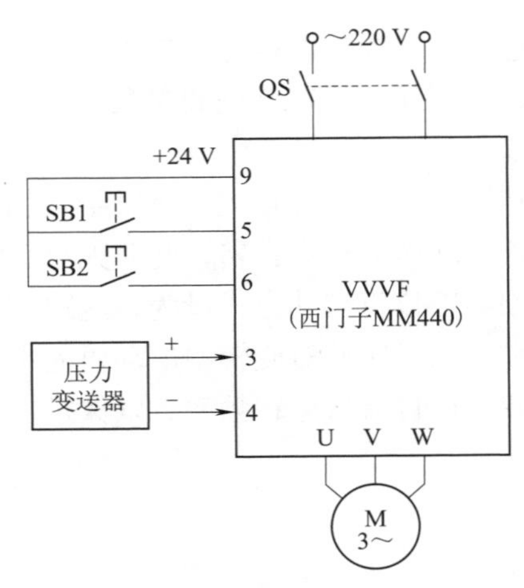

图 6.14　系统闭环控制电路

2. 参数设置

(1) 参数复位。设定 P0010 = 30 和 P0970 = 1，按下“P”键，开始复位，复位过程大约需要 3s，这样就可保证变频器的参数恢复到工厂默认值。

(2) 设置电动机参数，如表 6.7 所示。电动机参数设定完成后，设 P0010 = 0，变频器当前处于准备状态，可正常运行。

表 6.7　电动机参数设置值

参数号	出厂值	设置值	说　明
P0003	1	1	设定用户访问级为标准级
P0010	0	1	快速调试
P0100	0	0	功率以 kW 表示，频率为 50 Hz
P0304	230	380	电动机额定电压（V）
P0305	3.25	1.05	电动机额定电流（A）
P0307	0.75	0.37	电动机额定功率（kW）
P0310	50	50	电动机额定频率（Hz）
P0311	0	1400	电动机额定转速（r/min）

(3) 设置控制参数，如表 6.8 所示。

表 6.8　控制参数表

参数号	出厂值	设置值	说　明
P0003	1	2	用户访问级为扩展级
P0004	0	0	参数过滤显示全部参数
P0700	2	2	由端子排输入（选择命令源）
* P0701	1	1	端子 DIN1 功能为 ON 接通正转/OFF 停止
* P0702	12	25	端子 DIN2 功能为直流注入制动

续表

参数号	出厂值	设置值	说　明
* P0703	9	0	端子 DIN3 用
* P0704	0	0	端子 DIN4 用
P0725	1	1	端子 DIN 输入为高电平有效
P1000	2	1	频率设定由 BOP（▼▲）设置
* P1080	0	20	电动机运行的下限频率（Hz）
* P1082	50	50	电动机运行的上限频率（Hz）
P2200	0	1	PID 控制功能有效

（4）设置目标参数，如表 6.9 所示。

表 6.9　目标参数表

参数号	出厂值	设置值	说　明
P0003	1	3	用户访问级为专家级
P0004	0	0	参数过滤显示全部参数
P2253	0	2250	已激活的 PID 设定值（PID 设定值信号源）
* P2240	10	60	由面板 BOP（▼▲）设定的目标值（%）
* P2254	0	0	无 PID 微调信号源
* P2255	100	100	PID 设定值的增益系数
* P2256	100	0	PID 微调信号增益系数
* P2257	1	1	PID 设定值斜坡上升时间
* P2258	1	1	PID 设定值斜坡下降时间
* P2261	0	0	PID 设定值无滤波

当 P2232 = 0 允许反向时，可以用面板 BOP 键盘上的（▲▼）键设定 P2240 值为负值。

（5）设置反馈参数，如表 6.10 所示。

表 6.10　反馈参数表

参数值	出厂值	设置值	说　明
P0003	1	3	用户访问级为专家级
P0004	0	0	参数过滤显示全部参数
P2264	755.0	755.0	PID 反馈信号由 AIN +（即模拟输入 1）设定
* P2265	0	0	PID 反馈信号无滤波
* P2267	100	100	PID 反馈信号的上限值（%）
* P2268	0	0	PID 反馈信号的下限值（%）
* P2269	100	100	PID 反馈信号的增益（%）
* P2270	0	0	不用 PID 反馈器的数学模型
* P2271	0	0	PID 传感器的反馈形式为正常

（6）设置 PID 参数，如表 6.11 所示。

表 6.11　PID 参数表

参数号	出厂值	设置值	说　明
P0003	1	3	用户访问级为专家级
P0004	0	0	参数过滤显示全部参数
* P2280	3	25	PID 比例增益系数
* P2285	0	5	PID 积分时间
* P2291	100	100	PID 输出上限（%）
* P2292	0	0	PID 输出下限（%）
* P2293	1	1	PID 限幅的斜坡上升/下降时间（s）

3. 检查与调试

（1）按下带锁按钮 SB1 时，变频器数字输入端 DIN1 为“ON”，变频器启动电动机。当反馈的压力信号发生改变时，将会引起电动机速度发生变化。

若反馈的信号小于目标值（即 P2240 值），变频器将驱动电动机升速；电动机速度上升又会引起反馈的信号变大。当反馈的信号大于目标值时，变频器又将驱动电动机降速，从而又使反馈的电流信号变小；当反馈的信号小于目标值 A 时，变频器又将驱动电动机升速。如此反复，能使变频器达到一种动态平衡状态，变频器将驱动电动机以一个动态稳定的速度运行。

（2）如果需要，则目标设定值（P2240 值）可直接通过按操作面板上的“▲▼”键来改变。当设置 P2231 = 1 时，由“▲▼”键改变了的目标设定值将被保存在内存中。

（3）放开带锁按钮 SB1，数字输入端 DIN1 为“OFF”，电动机停止运行。

（4）按下带锁按钮 SB2 时，电动机直流制动，此功能用于启动前的电动机运行准备，防止启动时电动机处于低速反转状态而出现的短暂反接制动运行情况。

综合评价

完成任务后，对照下表，看看这些能力点是不是都掌握了，在相应的方框中打勾。

序号	能力点	掌握情况
1	根据设计图进行电路接线	□是　　□否
2	系统开环控制调试	□是　　□否
3	系统闭环控制调试	□是　　□否
4	参数设定	□是　　□否

思考与练习

1. 试简述变频调速的节能原理。
2. 试简述对鼓风机进行变频调速改造的步骤。

3. 通过端子选择七个目标值的 PID 控制。
4. 改变 PID 参数设置，比较运行效果。
5. 风机的变频调速采用西门子系统，若改为三菱变频器如何实现参数的设置？

任务 3　变频器在中央空调节能改造中的应用

任务描述

某中央空调冷却系统有三台水泵，现采用变频调速，整个系统由 PLC 和变频器配合实现自动恒温控制。其具体控制要求如下。

（1）按设计要求每次运行两台，一台备用，10 天轮换一次。

（2）冷却进回水温差超出上限温度时，一台水泵全速运行，另一台变频高速运行；冷却进回水温差小于下限温度时，一台水泵变频低速运行，另一台停机。

（3）三台水泵分别由电动机 M1、M2、M3 拖动，全速运行由接触器 KM1、KM2、KM3 控制，变频调速分别由接触器 KM4、KM5、KM6 控制。

（4）变频器调速通过七段速控制来实现。

任务分析

通常中央空调系统中的冷冻水泵、冷却泵水不能自动调节负载，几乎长期在 100% 负载下运行，造成了能量的极大浪费，故对其进行节能改造具有重要意义。由于设计时，中央空调系统必须按天气最热、负荷最大的情况进行设计，并且要留 10% ~20% 设计裕量，然而实际上绝大部分时间空调是不会运行在满负荷状态下，故存在较大的富裕，所以节能的潜力就较大。其中，冷冻主机可以根据负载变化随之加载或减载，冷冻水泵和冷却水泵却不能随负载变化做出相应调节，故存在很大的浪费。水泵系统的流量与压差是靠阀门和旁通调节来完成的，因此，不可避免地存在较大截流损失和大流量、高压力、低温差的现象，不仅浪费大量电能，而且还造成中央空调末端达不到合理效果的情况。为了解决这些问题需使水泵随着负载的变化调节水流量并关闭旁通。将变频技术引入中央空调系统，保持室内恒温，对其进行节能改造是降本增效的一条捷径。

知识导航

随着电力电子技术、微电子技术、计算机技术、传感器技术的迅速发展及人们生活水平的不断提高，人们对家电产品提出了更高的消费要求。为此，生产厂家不断开发出新一代更高档的家电产品，以满足和适应不同消费阶层的生活追求，变频家电就是新一代家用电器发展趋势之一。它不但给这些家电产品带来功能的增加、性能的改善，而且具有明显的节能效果和降噪效果，同时使整机寿命较传统家电有明显提高。

中央空调系统是现代大型建筑物不可缺少的配套设施之一，电能的消耗非常大，约占建筑物总电能消耗的 50%。由于中央空调系统都是按最大负载并增加一定裕量设计，而实际上在一年中，满负载下运行最多只有十多天，甚至十多个小时，几乎绝大部分时间负载都在70%以下运行。

一、中央空调系统的组成和原理

如图6.15所示为典型中央空调系统，主要由冷冻水循环系统、冷却水循环系统及主机三部分组成。

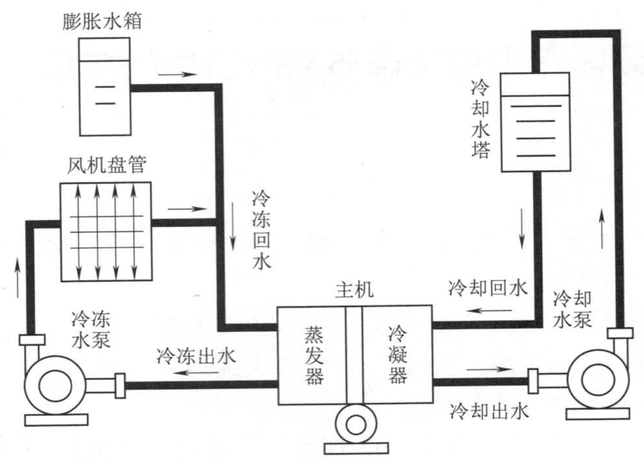

图6.15　中央空调系统构成示意图

1. 冷冻水循环系统

由冷冻水泵、室内风机及冷冻水管道等组成。从主机蒸发器流出的低温冷冻水由冷冻水泵加压送入冷冻水管道（出水），进入室内在各个房间内进行热交换，带走房间内的热量，使房间内的温度降低，最后回到主机蒸发器（回水）。室内风机用于将空气吹过冷冻水管道，加速室内热交换。

2. 冷却水循环系统

由冷却水泵、冷却水管道及冷却水塔等组成。冷冻水循环系统进行室内热交换的同时，必将带走室内大量的热能，该热能通过主机内冷媒传递给冷却水，使冷却水温度升高，冷却泵将升温后的冷却水压入冷却水塔（出水），使之在冷却塔中与大气进行热交换，降温后送回到主机冷凝器（回水），如此不断循环，带走冷冻机组成释放的热量。

3. 主机

由压缩机、蒸发器、冷凝器及冷媒（制冷剂）等组成，其工作循环过程如下：

首先，低压气态冷媒被压缩机加压后进入冷凝器并逐渐冷凝成高压液体，在冷凝过程中，冷媒会释放大量的热能，这部分热能被冷凝器中的冷却水吸收并送到室外的冷却水塔里，最终释放到空气中。

随后，冷凝器中的高压液态冷媒在流经蒸发器前的节流降压装置时，因压力的突变而气化，形成气液混合物进入到蒸发器，冷媒在蒸发器中不断气化，同时吸收冷冻水中的热量使其达到较低温度。

最后，蒸发器中气化后的冷媒又变成了低压气体，重新进入压缩机，如此循环工作。

二、中央空调变频调速系统的节能控制原理

中央空调变频调速的控制依据是：冷冻水和冷却水两个循环系统完成中央空调的外部热交换，而循环水系统的回水与出水温度之差，反映了需要进行热交换的热量。因此，根据回水与出水温度

之差来控制循环水的流动速度，从而控制进行热交换的速度，这是比较合理的控制方法。冷冻水循环系统和冷却水循环系统略有不同。

1. 冷冻水循环系统的控制

由于冷冻水的出水温度是冷冻机组冷冻的结果，常常是比较稳定的。因此，单是回水温度的高低就足以反映室内的温度。所以，冷冻水泵的变频调速可以简单地根据回水温度来进行控制。回水温度高，则说明室内温度高，应提高冷冻水泵的转速，加快冷冻水的循环速度；反之，回水温度低，说明室内温度低，可降低冷冻水泵的转速，减缓冷冻水的循环速度，以节约能源。简言之，对于冷冻水循环系统，控制依据是回水温度，即通过变频调速来实现回水的恒温控制。

2. 冷却水循环系统的控制

由于冷却水的进水温度就是冷却水塔的水温，随环境温度等因素影响而变化，单侧水温不能反映冷冻机组内产生热量的多少。因此，对于冷却水泵，以其进水和回水作为控制依据，实现进水和回水的恒温差控制是比较合理的。温差大，则说明冷冻机组产生的热量大，应提高冷却水泵的转速，增大冷却水的循环速度；反之，则可减缓冷却水的循环速度，以节约能源。

三、中央空调节能改造的方案

由于中央空调系统通常分为冷冻水和冷却水两个循环系统，可分别对水泵系统采用变频器进行节能改造。

1. 冷冻水循环系统的闭环控制

冷冻水循环系统的闭环控制原理，如图6.16所示。

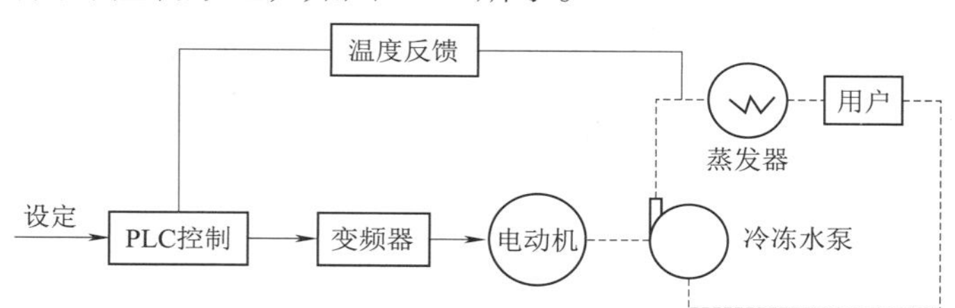

图6.16 冷冻水循环系统的闭环控制原理

控制原理如下：通过温度传感器，将冷冻机的回水温度和出水温度送入温差控制模块，并计算出温差值，然后通过温度A/D模数转换成控制信号传送到PLC，由PLC来控制变频器的输出频率，从而控制冷冻泵电动机转速，调节出水的流量，控制热交换的速度。温差大，说明室内温度高，系统负荷大，应提高冷冻水泵的转速，加快冷冻水的循环速度和流量，加快热交换的速度；反之，温差小，则说明室内温度低，系统负荷小，可降低冷冻水泵的转速，减缓冷冻水的循环速度和流量，减缓热交换的速度以节约电能。制冷模式下冷冻水泵系统冷冻回水温度大于设定温度时，频率应上调；但在制热模式下，它与制冷模式有些不同，冷冻回水温度小于设定温度时，频率应上调，当温度传感器检测到的冷冻水回水温度越高，变频器的输出频率越低。

2. 冷却水循环系统的闭环控制

冷却水循环系统的闭环控制原理，如图6.17所示。

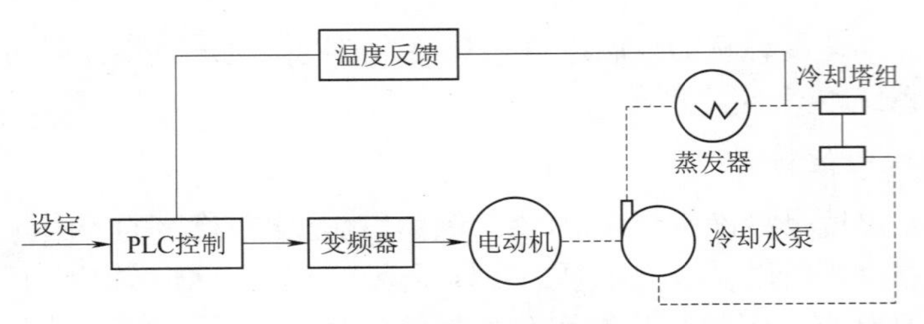

图 6.17　冷却水循环系统的闭环控制原理

由于冷冻机组运行时，其冷凝器的热交换能量是由冷却水带到冷却塔散热降温，再由冷却泵送到冷凝器进行不断循环的。冷却水进水出水温差大，说明冷冻机组负荷大，需冷却水带走的热量大，应提高冷却泵的转速，加大冷却水的循环量；温差小，则说明冷冻机负荷小，需带走的热量小，可降低冷却泵的转速，减小冷却水的循环量，以节约电能。

3. 中央空调变频调速的控制方案

中央空调的水循环系统一般都由若干台水泵组成，采用变频调速时，一般有两种方案。

1）一台变频器方案

若干台冷冻水泵由一台变频器控制，若干台变频器由另外一台变频器控制。各台水泵之间的切换方法如下。

（1）先启动 1 号水泵，进行恒温度（差）控制。

（2）当 1 号水泵的工作频率上升到 50 Hz 或上限切换频率（如 48 Hz）时，将它切换至工频电源；同时将变频器的给定频率迅速降到 0 Hz，使 2 号水泵与变频器相连，并开始启动，进行恒温度（差）控制。

（3）当 2 水泵的工作频率上升到 50 Hz 或上限切换频率（如 48 Hz）时，将它切换至工频电源；同时将变频器的给定频率迅速降到 0 Hz，使 3 号水泵与变频器相连，并开始启动，进行恒温度（差）控制。

（4）当 3 号水泵的工作频率下降至下限频率切换频率时，将 1 号水泵停机。

（5）当 3 号水泵的功率频率再次下降至下限切换频率时，将 2 号水泵停机，此时只有 3 号水泵处于变频调速状态。

这种方案的优点是只用一台变频器，设备投资少；缺点是节能效果稍差。

2）全变频方案

全变频方案，即所有的冷冻水泵和冷却水泵都采用变频调速，各台水泵切换方法如下：

（1）先启动 1 号水泵，进行恒温度（差）控制。

（2）当 1 号水泵的工作频率上升到 50 Hz 或上限切换频率（如 48 Hz）时，启动 2 号水泵，1 号水泵和 2 号水泵同时进行变频调速，进行恒温度（差）控制。

（3）当工作频率又上升至切换频率上限值时，启动 3 号水泵，三台水泵同时进行变频调速，进行恒温度（差）控制。

（4）当三台变频器同时运行，而工作频率下降至设定的下限切换频率时，可关闭 3 号水泵，使系统进行两台水泵运行的状态，当频率继续下降至下限切换频率时，关闭 2 号水泵，进入单台水泵运行状态。

全变频方案由于每台水泵都要配置变频器，故设备投资较高，但节能效果更明显。

任务实施

1. 电路设计及接线

应用三菱 FR-D740 变频器构成的冷冻或冷却水循环系统变频调速控制电路图。主电路接线和 PLC 与变频器的控制接线如图 6.18、图 6.19 所示。

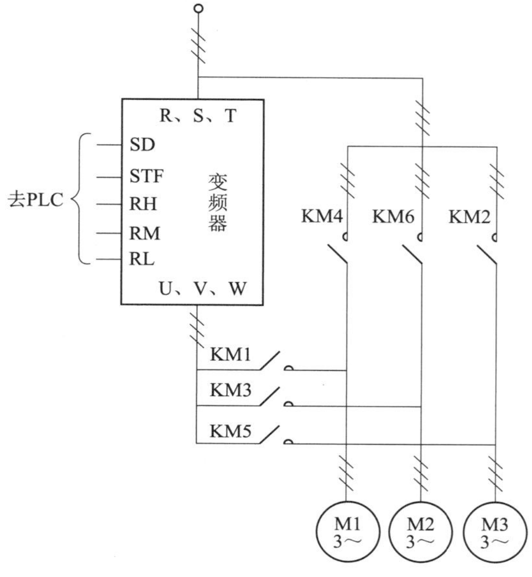

图 6.18 主电路接线

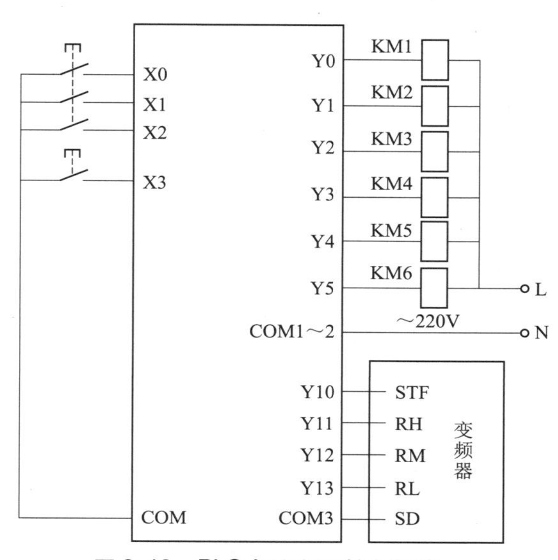

图 6.19 PLC 与变频器控制接线

2. 参数设置

变频调速通过变频器的七段速度实现控制，需要设定的参数见表 6.12、表 6.13。

表 6.12 七段速参数

速度	1 挡	2 挡	3 挡	4 挡	5 挡	6 挡	7 挡
参数号	Pr. 4	Pr. 5	Pr. 6	Pr. 24	Pr. 25	Pr. 26	Pr. 27
设定值	10	15	20	25	30	40	50

表 6.13 相关参数设置

参数号	设定值	意义
Pr. 0	3%	启动时的转矩
Pr. 1	50 Hz	上限频率
Pr. 2	10 Hz	下限频率
Pr. 3	50 Hz	基底频率
Pr. 7	5 s	加速时间
Pr. 8	10 s	减速时间
Pr. 9	6	电子过电流保护
Pr. 20	50 Hz	加减速基准频率
Pr. 78	1	防逆转

3. 根据状态流程图，编写和调试程序

根据控制功能，该系统的状态流程如图 6. 20 所示。

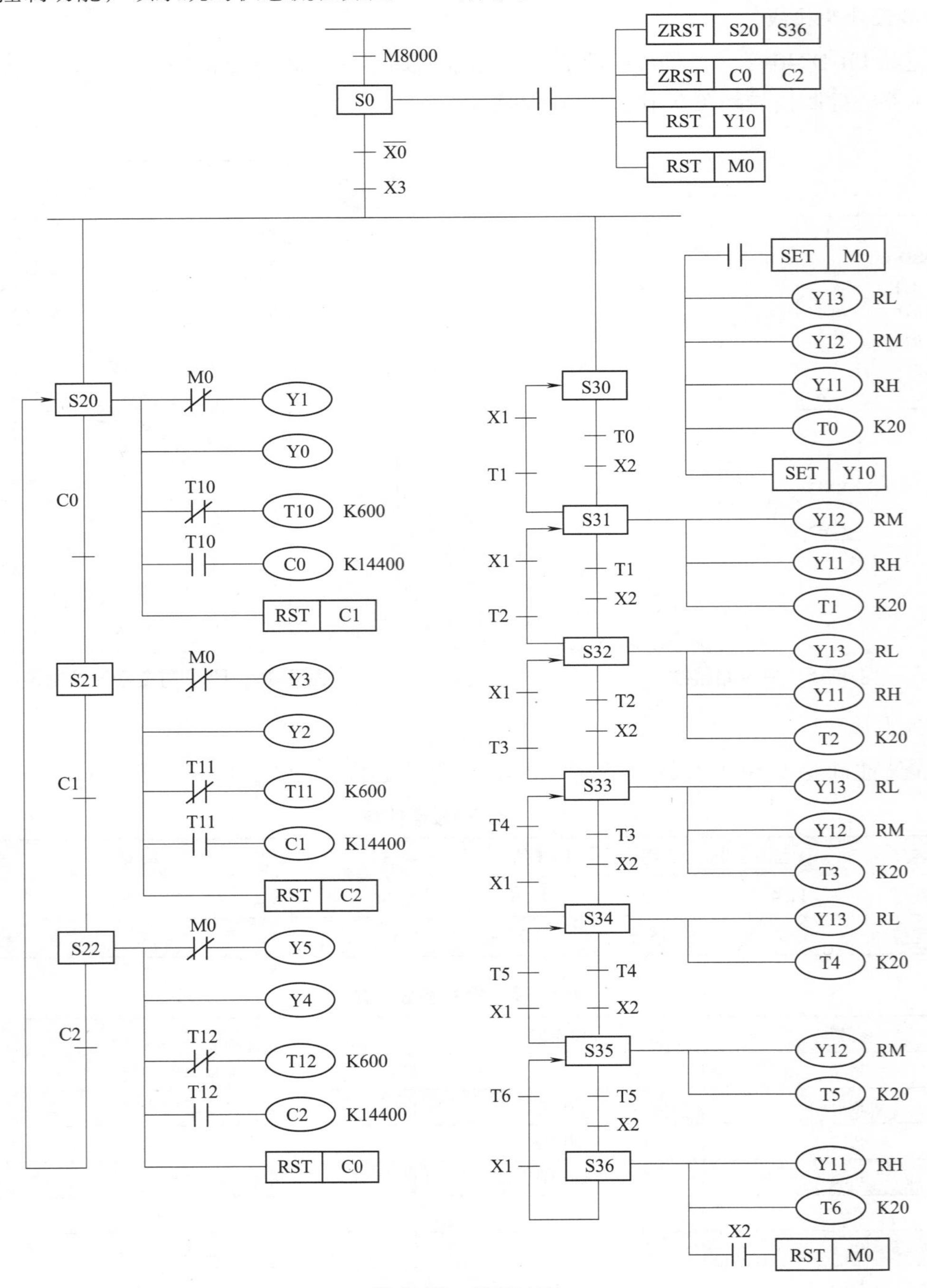

图 6. 20 控制流程

4. 通电观察转速变化

通电后按照控制要求正确操作，并观察转速的变化情况。

5. 注意事项

（1）由于一台变频器分时控制不同电动机，因此必须通过接触器、启停按钮、转换开关进行电气和机械互锁以确保一台变频器只拖动一台水泵，以免一台变频器同时拖动两台水泵而过载。

（2）切不可将 R、S、T 与 U、V、W 端子接错，否则，会烧坏变频器。

（3）PLC 的输出端子只相当于一个触点，不能接电源，否则会烧坏电源。

（4）运行中若出现报警现象，要复位后重新操作。

（5）操作完成后注意断电，并且清理现场。

综合评价

完成任务后，对照下表，看看这些能力点是不是都掌握了，在相应的方框中打勾。

序号	能力点	掌握情况
1	根据电路模拟接线	□是　□否
2	参数设定	□是　□否
3	PLC 程序编写	□是　□否
4	通电调试并记录测量	□是　□否

思考与练习

1. 简述中央空调系统的组成及工作过程。
2. 中央空调的改造思路与步骤有哪些？
3. 变频器改造中央空调后具有哪些优点？

任务 4　车床的变频调速

任务描述

按照图 6.21 所示，装接变频器电路和有关控制电路。

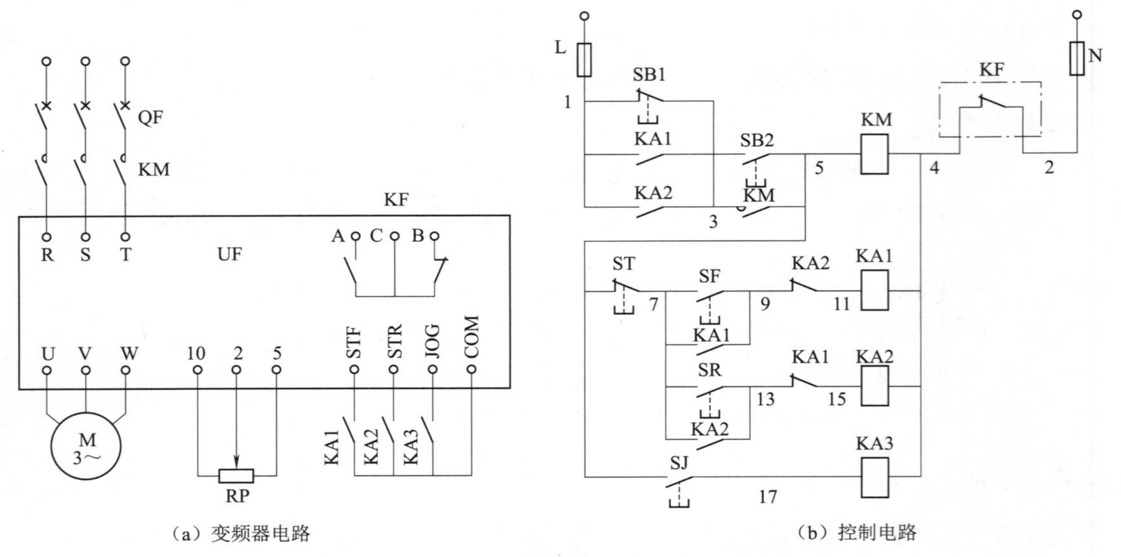

（a）变频器电路　　　　（b）控制电路

图 6.21　车床变频调速的控制电路

按照控制要求，对下列功能参数进行预置。

1. 基本频率与最高频率

（1）基本频率：在额定电压下，基本频率预置为 50 Hz。

（2）最高频率：当给定信号达到最大时，对应的最高频率预置为 100 Hz。

2. *u/f* 预置方法

使车床运行在最低速挡，按最大切削量切削最大直径的工件，逐渐加大 *u/f*，直至能够正常切削，然后退刀，观察空载时是否因过电流而跳闸。

3. 升、降速时间

考虑到车削螺纹的需要，将升、降速时间预置为 1s。

4. 电动机的过载保护

5. 点动频率 10 Hz

任务分析

自动车床对变频器的要求有以下几个方面：不经过停止状态直接由正转状态变为反转状态；变频器的输出频率为 50 Hz 以上；具有急剧减速的再生制动装置，同时具有制动功能，减速结束时不采用机械闸即可完全停车；低速时速度变化率小，运行平滑。

知识导航

在金属切削机床中，车床的应用最为广泛，车床可进行车削外圆、内孔端面、钻孔、铰孔、切槽、切断、螺纹及成形表面等加工工序。主轴上采用变频器可实现无级变速，从而使刀具以最小的磨损产生最高的光洁度和加工精度。

一、车床主要结构

车床结构主要由床身、主轴变速箱、挂轮箱、进给箱、溜板箱、溜板与刀架、尾座、光杠和丝杠等部分组成，如图6.22所示。

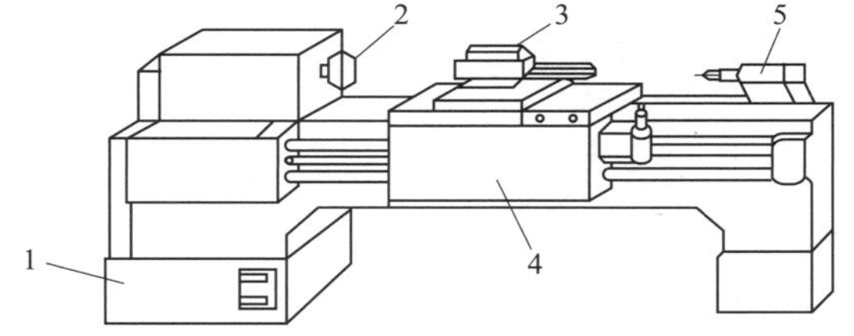

图6.22 车床结构

1—床身；2—头架；3—刀架；4—进给箱；5—尾架

二、车床运动情况

为了加工各种表面，车床必须具有切削运动与辅助运动功能。切削运动包括主运动和进给运动，其中主运动是指卡盘带动工件的旋转运动，进给运动是指溜板与刀架或尾座顶针带动刀具的直线运动，而切削运动以外的其他必须的运动皆为辅助运动。

车床在进行切削加工时，主轴旋转是由主轴电动机经传动机构拖动的，车床的主运动承受车削加工时的主要切削功率。车床的主运动要求调速，并且调速的范围往往较大。例如，CA6140型普通机床的调速范围为120:1，但车床主运动的调速一般都在停机的情况下进行，在切削过程中是不能进行调速的。这为在进行变频调速时采用多挡传动比方案的可行性提供了基础。车削加工时，一般不要求反转，但加工螺纹时，为了避免乱扣，要反转退刀，再纵向进刀继续加工，这就要求主轴能够实现正、反向旋转。

车床的进给运动是刀架的纵向与横向直线运动，其运动方式有手动控制和自动控制两种。车削螺纹时，工件的旋转速度与刀具的进给速度应有严格的比例关系。车床纵、横两个方向的进给运动是由主轴箱的输出经挂轮箱、丝杠传入溜板箱而获得的。此外，为提高效率，减少辅助工时，还可以快速进给。

数控车床的主轴如果采用齿轮变速，其速度最多只有30段可供选择，难以进行精密恒定线速度控制，且需要按时定期维修离合器。直流型主轴虽然可以无级调速，但必须维护换向器，其最高转速亦受到限制。数控车床的主轴若采用变频器控制即可消除这些限制，可对标准电动机直接变速传动，因此可以去掉离合器，实现主轴的无级调速。

任务实施

一、控制要求

从车削工艺的要求出发，对各电动机的控制要求主要是：

（1）通常车削加工近似于恒定功率负载，同时考虑经济性、工作可靠性等因素，主电动机选用笼型异步电动机。

（2）为了满足车削加工调速范围大的要求，车床主轴一般采用机械变速的方法。

（3）车削螺纹时，要求主轴能正、反向旋转。对于小型车床，主轴正反转由主电动机正反转来实现；当主电动机容量较大时，主轴正反转采用电磁摩擦离合器的机械方法来实现。

（4）车削螺纹时，刀架移动与主轴旋转运动之间必须保持准确的比例关系，所以刀架移动都是由主轴箱通过一系列齿轮转动来实现的。因此，主运动和进给运动由一台电动机拖动。

（5）车削加工时，刀具与工件温度高，有时需要冷却。为此，设有一台冷却泵，冷却泵电动机只需要单方向旋转，且与主轴电动机有着联锁关系，冷却泵电动机还应设有单独操作的控制开关。

（6）在电网容量满足要求的情况下，主电动机可直接启动、停止，否则应该采用减压启动控制的方法。

（7）具有必要的保护环节、连锁环节、照明和信号控制电路。

二、车床变频调速改造

1. 变频器的选择

1）变频器的容量

考虑到车床在低速车削毛坯时，常常出现较大的过载现象，且过载时间有可能超过 1min。因此，变频器的容量应比正常的配用电动机容量大。

2）变频器控制方式的选择

（1）u/f 控制方式。

车床除了在车削毛坯时负荷大小有较大变化外，在粗加工以后的车削过程中，负荷的变化通常是很小的。因此，就切削精度而言，选择 u/f 控制方式是能够满足要求的。但在低速切削时，需要预置较大的 u/f，在负载较轻的情况下，电动机的磁路常处于饱和状态，励磁电流较大。因此，从节能角度看，u/f 控制方式并不理想。

（2）无反馈矢量控制方式。

新系列变频器在无反馈矢量控制方式下，已经能够做到在 0.5Hz 时稳定运行，所以完全可以满足普通车床主拖动系统的要求。由于无反馈矢量控制方式能够克服 u/f 控制方式的缺点，故是一种最佳选择。

（3）有反馈矢量控制。

有反馈矢量控制方式虽然是运行性能最为完善的一种方式，但由于需要增加编码器等转速反馈环节，不但增加了费用，编码器的安装也比较麻烦。所以，除非该车床对加工精度有特殊要求，一般没有必要采用此种控制方式。

2. 变频器的频率给定

变频器的频率给定方式可以有多种，应根据具体情况进行选择。

1）无级调速频率给定

从调速角度看，采用无级调速方案增加了转速的选择性，且电路也比较简单，是一种理想的方案。它可以直接通过变频器的面板进行调速，也可以通过外接点位调速。但在进行无级调速时必须注意：当采用两挡传动比时，存在着一个电动机的有效转矩小于负载机械特性的区域，如图 6.23 所示，其中曲线④为低速挡（传动比较大），曲线④′为高速挡（传动比较小）在这个区域（600 ~ 800r/min）内，当负载较重时，有可能出现电动机带不动的情况。操作工应根据负载的具体情况，决定是否需要避开该转速段。

2）分段调速给定

由于该车床原有的调速装置是由一个手柄旋转 9 个位置（包括 0 位）控制 4 个电磁离合器来进行调速的，为了防止在改造后操作工一时难以掌握，用户要求调节转速的操作方法不变，故采用电阻分压式给定方法，如图 6.24 所示。图中，各挡电阻值的大小应使各挡的转速与改造前相同。

3）配合 PLC 的分段调速频率给定

如果车床还需要进行较为复杂的程序控制，需要编写可编程序控制器的程序，分段调速则可通过

PLC 结合变频器的多挡转速开关功能实现，如图 6.25 所示。转速的选择由按钮开关 SB1-SB8（或接触开关）来选择。通过 PLC 的输出端 Y0、Y1、Y2 控制变频器的多挡速度选择端子 X1、X2、X3 的组合实现 8 挡转速。图中电动机的正转、反转和停止分别由按钮开关 SF、SR、ST 来进行控制。

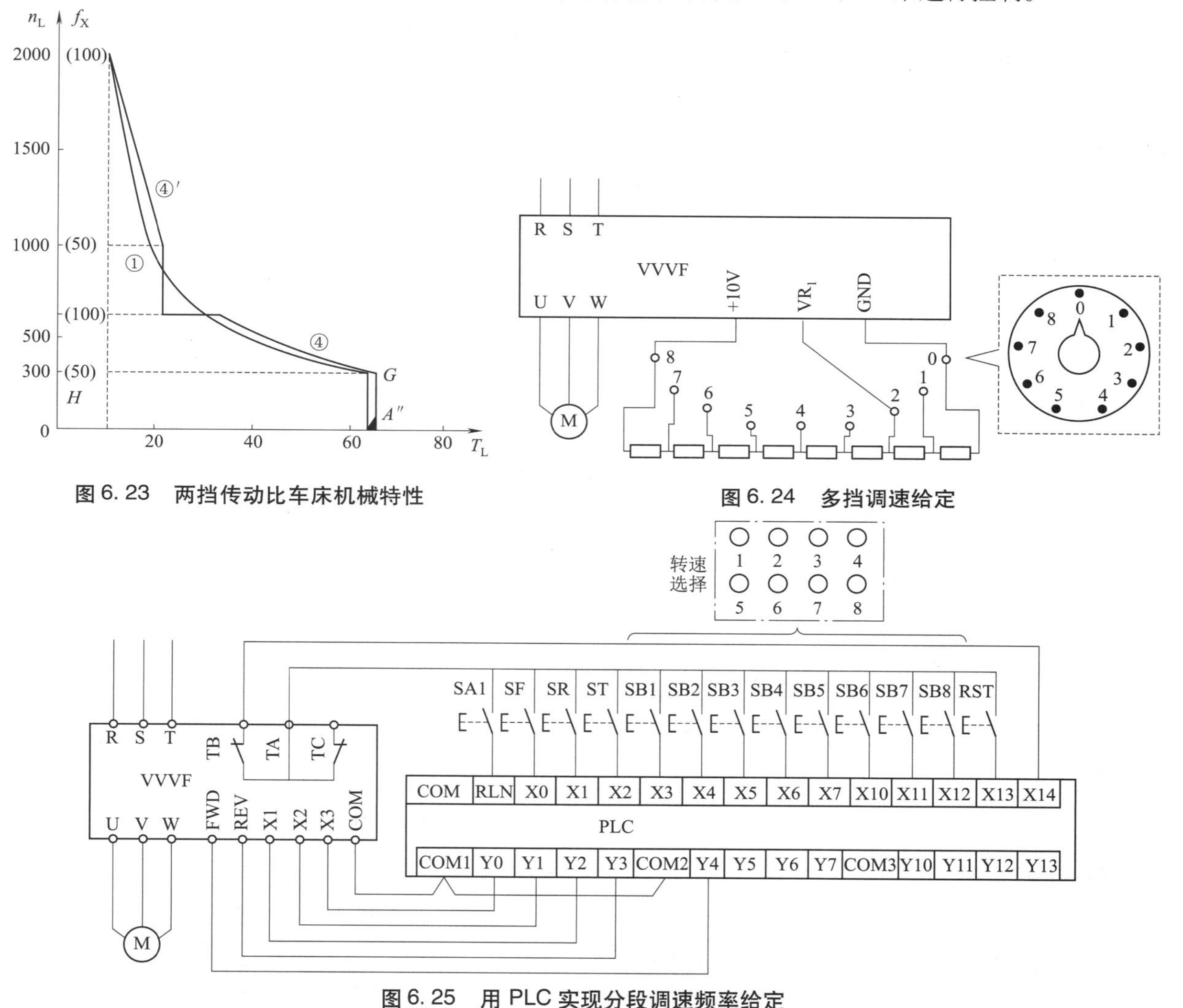

图 6.23　两挡传动比车床机械特性

图 6.24　多挡调速给定

图 6.25　用 PLC 实现分段调速频率给定

3. 变频调速系统的控制电路

1）控制电路

以外接电位器调速为例，控制电路如图 6-21 所示。图中，接触器 KM 用于接通变频器的电源，由 SB1 和 SB2 控制。继电器 KA1，用于正转，由 SF 和 ST 控制；KA2 用于反转，由 SR 和 ST 控制。

正转和反转只有在变频器接通电源后才能进行；变频器只有在正、反转都不工作时才能切断电源。由于车床需要有点动环节，故在电路中增加了点动控制按钮 SJ 和继电器 KA3。

2）主要电气的选择

由于变频器的额定电流为 9 A，根据电气控制的相关性知识可得：

（1）空气断路器 Q 的额定电流 I_{QN}：

$$I_{QN}\ (1.3\sim1.4)\ \times9=11.7\sim12.6$$

选 $I_{QN}=20$ A（空气断路器中的最小者）。

（2）接触器 KM 的额定电流 I_{KN}：

$$I_{KN}\geqslant9\ \text{A}$$

选 $I_{KN}=10$ A

（3）调速电位器

选 2 kΩ/2W 电位器或 10 kΩ/lW 的多圈电位器。

3）变频器的功能预置

（1）基本频率与最高频率预置。

①基本频率：在额定电压下，基本频率预置为 50 Hz。

②最高频率：给定信号达到最大时，对应的最高频率设置为 100 Hz。

（2）u/f 预置预置方法：

使车床运行在最低速挡，按最大切削量、最大直径的工件，逐渐加大 u/f。直至能够正常切削，然后退刀，观察空载时是否因过电流而跳闸。若不跳闸，则预置完毕。

（3）升、降速时间预置。

考虑到车削螺纹的需要，将加、减速时间预置为 1s。由于变频器容量已经加大了一挡，升速时不会跳闸。为了避免降速过程中跳闸，将降速时的直流电压现值预置为 680V（过电压跳闸值通常大于 700V）。经过试验，能够满足工作需要。

4）电动机的过载保护

由于所选变频器容量加大一挡，故必须准确预置电子热保护功能。在正常情况下，变频器的电流取用比为

$$I\%=I_{MN}/I_N\times100\%=4.8/9\times100\%=53\%$$

所以，将保护电流的百分数预置为 55% 是适宜的。

5）点动频率

根据用户要求，一般将点动频率预置为 5 Hz。

综合评价

完成任务后，对照下表，看看这些能力点是不是都掌握了，在相应的方框中打勾。

序号	能力点	掌握情况
1	根据电路模拟接线	□是　　□否
2	车床运动情况分析	□是　　□否
3	参数设定	□是　　□否
4	通电调试并测量	□是　　□否

思考与练习

1. 车床主拖动系统有哪些运动？对其有什么要求？
2. 如何用变频器实现车床的改造？

综 合 实 训

实训 14 PLC 与变频器在三层电梯中的综合控制

一、实训目标

（1）熟悉 PLC、变频器综合控制的有关参数的确定和设置。
（2）能应用基本逻辑指令编制复杂的控制程序。
（3）能设计 PLC、变频器和外部设备的电气原理图。

二、实训器材

（1）可编程控制器（FX2N-48MR）。 1 台
（2）变频器（FR-D740-1.5K）。 1 台
（3）三层电梯（三层电梯模型如图 6.26 所示）。 1 台

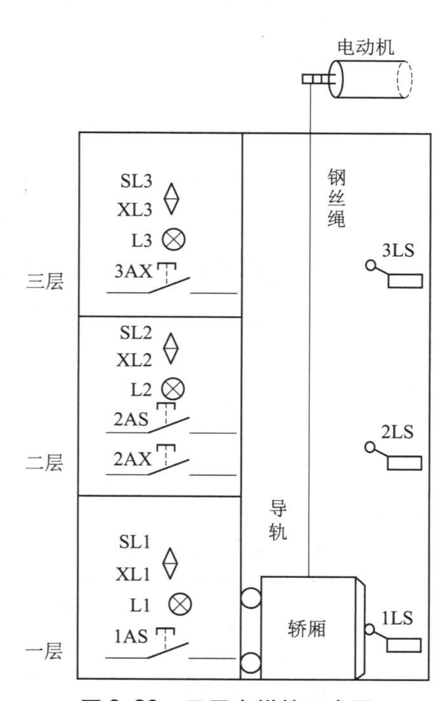

图 6.26 三层电梯的示意图

（4）三相笼型异步电动机。 1 台
（5）七段数码管（共阴极）。 若干

(6) 可调电阻（1kW　1/2W）。　　1个
(7) 电工常用工具。　　1套
(8) 连接导线。　　若干

三、控制要求

(1) 电梯停在一层或二层时，按3AX（三楼下呼）则电梯上行至3LS停止；
(2) 电梯停在三层或二层时，按1AS（一楼上呼）则电梯下行至1LS停止；
(3) 电梯停在一层时，按2AS（二楼上呼）或2AX（二楼下呼）则电梯上行至2LS停止；
(4) 电梯停在三层时，按2AS或2AX则电梯下行至2LS停止；
(5) 电梯停在一层时，按2AS、3AX则电梯上行至2LS停止t秒，然后继续自动上行至3LS停止；
(6) 电梯停在一层时，先按2AX，后按3AX（若先按3AX，后按2AX，则2AX为反向呼梯无效），则电梯上行至3LS停止t秒，然后自动下行至2LS停止；
(7) 电梯停在三层时，按2AX、1AS则电梯运行至2LS停t秒，然后继续自动下行至1LS停止；
(8) 电梯停在三层时，先按2AS，后按1AS（若先按1AS，后按2AS，则2AS为反向呼梯无效），则电梯下行至1LS停t秒，然后自动上行至2LS停止；
(9) 电梯上行途中，下降呼梯无效；电梯下行途中，上行呼梯无效；
(10) 轿厢位置要求用七段数码管显示，上行、下行用上下箭头指示灯显示，楼层呼梯用指示灯显示，电梯的上行、下行通过变频器控制电动机的正反转。

四、软件设计

1. 工作原理

电梯主要是由控制部分、驱动部分及曳引部分组成。区别于卷扬机的是，它有交互性、有舒适且安全的乘坐空间。它是将动力电能，通过某种变频装置或直接向驱动装置供电，由驱动装置拖动曳引装置，再通过曳引装置上悬挂的钢丝绳拉动井内轿厢做上下运行工作。所有这些动力驱动是由很多的电气装置、机械装置实现整合工作的。

2. I/O分配表

如表6.14所示。

表6.14　I/O分配表

输入设备	输入点	输出设备	输出点
按钮1AS	X1	一楼呼梯指示灯（L1）	Y1
按钮2AS	X2	二楼呼梯指示灯（L2）	Y2
按钮2AX	X10	三楼呼梯指示灯（L3）	Y3
按钮3AX	X3	上行指示灯SL1～SL3	Y4

续表

输入设备	输入点	输出设备	输出点
一楼限位开关 1LS	X5	下行指示灯 XL1 ~ XL3	Y5
二楼限位开关 2LS	X6	上升 STF	Y11
三楼限位开关 3LS	X7	下降 STR	Y12
		七段数码管	Y20 ~ Y26

3. 控制方案

（1）各楼层单独呼梯控制。其梯形图如图 6.27 所示。

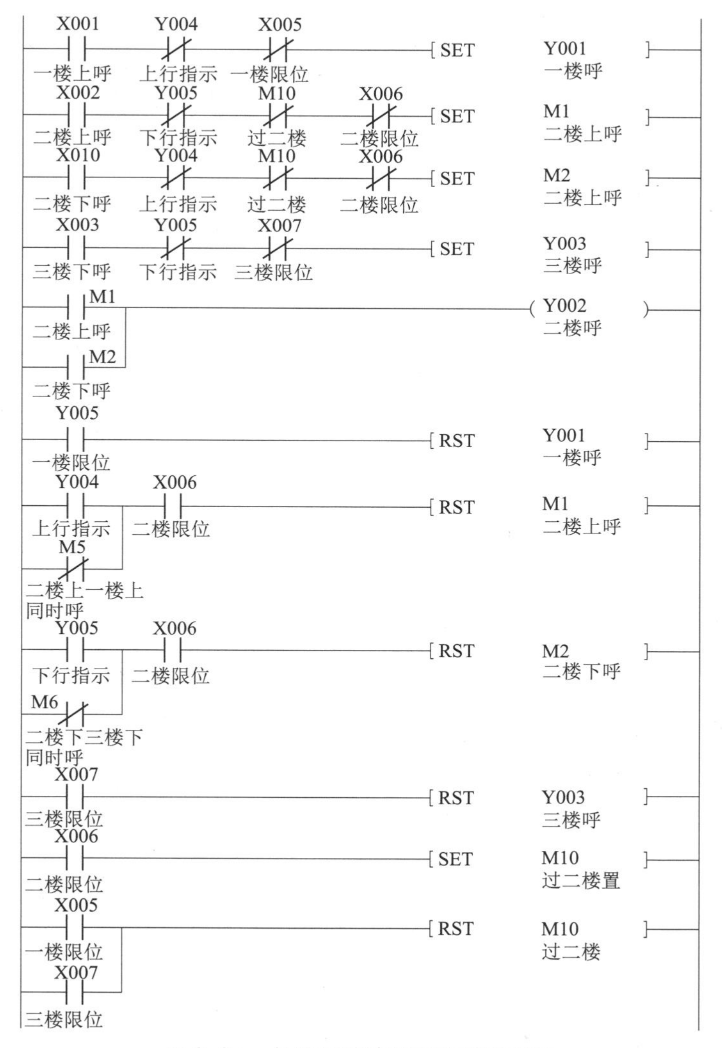

图 6.27　各楼层单独呼梯控制梯形图

（2）同时呼梯控制。其梯形图如图 6. 28 所示。

（3）上升、下降运行控制。其梯形图如图 6. 29 所示。

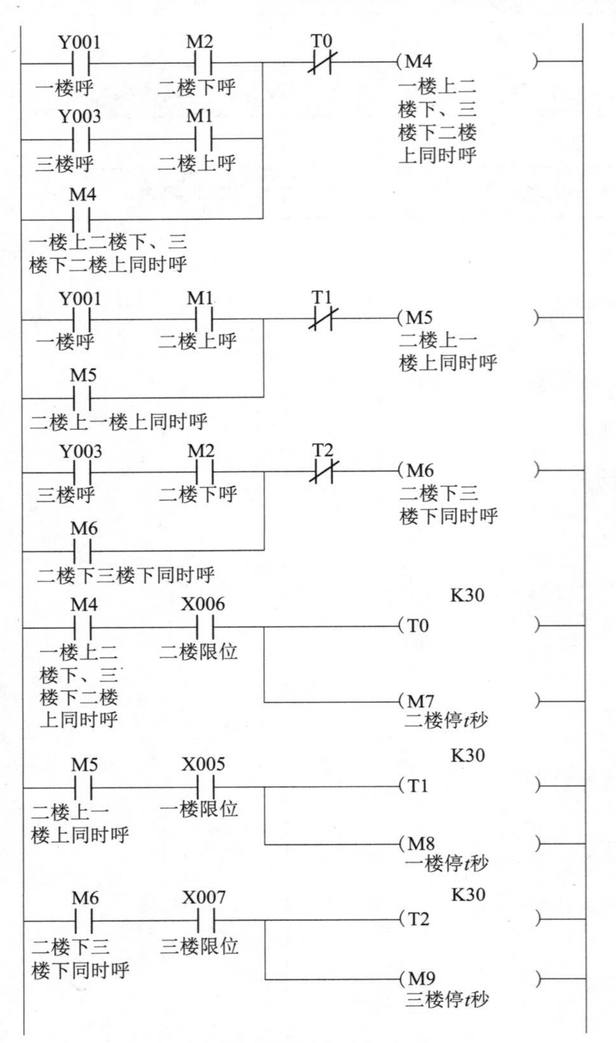

图 6. 28　同时呼梯控制梯形图

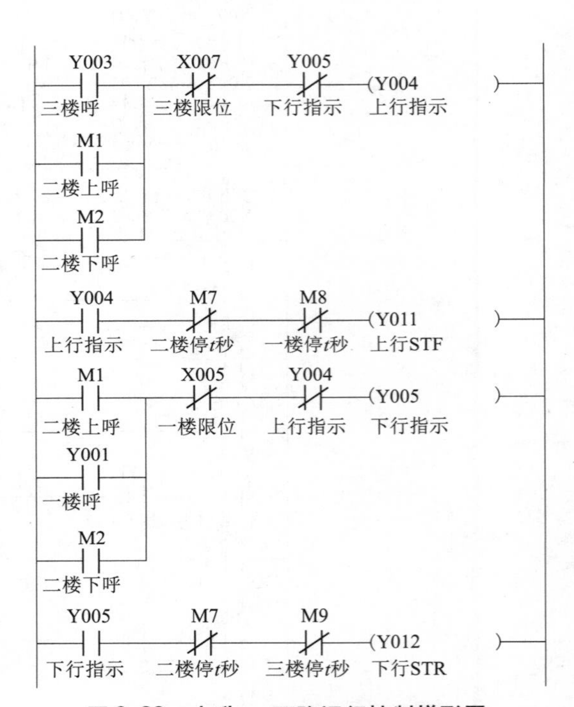

图 6. 29　上升、下降运行控制梯形图

（4）轿厢位置显示。轿厢位置用编码和译码指令通过七段数码管来显示，其梯形图如图 6. 30 所示。

```
M8000
──┤├──┬──[ENCO   X004   D0     K2     ]
      └──[SEGD   D0     K2Y020        ]
```

图 6. 30　轿厢位置显示

（5）电梯控制梯形图。根据以上控制方案的分析，三层电梯的梯形图如图 6. 31 所示。

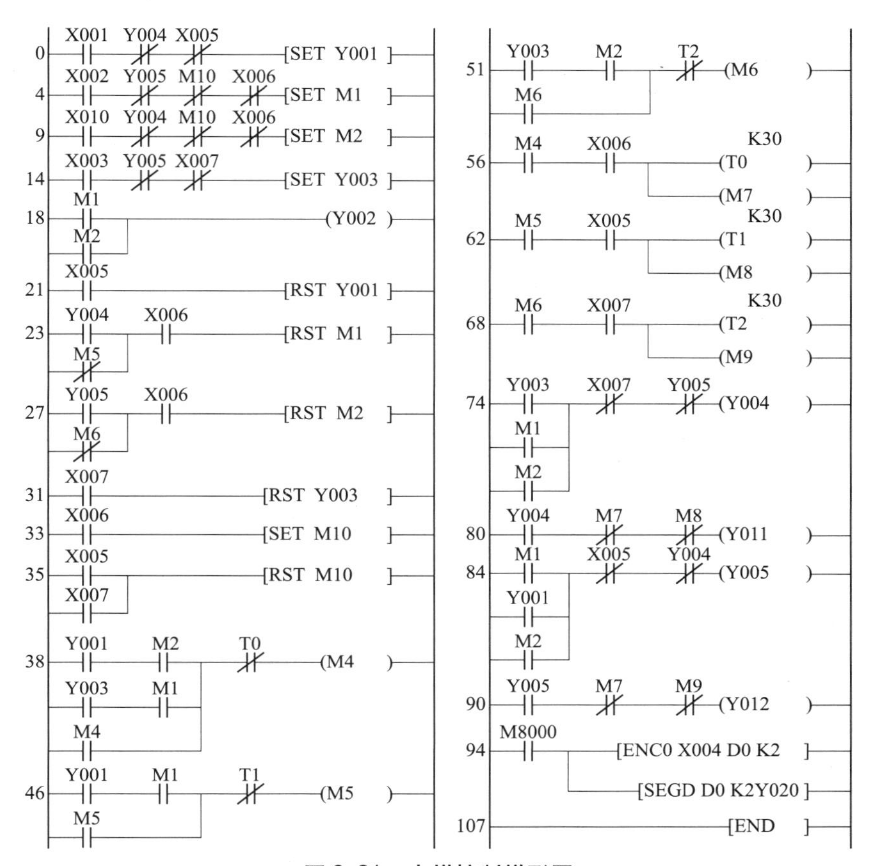

图 6.31　电梯控制梯形图

4. PLC、变频器参数的确定和设置

为使电梯准确平层，增加电梯的舒适感，发挥 PLC 和变频器的优势，必须设定如下参数（括号内为参考设定值）：

（1）上限频率 Pr. 1（50 Hz）；

（2）下限频率 Pr. 2（5 Hz）；

（3）加速时间 Pr. 7（3 s）；

（4）减速时间 Pr. 8（4 s）；

（5）电子过电流保护 Pr. 9（等于电动机额定电流）；

（6）启动频率 Pr. 13（0 Hz）；

（7）适应负荷选择 Pr. 14（2）；

（8）点动频率 Pr. 15（5 Hz）；

（9）点动加减速时间 Pr. 16（1 s）；

（10）加减速基准频率 Pr. 20（50 Hz）；

（11）操作模式选择 Pr. 79（2）；

（12）PLC 定时器 T0 的定时时间（T0 定时时间 $= t +$ 变频器的制动时间 $= 6\text{s}$）。

以上参数必须设定，其余参数可默认为出厂设定值，当然，实际运行中的电梯，还必须根据实际情况设定其他参数。

五、系统接线

三层电梯系统接线，如图 6. 32 所示。

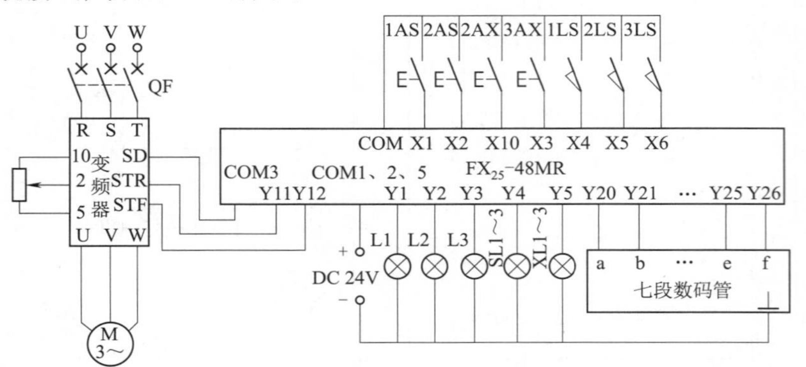

图 6. 32　三层电梯系统接线图

六、系统调试

按照前述要求，查看系统是否满足响应要求。

七、实训总结

（1）总结记录 PLC 与外部设备的接线过程及调试注意事项。

（2）完成实训报告。

参 考 文 献

[1] 姜慧，张虹．变频器技术及应用[M]．北京：机械工业出版社，2019.

[2] 徐海，施利春．变频器原理及应用[M]. 2 版．北京：清华大学出版社，2017.

[3] 白霞，孙振龙，周振超．变频器原理与实训[M]．北京：清华大学出版社，2012.

[4] 周奎，王玲．变频器技术及应用[M]．北京：高等教育出版社，2018.

[5] 罗飞，陈恒亮．PLC 与变频器应用技术[M]．北京：机械工业出版社，2019.

[6] 向晓汉．钱晓忠．变频器与伺服驱动技术应用[M]．北京：高等教育出版社，2017.

[7] 马宏骞．变频调速技术与应用项目教程[M]．北京：电子工业出版社，2011.